“十二五”职业教育国家规划教材
经全国职业教育教材审定委员会审定
高职高专公共基础课规划教材

# 线性代数

第3版

主　编　李龙星
副主编　魏　巍　运士伟　许　超
参　编　崔秋珍　时红霞　程志谦　俞晓红

机械工业出版社

本书是“十二五”职业教育国家规划教材，经全国职业教育教材审定委员会审定。

线性代数是高职院校工科专业一门重要的基础课。教育部对高职高专数学教学要求“以应用为目的，以必需、够用为度”，因此，在广泛听取专业课教师意见的基础上，修订了这本《线性代数》。本书对比较抽象的内容不是简单地回避，而是用直观说明的方法给予解释，使读者首先对内容有清晰的了解，不拘泥于抽象的细节，着重把握内容的实质，为今后解决实际问题打下基础。

**图书在版编目（CIP）数据**

线性代数/李龙星主编. —3版. —北京：机械工业出版社，2016.2（2022.1重印）

“十二五”职业教育国家规划教材　高职高专公共基础课规划教材

ISBN 978-7-111-52220-1

Ⅰ.①线…　Ⅱ.①李…　Ⅲ.①线性代数-高等职业教育-教材　Ⅳ.①O151.2

中国版本图书馆CIP数据核字（2015）第280594号

机械工业出版社（北京市百万庄大街22号　邮政编码100037）
策划编辑：刘子峰　责任编辑：刘子峰
责任校对：刘秀芝　封面设计：张　静
责任印制：张　博
涿州市般润文化传播有限公司印刷
2022年1月第3版第5次印刷
169mm×239mm · 11印张 · 209千字
5501—6000册
标准书号：ISBN 978-7-111-52220-1
定价：29.00元

凡购本书，如有缺页、倒页、脱页，由本社发行部调换

电话服务
服务咨询热线：010-88379833
读者购书热线：010-88379649

网络服务
机 工 官 网：www.cmpbook.com
机 工 官 博：weibo.com/cmp1952
教育服务网：www.cmpedu.com
金 书 网：www.golden-book.com

# 前　言

国家教育部在高职高专数学教学基本要求中强调，基础课教学应以“以应用为目的，以必需、够用为度”为指导思想，相关内容力求直观表述，不拘泥于抽象的细节，更侧重内容实质。为满足高职高专“线性代数”课程教学要求，我们于2001年组织力量编写了《线性代数》，并于2006年出版了第2版。近几年来，我国高职高专教育发生了深刻变化，教学层次体现出多样性，教学内容也越来越要求贴近于工程实际。这些变化需要我们对原有教材内容进行适当调整。另外，随着科学技术的飞速发展，各专业对学生动手能力要求越来越高，对数学知识的要求不仅体现在对学生逻辑思维能力的训练上，更要求学生具有利用现代工具进行科学计算的能力。原教材对学生思维训练已有体现，但是在科学计算方面还显得不足，需要进一步改进，增加相应内容。本次修订新增了第7章线性代数MATLAB实验，以弥补在这方面的不足。

本书由李龙星任主编，魏巍、运士伟、许超任副主编。第1章由李龙星编写，第2章由程志谦、许超编写，第3章由运士伟编写，第4章由魏巍编写，第5章由俞晓红编写，第6章由时红霞、崔秋珍编写，第7章由运士伟、许超编写。魏巍、运士伟、许超核对、演算了全部习题答案。

由于编者水平有限，书中错误及不足之处在所难免，敬请广大读者批评指正。

编　者

# 目　　录

# 第1章　行　列　式

在许多实际问题中，人们常常会碰到求解线性方程组的问题. 在初等数学中，已经讨论过二元、三元线性方程组的解法. 这里我们首先给出二阶、三阶行列式的概念，并利用它们求解二元、三元线性方程组；为了研究 $n$ 元线性方程组，进一步把二阶、三阶行列式的概念推广到 $n$ 阶，讨论 $n$ 阶行列式的概念、性质与计算.

## 1.1　二阶、三阶行列式

为引入二阶行列式的概念，先利用消元法求解二元线性方程组

$$\begin{cases} a_{11}x_1 + a_{12}x_2 = b_1 \\ a_{21}x_1 + a_{22}x_2 = b_2 \end{cases} \tag{1.1}$$

假设 $a_{11}a_{22} - a_{12}a_{21} \neq 0$. 为今后讨论的方便，这里介绍一下记号，用 $x_i$ 表示第 $i$ 个未知量；$a_{ij}$是双下标变量，表示在方程组（1.1）中第 $i$ 个方程第 $j$ 个未知量的系数.

在方程组（1.1）中，第一个方程的两边同乘以 $a_{22}$，第二个方程的两边同乘以 $-a_{12}$，得方程组

$$\begin{cases} a_{11}a_{22}x_1 + a_{12}a_{22}x_2 = a_{22}b_1 \\ -a_{21}a_{12}x_1 - a_{22}a_{12}x_2 = -a_{12}b_2 \end{cases}$$

将两方程式相加得

$$(a_{11}a_{22} - a_{12}a_{21})x_1 = a_{22}b_1 - a_{12}b_2$$

于是

$$x_1 = \frac{a_{22}b_1 - a_{12}b_2}{a_{11}a_{22} - a_{12}a_{21}}$$

同样可得

$$x_2 = \frac{a_{11}b_2 - a_{21}b_1}{a_{11}a_{22} - a_{12}a_{21}}$$

定义二阶行列式

$$\begin{vmatrix} a & b \\ c & d \end{vmatrix} = ad - bc \tag{1.2}$$

利用二阶行列式表示上述二元线性方程组的解

$$\begin{cases} x_1 = \dfrac{\begin{vmatrix} b_1 & a_{12} \\ b_2 & a_{22} \end{vmatrix}}{\begin{vmatrix} a_{11} & a_{12} \\ a_{21} & a_{22} \end{vmatrix}} \\ x_2 = \dfrac{\begin{vmatrix} a_{11} & b_1 \\ a_{21} & b_2 \end{vmatrix}}{\begin{vmatrix} a_{11} & a_{12} \\ a_{21} & a_{22} \end{vmatrix}} \end{cases} \tag{1.3}$$

这样，当 $a_{11}a_{22}-a_{12}a_{21}\neq 0$ 时，式（1.3）成为方程组（1.1）解的公式. 在式（1.3）中，$x_1$，$x_2$ 的分母都是行列式 $\begin{vmatrix} a_{11} & a_{12} \\ a_{21} & a_{22} \end{vmatrix}$，它是方程组（1.1）中未知数的系数按原顺序排成的一个行列式，今后也称它为方程组（1.1）的系数行列式，记为 $D$. $x_1$ 的分子是 $\begin{vmatrix} b_1 & a_{12} \\ b_2 & a_{22} \end{vmatrix}$，它的第一列是方程组（1.1）的右边常数形成的列，也就是说 $\begin{vmatrix} b_1 & a_{12} \\ b_2 & a_{22} \end{vmatrix}$ 是用方程组的常数列换取系数行列式中的第一列得到的行列式，记为 $D_1$；同样 $x_2$ 的分子行列式为用常数列换取系数行列式中的第二列得到的行列式，记为 $D_2$.

**例 1**　求解二元线性方程组.

$$\begin{cases} 3x_1+4x_2=11 \\ x_1+2x_2=5 \end{cases}$$

**解**

$$D=\begin{vmatrix} 3 & 4 \\ 1 & 2 \end{vmatrix}=3\times 2-4\times 1=2$$

$$D_1=\begin{vmatrix} 11 & 4 \\ 5 & 2 \end{vmatrix}=11\times 2-4\times 5=2$$

$$D_2=\begin{vmatrix} 3 & 11 \\ 1 & 5 \end{vmatrix}=3\times 5-1\times 11=4$$

所以，$x_1=1$，$x_2=2$.

从例 1 可以看出，利用二阶行列式表示二元线性方程组的解非常方便，所以希望从三元线性方程组的求解中也能找出一些规律来. 对下面形式的三元线性方程组

$$\begin{cases} a_{11}x_1+a_{12}x_2+a_{13}x_3=b_1 \\ a_{21}x_1+a_{22}x_2+a_{23}x_3=b_2 \\ a_{31}x_1+a_{32}x_2+a_{33}x_3=b_3 \end{cases} \tag{1.4}$$

仍采用消元法求得当

$$a_{11}a_{22}a_{33}+a_{12}a_{23}a_{31}+a_{13}a_{21}a_{32}-a_{13}a_{22}a_{31}-a_{12}a_{21}a_{33}-a_{11}a_{23}a_{32}\neq 0$$

时的解为

$$\begin{cases} x_1=\dfrac{b_1a_{22}a_{33}+b_3a_{12}a_{23}+b_2a_{13}a_{32}-b_3a_{13}a_{22}-b_2a_{12}a_{33}-b_1a_{23}a_{32}}{a_{11}a_{22}a_{33}+a_{12}a_{23}a_{31}+a_{13}a_{21}a_{32}-a_{13}a_{22}a_{31}-a_{12}a_{21}a_{33}-a_{11}a_{23}a_{32}} \\ x_2=\dfrac{b_2a_{11}a_{33}+b_3a_{13}a_{21}+b_1a_{23}a_{31}-b_3a_{11}a_{23}-b_2a_{13}a_{31}-b_1a_{21}a_{33}}{a_{11}a_{22}a_{33}+a_{12}a_{23}a_{31}+a_{13}a_{21}a_{32}-a_{13}a_{22}a_{31}-a_{12}a_{21}a_{33}-a_{11}a_{23}a_{32}} \\ x_3=\dfrac{b_1a_{21}a_{32}+b_3a_{11}a_{22}+b_2a_{12}a_{31}-b_3a_{12}a_{21}-b_2a_{11}a_{32}-b_1a_{22}a_{31}}{a_{11}a_{22}a_{33}+a_{12}a_{23}a_{31}+a_{13}a_{21}a_{32}-a_{13}a_{22}a_{31}-a_{12}a_{21}a_{33}-a_{11}a_{23}a_{32}} \end{cases}$$

为方便表示 $x_1$，$x_2$ 和 $x_3$，引进三阶行列式的定义

$$\begin{vmatrix} a_{11} & a_{12} & a_{13} \\ a_{21} & a_{22} & a_{23} \\ a_{31} & a_{32} & a_{33} \end{vmatrix}$$

$$=a_{11}a_{22}a_{33}+a_{12}a_{23}a_{31}+a_{13}a_{21}a_{32}-a_{13}a_{22}a_{31}-a_{12}a_{21}a_{33}-a_{11}a_{23}a_{32}$$

若记

$$D=\begin{vmatrix} a_{11} & a_{12} & a_{13} \\ a_{21} & a_{22} & a_{23} \\ a_{31} & a_{32} & a_{33} \end{vmatrix},\qquad D_1=\begin{vmatrix} b_1 & a_{12} & a_{13} \\ b_2 & a_{22} & a_{23} \\ b_3 & a_{32} & a_{33} \end{vmatrix}$$

$$D_2=\begin{vmatrix} a_{11} & b_1 & a_{13} \\ a_{21} & b_2 & a_{23} \\ a_{31} & b_3 & a_{33} \end{vmatrix},\qquad D_3=\begin{vmatrix} a_{11} & a_{12} & b_1 \\ a_{21} & a_{22} & b_2 \\ a_{31} & a_{32} & b_3 \end{vmatrix}$$

则有 $x_1=\dfrac{D_1}{D}$，$x_2=\dfrac{D_2}{D}$，$x_3=\dfrac{D_3}{D}$.

显然，$D$ 仍是式（1.4）中方程组系数按原顺序排列形成的三阶行列式，仍称为系数行列式；$D_i$（$i=1, 2, 3$）是用方程组（1.4）的常数列换取系数行列式中的第 $i$ 列所得的行列式.

**例 2**　求解线性方程组.

$$\begin{cases} x_1+x_2+x_3=6 \\ x_1-2x_2+x_3=3 \\ 2x_1+x_2+3x_3=14 \end{cases}$$

**解**

$$D=\begin{vmatrix} 1 & 1 & 1 \\ 1 & -2 & 1 \\ 2 & 1 & 3 \end{vmatrix}=-3\neq 0,\qquad D_1=\begin{vmatrix} 6 & 1 & 1 \\ 3 & -2 & 1 \\ 14 & 1 & 3 \end{vmatrix}=-6$$

$$D_2 = \begin{vmatrix} 1 & 6 & 1 \\ 1 & 3 & 1 \\ 2 & 14 & 3 \end{vmatrix} = -3, \quad D_3 = \begin{vmatrix} 1 & 1 & 6 \\ 1 & -2 & 3 \\ 2 & 1 & 14 \end{vmatrix} = -9$$

所以，方程组的解为 $x_1=2$，$x_2=1$，$x_3=3$.

可以看出，对于二元、三元线性方程组来说，在引入了二阶、三阶行列式的概念后，当系数行列式非零时，它们的解都可以用公式表示. 求解时先求系数行列式 $D$，再求用常数列换取 $D$ 中第 $i$ 列后所得的行列式 $D_i$，用 $D_i$ 除以 $D$ 即得 $x_i$. 这种方法是否可以推广到 $n$ 元线性方程组的解法中去呢？为此，我们将引入 $n$ 阶行列式的概念. 在引入 $n$ 阶行列式之前，我们还需要做一些准备工作，先讨论一下排列与逆序数.

## 习题 1.1

1. 计算下列行列式.

(1) $\begin{vmatrix} -4 & 6 \\ -7 & 9 \end{vmatrix}$  (2) $\begin{vmatrix} -4 & 6 & 10 \\ -7 & 9 & 0 \\ 7 & 6 & -5 \end{vmatrix}$

2. 利用二阶、三阶行列式求解下列方程组.

(1) $\begin{cases} 5x_1 - 6x_2 = 9 \\ 2x_1 + x_2 = 8 \end{cases}$  (2) $\begin{cases} x_1 - x_2 + 3x_3 = 9 \\ 2x_1 + x_2 - 5x_3 = 5 \\ x_1 + 3x_2 - 2x_3 = 0 \end{cases}$

# 1.2 排列的逆序数及对换

在初等数学中已经讨论过把 $n$ 个不同元素排成一列的排法共有 $n!$ 种. 每一种排法叫作这 $n$ 个元素的一个全排列. 可以规定各元素之间有一种标准次序（例如：$n$ 个不同自然数，可以规定由小到大的次序为标准次序）. 一个排列中，当某两个元素的先后次序与标准次序不同时，即说有1个逆序，一个排列中所有逆序的总数叫作这个**排列的逆序数**. 逆序数为奇数的排列叫作**奇排列**，逆序数为偶数的排列叫作**偶排列**.

如果一个排列中，排在元素 $p_i$ 前且比 $p_i$ 大的元素个数有 $t_i$ 个，则称 $p_i$ 这个元素的逆序数为 $t_i$. 这样，求一个排列的逆序数，也就是求出每个元素的逆序数再求和. 而求每个元素的逆序数，仅需求出排在这个元素前面而且比这个元素大的元素的个数即可.

**例3** 求排列5 4 1 3 2的逆序数.

**解** 5在首位，逆序数为0；

排在4前面且比4大的数有一个，即5，故逆序数为1；

排在1前面且比1大的数有两个，即5，4，故逆序数为2；

排在3前面且比3大的数有两个，即5，4，故逆序数为2；

排在2前面且比2大的数有三个，即5，4，3，故逆序数为3.

于是，排列的逆序数为$0+1+2+2+3=8$，此排列是偶排列.

在一个排列中，任意对调两个元素的位置，保持其余元素的位置不动得到新排列的过程叫作**对换**. 将两个相邻元素交换位置的对换叫作**相邻对换**.

**定理1.1 对一个排列中的任意两个元素作对换，排列改变奇偶性.**

**证明** 先考虑作相邻对换的情况. 假如这两个相邻元素为$A$，$B$，对换后变为$B$，$A$. 它们相对于别的元素的逆序数不会改变，所以，若$A>B$，变为$B\ A$后逆序总数减少1；若$A<B$，变为$B\ A$后逆序总数增加1. 因此，作相邻对换后的逆序数是原排列逆序数增1或减1，故奇偶性必然改变.

下面考虑非相邻对换情况. 若将$A\ p_1\ p_2\cdots\ p_l\ B$换为$B\ p_1\ p_2\cdots\ p_l\ A$，我们可以将这种对换变为与之等价的一系列相邻对换. 事实上，可以利用$A$与$p_1$对换，再与$p_2$对换，……与$p_l$对换，最后与$B$对换，成为$p_1\ p_2\cdots\ p_l\ B\ A$，共作了$l+1$次相邻对换；让$B$与$p_l$对换，……与$p_2$对换，直至与$p_1$对换，共作$l$次相邻对换后$p_1\ p_2\cdots\ p_l\ B\ A$变为$B\ p_1\ p_2\cdots\ p_l\ A$. 所以，从$A\ p_1\ p_2\cdots\ p_l\ B$变为$B\ p_1\ p_2\cdots\ p_l\ A$共需作$2l+1$次相邻对换，所以奇偶性与原排列相反.

**推论 奇排列调成标准排列的对换次数为奇数，偶排列调成标准排列的对换次数为偶数.**

**证明** 由定理1.1可知，一个排列对换奇数次，排列的奇偶性改变，否则奇偶性不变. 再注意到标准次序排列为偶排列即可.

### 习题 1.2

1. 以自然数从小到大为标准顺序，求下列各排列的逆序数.

(1) 4 1 5 3 2　　(2) 1 3 … $(2n-1)$ $(2n)$ $(2n-2)$ … 2

2. 把排列5 4 1 3 2作一次对换变为2 4 1 3 5，问相当于作几次相邻对换？把排列1 2 3 4 5作偶数次对换后所得的新排列是奇排列还是偶排列？

## 1.3 *n*阶行列式

在将二阶、三阶行列式推广到$n$阶行列式之前，我们先研究一下三阶行列式的定义：

$$\begin{vmatrix} a_{11} & a_{12} & a_{13} \\ a_{21} & a_{22} & a_{23} \\ a_{31} & a_{32} & a_{33} \end{vmatrix}$$

$$=a_{11}a_{22}a_{33}+a_{12}a_{23}a_{31}+a_{13}a_{21}a_{32}-a_{13}a_{22}a_{31}-a_{12}a_{21}a_{33}-a_{11}a_{23}a_{32} \tag{1.5}$$

在上式中，先不考虑正负号，右端的每一项都为三个元素的乘积. 这三个元素来自于不同的行不同的列. 所以，任意一项按第一个下标（行标）的标准顺序排列为

$$a_{1p_1}a_{2p_2}a_{3p_3}$$

第二个下标（列标）排列为 $p_1\,p_2\,p_3$，是1，2，3 三个数的某一个全排列. 这样的排列共有6种，恰好对应式（1.5）中右边的6项. 另外，各项的正负符号对应列标的排列为：

带正号的三项的列标排列为1 2 3，2 3 1，3 1 2；

带负号的三项的列标排列为1 3 2，2 1 3，3 2 1.

可以看出，带正号的三项的列标排列均为偶排列，带负号三项的列标排列均为奇排列. 如果用 $t$ 表示每一项的列标排列的逆序数，则各项所带符号可以表示为 $(-1)^t$. 所以，三阶行列式又可以写成

$$\begin{vmatrix} a_{11} & a_{12} & a_{13} \\ a_{21} & a_{22} & a_{23} \\ a_{31} & a_{32} & a_{33} \end{vmatrix} = \sum (-1)^t a_{1p_1}a_{2p_2}a_{3p_3}$$

这里 $t$ 为排列 $p_1\,p_2\,p_3$ 的逆序数，$\sum$ 是关于1，2，3 的所有全排列 $p_1\,p_2\,p_3$ 求和，共有3!项.

再看一下二阶行列式 $\begin{vmatrix} a_{11} & a_{12} \\ a_{21} & a_{22} \end{vmatrix} = a_{11}a_{22}-a_{12}a_{21} = \sum (-1)^t a_{1p_1}a_{2p_2}$，其中 $t$ 为排列 $p_1\,p_2$ 的逆序数，$\sum$ 为对1，2 的所有全排列 $p_1\,p_2$ 求和，共有2项. 由此，我们把二阶、三阶行列式的概念推广到 $n$ 阶行列式情形.

**定义 1.1**

$$D=\begin{vmatrix} a_{11} & a_{12} & a_{13} & \cdots & a_{1n} \\ a_{21} & a_{22} & a_{23} & \cdots & a_{2n} \\ a_{31} & a_{32} & a_{33} & \cdots & a_{3n} \\ \vdots & \vdots & \vdots & & \vdots \\ a_{n1} & a_{n2} & a_{n3} & \cdots & a_{nn} \end{vmatrix} = \sum (-1)^t a_{1p_1}a_{2p_2}\cdots a_{np_n}$$

其中，$t$ 为排列 $p_1\,p_2\cdots p_n$ 的逆序数，$p_1\,p_2\cdots p_n$ 为1，2，…，$n$ 的全排列，$\sum$ 为关于1，2，…，$n$ 的所有全排列取和，共有 $n!$ 项. $a_{ij}$是 $D$ 的第 $i$ 行第 $j$ 列位置上的元素.

**例 4** 计算三角行列式.

$$D=\begin{vmatrix} a_{11} & 0 & \cdots & 0 \\ a_{21} & a_{22} & \cdots & 0 \\ \vdots & \vdots & & \vdots \\ a_{n1} & a_{n2} & \cdots & a_{nn} \end{vmatrix}$$

**解** 由定义知，$D$ 的 $n!$ 项中的每一项可以表示为

$$(-1)^t a_{1p_1}a_{2p_2}\cdots a_{np_n}$$

但从 $D$ 的形式可以看出，当 $i<j$ 时有

$$a_{ij}=0$$

所以，在 $n!$ 项中，可能不为零的项必有

$$1\geqslant p_1,\ 2\geqslant p_2,\ \cdots,\ n\geqslant p_n$$

满足此条件的 1，2，⋯，$n$ 的全排列只有 1 2 3 ⋯ $n$. 所以，在 $n!$ 项中，最后只有一项可能不为零，即

$$(-1)^t a_{11}a_{22}\cdots a_{nn}$$

注意到排列 1 2 3 ⋯ $n$ 是偶排列，$t=0$. 所以，

$$D=a_{11}a_{22}\cdots a_{nn}$$

由此可知

$$\begin{vmatrix} \lambda_1 & 0 & 0 & \cdots & 0 \\ 0 & \lambda_2 & 0 & \cdots & 0 \\ \vdots & \vdots & \vdots & & \vdots \\ 0 & 0 & 0 & \cdots & \lambda_n \end{vmatrix}=\lambda_1\lambda_2\cdots\lambda_n$$

**例 5** 计算行列式.

$$D=\begin{vmatrix} 0 & \cdots & 0 & \lambda_1 \\ 0 & \cdots & \lambda_2 & 0 \\ \vdots & & \vdots & \vdots \\ \lambda_n & \cdots & 0 & 0 \end{vmatrix}$$

**解** 取 $\lambda_i=a_{i,n-i+1}$，则有

$$\text{原式}=(-1)^t a_{1n}a_{2,n-1}\cdots a_{n1}=(-1)^t\lambda_1\lambda_2\cdots\lambda_n$$

其中，$t$ 为排列 $n$ $(n-1)$ ⋯ 2 1 的逆序数

$$t=0+1+2+\cdots+(n-1)=\frac{n(n-1)}{2}$$

从而

$$D=(-1)^{\frac{n(n-1)}{2}}\lambda_1\lambda_2\cdots\lambda_n$$

**例 6** 证明 $n$ 阶行列式也可以如下定义：

$$D = \sum (-1)^s a_{q_1 1} a_{q_2 2} \cdots a_{q_n n}$$

其中，$s$ 为行标排列 $q_1 q_2 \cdots q_n$ 的逆序数，$\sum$ 为关于 1，2，…，$n$ 的所有全排列取和.

**证明** 行列式定义为

$$D_1 = \sum (-1)^t a_{1p_1} a_{2p_2} \cdots a_{np_n}$$

我们必须证明 $D_1 = \sum (-1)^t a_{1p_1} a_{2p_2} \cdots a_{np_n}$ 中每一项恰好对应 $D$ 中每一项，且 $D$ 中每一项恰好对应 $D_1$ 中每一项. 事实上，$D_1$ 与 $D$ 中分别都有 $n!$ 项，仅说明 $D_1$ 中每一项恰好对应 $D$ 中每一项. 对 $D_1$ 中一项 $(-1)^t a_{1p_1} a_{2p_2} \cdots a_{np_n}$，我们交换顺序使其列标排列成为标准顺序（逆序数为零），同时，行标按标准顺序化为了排列 $q_1 q_2 \cdots q_n$，根据对换定理推论知道排列 $p_1 p_2 \cdots p_n$ 与排列 $q_1 q_2 \cdots q_n$ 有相同的奇偶性. 若用 $s$ 表示排列 $q_1 q_2 \cdots q_n$ 的逆序数，则有

$$(-1)^t a_{1p_1} a_{2p_2} \cdots a_{np_n} = (-1)^s a_{q_1 1} a_{q_2 2} \cdots a_{q_n n}$$

### 习题 1.3

1. 写出四阶行列式中含有因子 $a_{22}a_{33}$ 的项.
2. 用行列式定义计算.

$$\begin{vmatrix} a_{11} & a_{12} & \cdots & a_{1n} & 0 & 0 & \cdots & 0 \\ a_{21} & a_{22} & \cdots & a_{2n} & 0 & 0 & \cdots & 0 \\ \vdots & \vdots & & \vdots & \vdots & \vdots & & \vdots \\ a_{n1} & a_{n2} & \cdots & a_{nn} & 0 & 0 & \cdots & 0 \\ 0 & 0 & \cdots & 0 & b_{11} & b_{12} & \cdots & b_{1n} \\ 0 & 0 & \cdots & 0 & b_{21} & b_{22} & \cdots & b_{2n} \\ \vdots & \vdots & & \vdots & \vdots & \vdots & & \vdots \\ 0 & 0 & \cdots & 0 & b_{n1} & b_{n2} & \cdots & b_{nn} \end{vmatrix}$$

## 1.4 行列式的性质

从 $n$ 阶行列式的定义来看，除了特殊的行列式外，利用定义计算行列式是非常复杂的. 为此，下面讨论行列式的性质.

我们把一个行列式的所有行变成对应的列后所得到的行列式称为原行列式的**转置行列式**，记为 $D^{\mathrm{T}}$ 或 $D'$.

例如，设 $D = \begin{vmatrix} 1 & 2 & 3 \\ 4 & 5 & 6 \\ 7 & 8 & 9 \end{vmatrix}$，则 $D^{\mathrm{T}} = \begin{vmatrix} 1 & 4 & 7 \\ 2 & 5 & 8 \\ 3 & 6 & 9 \end{vmatrix}$.

由此可以看出，$D$ 中第 $i$ 行第 $j$ 列位置上的元素与 $D^{\mathrm{T}}$ 中第 $j$ 行第 $i$ 列位置上的元素相等.

**性质1　行列式与它的转置行列式相等.**

**证明**　设 $D^{\mathrm{T}}=\begin{vmatrix} b_{11} & b_{12} & \cdots & b_{1n} \\ b_{21} & b_{22} & \cdots & b_{2n} \\ \vdots & \vdots & & \vdots \\ b_{n1} & b_{n2} & \cdots & b_{nn} \end{vmatrix}$，则 $a_{ij}=b_{ji}\quad(i,j=1,2,\cdots,n)$，

所以

$$D^{\mathrm{T}}=\sum(-1)^t b_{1p_1}b_{2p_2}\cdots b_{np_n}=\sum(-1)^t a_{p_1 1}a_{p_2 2}\cdots a_{p_n n}$$

右边是行列式 $D$ 的另一种定义形式.

这个性质说明，行列式转置后值不变，所以，行具有的性质列同样具有，列具有的性质行也同样具有.

**性质2　互换行列式两行（列）后所得行列式与原行列式绝对值相等，符号相反.**

**证明**　将 $D$ 的第 $i$ 行与第 $j$ 行交换后，在 $D$ 的每一项中的表现为将

$$a_{1p_1}\cdots a_{ip_i}\cdots a_{jp_j}\cdots a_{np_n}$$

中的 $a_{ip_i}$ 与 $a_{jp_j}$ 互换位置变为

$$a_{1p_1}\cdots a_{jp_j}\cdots a_{ip_i}\cdots a_{np_n}$$

逆序数由于排列作一次对换改变奇偶性，从而，行列式交换两行位置后变号.

今后记交换第 $i$，$j$ 行为 $r_i\leftrightarrow r_j$，交换第 $i$，$j$ 列位置为 $c_i\leftrightarrow c_j$.

**推论　若行列式中有两行（列）完全相同，则此行列式值为零.**

**证明**　一方面，由性质2知，交换这相同的两行位置后，行列式差一个符号；另一方面，从形式上看交换两行后行列式不变，所以有 $D=-D$，必有 $D=0$.

**性质3　行列式中某行（列）所有元素有公因子可以提到行列式符号外面.**

**证明**　设第 $i$ 行有公因子 $k$，则第 $i$ 行上元素可以写成 $ka_{ij}$ $(j=1,\cdots,n)$，从而

$$\begin{aligned} D &= \sum(-1)^t a_{1p_1}\cdots(ka_{ip_i})\cdots a_{np_n} \\ &= k\sum(-1)^t a_{1p_1}\cdots a_{ip_i}\cdots a_{np_n} \end{aligned}$$

**推论　行列式中如果有两行（列）各元素对应成比例，则此行列式为零.**

**证明**　可以将比例因子提到行列式符号外，则行列式中有两行（列）相同，所以为0.

**性质4　若行列式某行（列）各元素都是两数之和，如**

$$D=\begin{vmatrix} a_{11} & a_{12} & \cdots & a_{1n} \\ \vdots & \vdots & & \vdots \\ a_{i1}+b_{i1} & a_{i2}+b_{i2} & \cdots & a_{in}+b_{in} \\ \vdots & \vdots & & \vdots \\ a_{n1} & a_{n2} & \cdots & a_{nn} \end{vmatrix}$$

**则 $D$ 可以写成如下两行列式相加的形式**

$$D=\begin{vmatrix} a_{11} & a_{12} & \cdots & a_{1n} \\ \vdots & \vdots & & \vdots \\ a_{i1} & a_{i2} & \cdots & a_{in} \\ \vdots & \vdots & & \vdots \\ a_{n1} & a_{n2} & \cdots & a_{nn} \end{vmatrix}+\begin{vmatrix} a_{11} & a_{12} & \cdots & a_{1n} \\ \vdots & \vdots & & \vdots \\ b_{i1} & b_{i2} & \cdots & b_{in} \\ \vdots & \vdots & & \vdots \\ a_{n1} & a_{n2} & \cdots & a_{nn} \end{vmatrix}$$

事实上，

$$\begin{aligned} D &= \sum (-1)^t a_{1p_1}\cdots(a_{ip_i}+b_{ip_i})\cdots a_{np_n} \\ &= \sum (-1)^t a_{1p_1}\cdots a_{ip_i}\cdots a_{np_n} + \sum (-1)^t a_{1p_1}\cdots b_{ip_i}\cdots a_{np_n} \end{aligned}$$

**性质5　把行列式的某行（列）各元素乘以一个常数 $k$ 加到另一行（列）对应元素上去，行列式值不变**（今后以 $r_i+kr_j$ 表示把第 $j$ 行各元素乘以 $k$ 加在第 $i$ 行上，以 $c_i+kc_j$ 表示把第 $j$ 列各元素乘以 $k$ 加在第 $i$ 列上）.

**证明**　利用性质4即可.

由上节例4和行列式性质1知上三角行列式

$$\begin{vmatrix} a_{11} & a_{12} & a_{13} & \cdots & a_{1n} \\ 0 & a_{22} & a_{23} & \cdots & a_{2n} \\ \vdots & \vdots & \vdots & & \vdots \\ 0 & 0 & 0 & \cdots & a_{nn} \end{vmatrix}=a_{11}a_{22}\cdots a_{nn}$$

利用行列式性质把行列式化为简单形式（如三角形行列式），即可简化计算.

**例7**　计算行列式.

$$\begin{vmatrix} 0 & -a & -b \\ a & 0 & -c \\ b & c & 0 \end{vmatrix}$$

**解**　$D=D'=\begin{vmatrix} 0 & a & b \\ -a & 0 & c \\ -b & -c & 0 \end{vmatrix}=(-1)^3\begin{vmatrix} 0 & -a & -b \\ a & 0 & -c \\ b & c & 0 \end{vmatrix}=-D$

从而

$$D=0$$

**例8**　计算行列式.

$$\begin{vmatrix} 2 & 4 & 1 & 7 \\ 1 & 2 & 4 & 1 \\ 0 & 3 & 1 & -1 \\ 3 & 2 & 0 & 5 \end{vmatrix}$$

**解**　原式

$$\xlongequal{r_1 \leftrightarrow r_2} -\begin{vmatrix} 1 & 2 & 4 & 1 \\ 2 & 4 & 1 & 7 \\ 0 & 3 & 1 & -1 \\ 3 & 2 & 0 & 5 \end{vmatrix} \xlongequal[r_4+(-3)r_1]{r_2+(-2)r_1} -\begin{vmatrix} 1 & 2 & 4 & 1 \\ 0 & 0 & -7 & 5 \\ 0 & 3 & 1 & -1 \\ 0 & -4 & -12 & 2 \end{vmatrix}$$

$$\xlongequal{r_3+(1)r_4} -\begin{vmatrix} 1 & 2 & 4 & 1 \\ 0 & 0 & -7 & 5 \\ 0 & -1 & -11 & 1 \\ 0 & -4 & -12 & 2 \end{vmatrix} \xlongequal{r_3 \leftrightarrow r_2} \begin{vmatrix} 1 & 2 & 4 & 1 \\ 0 & -1 & -11 & 1 \\ 0 & 0 & -7 & 5 \\ 0 & -4 & -12 & 2 \end{vmatrix}$$

$$\xlongequal{r_4+(-4)r_2} \begin{vmatrix} 1 & 2 & 4 & 1 \\ 0 & -1 & -11 & 1 \\ 0 & 0 & -7 & 5 \\ 0 & 0 & 32 & -2 \end{vmatrix} \xlongequal{r_4+(\frac{32}{7})r_3} \begin{vmatrix} 1 & 2 & 4 & 1 \\ 0 & -1 & -11 & 1 \\ 0 & 0 & -7 & 5 \\ 0 & 0 & 0 & \frac{146}{7} \end{vmatrix} = 146$$

**例 9**　计算 $D = \begin{vmatrix} a & b & b & \cdots & b \\ b & a & b & \cdots & b \\ b & b & a & \cdots & b \\ \vdots & \vdots & \vdots & & \vdots \\ b & b & b & \cdots & a \end{vmatrix}$ （$D$ 为 $n$ 阶行列式）.

**解**　原式

$$\xlongequal[c_1+(1)c_n]{c_1+(1)c_2 \atop \vdots} \begin{vmatrix} a+(n-1)b & b & b & \cdots & b \\ a+(n-1)b & a & b & \cdots & b \\ a+(n-1)b & b & a & \cdots & b \\ \vdots & \vdots & \vdots & & \vdots \\ a+(n-1)b & b & b & \cdots & a \end{vmatrix}$$

$$= [a+(n-1)b] \begin{vmatrix} 1 & b & b & \cdots & b \\ 1 & a & b & \cdots & b \\ 1 & b & a & \cdots & b \\ \vdots & \vdots & \vdots & & \vdots \\ 1 & b & b & \cdots & a \end{vmatrix}$$

$$\xrightarrow[r_n+(-1)r_1]{r_2+(-1)r_1 \\ \vdots}[a+(n-1)b]\begin{vmatrix} 1 & b & b & \cdots & b \\ 0 & a-b & 0 & \cdots & 0 \\ 0 & 0 & a-b & \cdots & 0 \\ \vdots & \vdots & \vdots & & \vdots \\ 0 & 0 & 0 & \cdots & a-b \end{vmatrix}$$

$$=[a+(n-1)b](a-b)^{n-1}$$

## 习题　1.4

计算下列行列式.

(1) $\begin{vmatrix} 1 & 2 & 3 & -1 \\ 1 & -1 & 0 & 2 \\ 0 & 1 & 0 & 1 \\ 0 & 0 & -1 & 2 \end{vmatrix}$　　(2) $\begin{vmatrix} 1 & 1 & 1 \\ a & b & c \\ a^2 & b^2 & c^2 \end{vmatrix}$

(3) $\begin{vmatrix} 0 & 0 & 0 & 1 \\ 0 & 0 & 2 & 0 \\ 0 & 3 & 0 & 0 \\ 4 & 0 & 0 & 5 \end{vmatrix}$　　(4) $\begin{vmatrix} a^2 & (a+1)^2 & (a+2)^2 & (a+3)^2 \\ b^2 & (b+1)^2 & (b+2)^2 & (b+3)^2 \\ c^2 & (c+1)^2 & (c+2)^2 & (c+3)^2 \\ d^2 & (d+1)^2 & (d+2)^2 & (d+3)^2 \end{vmatrix}$

(5) $\begin{vmatrix} ax+by & ay+bz & az+bx \\ ay+bz & az+bx & ax+by \\ az+bx & ax+by & ay+bz \end{vmatrix}$

# 1.5　行列式按行（列）展开

一般来说，行列式阶数越低，计算相对越简单些. 本节将介绍如何用低阶行列式来表示高阶行列式. 首先介绍余子式和代数余子式的概念.

在 $n$ 阶行列式中，把元素 $a_{ij}$所在的第 $i$ 行和第 $j$ 列划去后，剩下的 $n-1$ 阶行列式叫作**元素 $a_{ij}$的余子式**，记作 $M_{ij}$；另记 $A_{ij}=(-1)^{i+j}M_{ij}$，$A_{ij}$叫作**元素 $a_{ij}$的代数余子式**.

例如，设 $D=\begin{vmatrix} 1 & 2 & 3 & 4 \\ 7 & 6 & 5 & 4 \\ 0 & 8 & 2 & 9 \\ -1 & 2 & 4 & 8 \end{vmatrix}$，元素 $a_{23}=5$ 的余子式、代数余子式分别为

$$M_{23}=\begin{vmatrix} 1 & 2 & 4 \\ 0 & 8 & 9 \\ -1 & 2 & 8 \end{vmatrix}=60,\ A_{23}=(-1)^{2+3}M_{23}=-60.$$

由行列式的定义易知

$$D=\begin{vmatrix} a_{11} & 0 & 0 & \cdots & 0 \\ a_{21} & a_{22} & a_{23} & \cdots & a_{2n} \\ a_{31} & a_{32} & a_{33} & \cdots & a_{3n} \\ \vdots & \vdots & \vdots & & \vdots \\ a_{n1} & a_{n2} & a_{n3} & \cdots & a_{nn} \end{vmatrix}=a_{11}M_{11}=a_{11}A_{11} \tag{1.6}$$

假设 $n$ 阶行列式 $D$ 中第 $i$ 行除 $a_{ij}$ 外其余元素都为零，即

$$D=\begin{vmatrix} a_{11} & \cdots & a_{1j} & \cdots & a_{1n} \\ \vdots & & \vdots & & \vdots \\ 0 & \cdots & a_{ij} & \cdots & 0 \\ \vdots & & \vdots & & \vdots \\ a_{n1} & \cdots & a_{nj} & \cdots & a_{nn} \end{vmatrix}$$

为把 $D$ 凑成式（1.6）的形式，我们首先把第 $i$ 行逐次与第 $i-1$，$i-2$，…，1 行交换；然后，再把第 $j$ 列逐次与第 $j-1$，$j-2$，…，1 列交换，即化为式（1.6）的形式. 由于共作了 $i-1$ 次行交换，$j-1$ 次列交换，所以

$$D=a_{ij}(-1)^{i-1+j-1}M_{ij}=a_{ij}A_{ij}$$

**定理 1.2** **（行列式的按行（列）展开定理）行列式等于它的任一行（列）元素分别与其对应的代数余子式乘积的和，即**

$$D=a_{i1}A_{i1}+a_{i2}A_{i2}+\cdots+a_{in}A_{in}=\sum_{k=1}^{n}a_{ik}A_{ik}\ (i=1,2,\cdots,n)$$

或
$$D=a_{1j}A_{1j}+\cdots+a_{nj}A_{nj}=\sum_{k=1}^{n}a_{kj}A_{kj}\ (j=1,2,\cdots,n)$$

**证明** 仅须把 $D$ 中第 $i$ 行元素写成

$$a_{i1}+0+\cdots+0 \quad 0+a_{i2}+0+\cdots+0 \quad \cdots \quad 0+0+0+\cdots+a_{in}$$

的形式，利用行列式性质 4，把行列式拆成 $n$ 个行列式的和，而对每个行列式利用前面的讨论结果即可.

利用这个定理可以简化行列式的计算. 一般可以选定含零较多的行或列，再利用行列式性质把选定的行或列化成除一个元素外，其余元素都为 0，然后再写成按这一行或列展开的形式. 这时，$n$ 阶行列式的计算问题即简化为一个 $n-1$ 阶行列式的计算问题.

**例 10** 计算行列式.

$$\begin{vmatrix} a & 1 & 0 & 0 \\ -1 & b & 1 & 0 \\ 0 & -1 & c & 1 \\ 0 & 0 & -1 & d \end{vmatrix}$$

**解** 原式

$$\xlongequal{c_1+(-a)c_2}\begin{vmatrix}0&1&0&0\\-1-ab&b&1&0\\a&-1&c&1\\0&0&-1&d\end{vmatrix}=1\times(-1)^{1+2}\begin{vmatrix}-1-ab&1&0\\a&c&1\\0&-1&d\end{vmatrix}$$

$$\xlongequal{r_3+(-d)r_2}-\begin{vmatrix}-1-ab&1&0\\a&c&1\\-ad&-1-cd&0\end{vmatrix}=(-1)\times(-1)^{2+3}\begin{vmatrix}-1-ab&1\\-ad&-1-cd\end{vmatrix}$$

$$=(1+ab)(1+cd)+ad$$

**例 11** 计算行列式.

$$\begin{vmatrix}1&1&1&1\\2&4&7&9\\2^2&4^2&7^2&9^2\\2^3&4^3&7^3&9^3\end{vmatrix}$$

**解** 原式

$$\xlongequal{r_4+(-2)r_3}\begin{vmatrix}1&1&1&1\\2&4&7&9\\2^2&4^2&7^2&9^2\\0&4^2(4-2)&7^2(7-2)&9^2(9-2)\end{vmatrix}$$

$$\xlongequal[r_2+(-2)r_1]{r_3+(-2)r_2}\begin{vmatrix}1&1&1&1\\0&4-2&7-2&9-2\\0&4(4-2)&7(7-2)&9(9-2)\\0&4^2(4-2)&7^2(7-2)&9^2(9-2)\end{vmatrix}$$

$$=\begin{vmatrix}4-2&7-2&9-2\\4(4-2)&7(7-2)&9(9-2)\\4^2(4-2)&7^2(7-2)&9^2(9-2)\end{vmatrix}=(4-2)(7-2)(9-2)\begin{vmatrix}1&1&1\\4&7&9\\4^2&7^2&9^2\end{vmatrix}$$

$$\xlongequal[r_2+(-4)r_1]{r_3+(-4)r_2}(4-2)(7-2)(9-2)\begin{vmatrix}1&1&1\\0&7-4&9-4\\0&7(7-4)&9(9-4)\end{vmatrix}$$

$$=(4-2)(7-2)(9-2)(7-4)(9-4)\begin{vmatrix}1&1\\7&9\end{vmatrix}$$

$$=(4-2)(7-2)(9-2)(7-4)(9-4)(9-7)=2100$$

设

$$D_1=\begin{vmatrix} a_{11} & a_{12} & \cdots & a_{1n} \\ \vdots & \vdots & & \vdots \\ a_{i1} & a_{i2} & \cdots & a_{in} \\ \vdots & \vdots & & \vdots \\ a_{n1} & a_{n2} & \cdots & a_{nn} \end{vmatrix},\qquad D_2=\begin{vmatrix} a_{11} & a_{12} & \cdots & a_{1n} \\ \vdots & \vdots & & \vdots \\ b_1 & b_2 & \cdots & b_n \\ \vdots & \vdots & & \vdots \\ a_{n1} & a_{n2} & \cdots & a_{nn} \end{vmatrix}$$

其中，$D_2$ 是把 $D_1$ 中第 $i$ 行元素 $a_{i1}$，$a_{i2}$，…，$a_{in}$ 换成 $b_1$，$b_2$，…，$b_n$ 后得到的行列式. 我们把 $D_1$ 与 $D_2$ 都按第 $i$ 行展开有

$$D_1=a_{i1}A_{i1}+a_{i2}A_{i2}+\cdots+a_{in}A_{in}$$

$$D_2=b_1A_{i1}+b_2A_{i2}+\cdots+b_nA_{in}$$

当$i\neq j$ 时，如果取 $b_k=a_{jk}$（$k=1$，2，…，$n$），则 $a_{j1}A_{i1}+a_{j2}A_{i2}+\cdots+a_{jn}A_{in}$可以看成是把 $D_1$ 中第 $i$ 行换成第 $j$ 行后得到的行列式. 所以，如果 $i\neq j$，有$a_{j1}A_{i1}+\cdots+a_{jn}A_{in}=0$.

从而

$$a_{j1}A_{i1}+\cdots+a_{jn}A_{in}=\begin{cases}0 & i\neq j\\ D & i=j\end{cases}$$

同样对列考虑有

$$a_{1j}A_{1i}+\cdots+a_{nj}A_{ni}=\begin{cases}0 & i\neq j\\ D & i=j\end{cases}$$

**例 12**　已知 $D=\begin{vmatrix} 1 & 1 & 1 \\ 72 & 100 & 972 \\ -101 & 92 & 81 \end{vmatrix}$，求 $A_{31}+A_{32}+A_{33}$.

**解**　因为第 1 行元素为 1，1，1. 而 $A_{31}+A_{32}+A_{33}=1\cdot A_{31}+1\cdot A_{32}+1\cdot A_{33}$是第一行元素乘以第 3 行元素对应的代数余子式后求和，故有

$$A_{31}+A_{32}+A_{33}=0$$

事实上

$$A_{31}+A_{32}+A_{33}=\begin{vmatrix} 1 & 1 & 1 \\ 72 & 100 & 972 \\ 1 & 1 & 1 \end{vmatrix}=0$$

## 习题　1.5

1. 已知 $D_1=\begin{vmatrix} a_{11} & a_{12} & a_{13} & a_{14} \\ a_{21} & a_{22} & a_{23} & a_{24} \\ a_{31} & a_{32} & a_{33} & a_{34} \\ a_{41} & a_{42} & a_{43} & a_{44} \end{vmatrix}$，$D_2=\begin{vmatrix} a_{11} & a_{12} & b_1 & a_{14} \\ a_{21} & a_{22} & b_2 & a_{24} \\ a_{31} & a_{32} & b_3 & a_{34} \\ a_{41} & a_{42} & b_4 & a_{44} \end{vmatrix}$，分别将 $D_1$ 和 $D_2$ 按第 3 列展开，并比较展开后的结果.

2. 利用行列式展开法计算习题1.4中（1）和（3）.

3. 已知 $D=\begin{vmatrix} a_{11} & a_{12} & a_{13} & a_{14} \\ a_{21} & a_{22} & a_{23} & a_{24} \\ a_{31} & a_{32} & a_{33} & a_{34} \\ a_{41} & a_{42} & a_{43} & a_{44} \end{vmatrix}$，试写出 $\sum\limits_{k=1}^{4} b_k A_{k3}$ 对应的行列式.

## 1.6 克莱姆法则

本节开始，我们用二阶、三阶行列式求解二元、三元线性方程组. 现在考虑到用 $n$ 阶行列式求解 $n$ 元线性方程组的问题. 已知 $n$ 个未知量 $n$ 个方程的线性方程组

$$\begin{cases} a_{11}x_1+a_{12}x_2+\cdots+a_{1n}x_n=b_1 \\ a_{21}x_1+a_{22}x_2+\cdots+a_{2n}x_n=b_2 \\ \qquad\vdots \\ a_{n1}x_1+a_{n2}x_2+\cdots+a_{nn}x_n=b_n \end{cases} \tag{1.7}$$

它的求解方法与二元、三元线性方程组求解方法相同.

**克莱姆法则　若方程组（1.7）的系数行列式**

$$D=\begin{vmatrix} a_{11} & \cdots & a_{1n} \\ \vdots & & \vdots \\ a_{n1} & \cdots & a_{nn} \end{vmatrix} \neq 0$$

**那么，方程组有唯一一组解，且** $x_i=\dfrac{D_i}{D}\,(i=1,2,\cdots,n)$**，其中** $D_i$ $(i=1,2,\cdots,n)$ **是把系数行列式** $D$ **中第** $i$ **列的元素用方程组右端的常数列替换后所得的** $n$ **阶行列式，即**

$$D_i=\begin{vmatrix} a_{11} & \cdots & a_{1,i-1} & b_1 & a_{1,i+1} & \cdots & a_{1n} \\ \vdots & & \vdots & \vdots & \vdots & & \vdots \\ a_{n1} & \cdots & a_{n,i-1} & b_n & a_{n,i+1} & \cdots & a_{nn} \end{vmatrix}$$

**证明**　用 $D$ 中第 $i$ 列元素的代数余子式 $A_{1i}$，$A_{2i}$，$\cdots$，$A_{ni}$ 依次分别乘以方程组的 $n$ 个方程，然后再相加后得

$$\left(\sum_{k=1}^{n} a_{k1}A_{ki}\right)x_1+\cdots+\left(\sum_{k=1}^{n} a_{ki}A_{ki}\right)x_i+\cdots+\left(\sum_{k=1}^{n} a_{kn}A_{ki}\right)x_n=\sum_{k=1}^{n} b_kA_{ki}$$

上式中除 $x_i$ 的系数为 $D$ 外，其余未知量的系数均为零. 由1.5节可知，

$\sum_{k=1}^{n} b_k A_{ki}$ 是把 $D$ 中第 $i$ 列元素换为方程组右端常数列后所形成的行列式，从而有

$$Dx_i = D_i$$

又 $D \neq 0$，所以，方程组有唯一的一组解 $x_i = \dfrac{D_i}{D}$ $(i=1, 2, \cdots, n)$.

**例 13** 用克莱姆法则求解方程组.

$$\begin{cases} x_1 + x_2 + x_3 + x_4 = 6 \\ x_1 + 2x_2 - x_3 - x_4 = 2 \\ x_1 - x_2 + x_3 - x_4 = -2 \\ x_1 - x_2 - x_3 + x_4 = 0 \end{cases}$$

**解** $D = \begin{vmatrix} 1 & 1 & 1 & 1 \\ 1 & 2 & -1 & -1 \\ 1 & -1 & 1 & -1 \\ 1 & -1 & -1 & 1 \end{vmatrix} = -20$, $\quad D_1 = \begin{vmatrix} 6 & 1 & 1 & 1 \\ 2 & 2 & -1 & -1 \\ -2 & -1 & 1 & -1 \\ 0 & -1 & -1 & 1 \end{vmatrix} = -20$

$$D_2 = \begin{vmatrix} 1 & 6 & 1 & 1 \\ 1 & 2 & -1 & -1 \\ 1 & -2 & 1 & -1 \\ 1 & 0 & -1 & 1 \end{vmatrix} = -40, \quad D_3 = \begin{vmatrix} 1 & 1 & 6 & 1 \\ 1 & 2 & 2 & -1 \\ 1 & -1 & -2 & -1 \\ 1 & -1 & 0 & 1 \end{vmatrix} = -20$$

$$D_4 = \begin{vmatrix} 1 & 1 & 1 & 6 \\ 1 & 2 & -1 & 2 \\ 1 & -1 & 1 & -2 \\ 1 & -1 & -1 & 0 \end{vmatrix} = -40$$

所以得

$$x_1 = 1, \ x_2 = 2, \ x_3 = 1, \ x_4 = 2$$

从克莱姆法则可以看出，方程组（1.7）若有两组不同的解或者无解，则它的系数行列式必然为零.

今后把 $b_1, b_2, \cdots, b_n$ 不全为零时对应的方程组叫作**非齐次线性方程组**；而把 $b_1, b_2, \cdots, b_n$ 全为零时对应的方程组叫作**齐次线性方程组**. 齐次线性方程组可以写成

$$\begin{cases} a_{11}x_1 + a_{12}x_2 + \cdots + a_{1n}x_n = 0 \\ a_{21}x_1 + a_{22}x_2 + \cdots + a_{2n}x_n = 0 \\ \qquad \vdots \\ a_{n1}x_1 + a_{n2}x_2 + \cdots + a_{nn}x_n = 0 \end{cases} \tag{1.8}$$

显然，$x_1 = x_2 = \cdots = x_n = 0$ 是齐次线性方程组的解，今后把这个解称为齐次线性方程组的**零解**. 如果一组不全为零的数是齐次线性方程组的解，则称它是齐次线性方程组的**非零解**. 由克莱姆法则知，当齐次线性方程组的系数行列式 $D \neq 0$ 时，齐次线性方程组没有非零解，或者说齐次线性方程组仅有零解.

**定理 1.3　如果齐次线性方程组有非零解，则它的系数行列式必为零.**

对齐次线性方程组来说，它肯定有解（至少有一组零解），今后主要研究它是否有非零解. 以后还会看出，当系数行列式为零时，齐次线性方程组必有非零解.

**例 14**　设齐次线性方程组为

$$\begin{cases} \lambda x_1 + x_2 + x_3 = 0 \\ x_1 + \lambda x_2 + x_3 = 0 \\ x_1 + x_2 + \lambda x_3 = 0 \end{cases}$$

$\lambda$ 取何值时，齐次线性方程组有非零解？

**解**　$D = \begin{vmatrix} \lambda & 1 & 1 \\ 1 & \lambda & 1 \\ 1 & 1 & \lambda \end{vmatrix} = (\lambda + 2)(\lambda - 1)^2$

由 $D = 0$ 得 $\lambda = 1$，或 $\lambda = -2$.

当 $\lambda = 1$ 时，方程组为

$$\begin{cases} x_1 + x_2 + x_3 = 0 \\ x_1 + x_2 + x_3 = 0 \\ x_1 + x_2 + x_3 = 0 \end{cases}$$

显然，$x_1 = 1$，$x_2 = -1$，$x_3 = 0$ 为方程组的非零解.

当 $\lambda = -2$ 时，方程组为

$$\begin{cases} -2x_1 + x_2 + x_3 = 0 \\ x_1 - 2x_2 + x_3 = 0 \\ x_1 + x_2 - 2x_3 = 0 \end{cases}$$

经验证可知，$x_1 = 1$，$x_2 = 1$，$x_3 = 1$ 为方程组的非零解.

## 习题　1.6

1. 多项式 $f(x) = a_0 + a_1 x + a_2 x^2 + a_3 x^3$ 当 $x = 1, 2, 3, -1$ 时，$f(x)$ 的值分别为 $-3, 5, 35, 5$，试求 $f(4)$.

2. 用克莱姆法则解下列线性方程组.

(1) $\begin{cases}5x_1+6x_2=1\\x_1+5x_2+6x_3=0\\x_2+5x_3+6x_4=0\\x_3+5x_4+6x_5=0\\x_4+5x_5=1\end{cases}$　　(2) $\begin{cases}x+y=u+v\\x+4=2y+u-v+5\\2v=x+2y-1\\7x-3y+5u-2v=38\end{cases}$

3. $\lambda$ 取何值时，齐次线性方程组

$$\begin{cases}(\lambda-1)x_1+x_2+x_3=0\\x_1+(\lambda-2)x_2+x_3=0\\x_1+2x_2+(\lambda-3)x_3=0\end{cases}$$

有非零解？

# 第 2 章　矩　　阵

矩阵是线性代数中的一块重要内容，它在工程技术和经济研究中有着广泛的应用. 本章主要介绍：矩阵的概念及其运算；逆矩阵；分块矩阵.

## 2.1　线性变换与矩阵的概念

设有两组变量：$y_1$，$y_2$，…，$y_m$ 与 $x_1$，$x_2$，…，$x_n$. 如果变量 $y_1$，$y_2$，…，$y_m$ 均可表示成变量 $x_1$，$x_2$，…，$x_n$ 的线性函数，即

$$\begin{cases} y_1 = a_{11}x_1 + a_{12}x_2 + \cdots + a_{1n}x_n \\ y_2 = a_{21}x_1 + a_{22}x_2 + \cdots + a_{2n}x_n \\ \qquad \vdots \\ y_m = a_{m1}x_1 + a_{m2}x_2 + \cdots + a_{mn}x_n \end{cases} \tag{2.1}$$

则称式（2.1）为**从变量** $x_1$，$x_2$，…，$x_n$ **到变量** $y_1$，$y_2$，…，$y_m$ **的线性变换**.

线性变换（2.1）由它的系数排列成的数表

$$\begin{pmatrix} a_{11} & a_{12} & \cdots & a_{1n} \\ a_{21} & a_{22} & \cdots & a_{2n} \\ \vdots & \vdots & & \vdots \\ a_{m1} & a_{m2} & \cdots & a_{mn} \end{pmatrix} \tag{2.2}$$

唯一确定. 因此，对线性变换（2.1）的讨论常常归结为对数表（2.2）的讨论.

同样地，线性方程组

$$\begin{cases} a_{11}x_1 + a_{12}x_2 + \cdots + a_{1n}x_n = b_1 \\ a_{21}x_1 + a_{22}x_2 + \cdots + a_{2n}x_n = b_2 \\ \qquad \vdots \\ a_{m1}x_1 + a_{m2}x_2 + \cdots + a_{mn}x_n = b_m \end{cases}$$

与数表

$$\begin{pmatrix} a_{11} & a_{12} & \cdots & a_{1n} & b_1 \\ a_{21} & a_{22} & \cdots & a_{2n} & b_2 \\ \vdots & \vdots & & \vdots & \vdots \\ a_{m1} & a_{m2} & \cdots & a_{mn} & b_m \end{pmatrix}$$

有着密切的关系. 这种数表在数学上称为**矩阵**.

**定义 2.1**　由 $m\times n$ 个数 $a_{ij}$（$i=1, 2, \cdots, m$；$j=1, 2, \cdots, n$）排成的 $m$ 行 $n$ 列的数表

$$\boldsymbol{A}=\begin{pmatrix} a_{11} & a_{12} & \cdots & a_{1n} \\ a_{21} & a_{22} & \cdots & a_{2n} \\ \vdots & \vdots & & \vdots \\ a_{m1} & a_{m2} & \cdots & a_{mn} \end{pmatrix}$$

称为 $m$ **行** $n$ **列的矩阵**，简记为 $\boldsymbol{A}=(a_{ij})_{m\times n}$，$a_{ij}$ 称为**矩阵 $\boldsymbol{A}$ 的第 $i$ 行第 $j$ 列的元素**. 矩阵用大写的英文字母 $\boldsymbol{A}$，$\boldsymbol{B}$，$\boldsymbol{C}$，…表示.

下面介绍几种常用的特殊矩阵：

（1）**零矩阵**　元素全为零的矩阵称为**零矩阵**，记为 $\boldsymbol{O}$.

（2）**行矩阵与列矩阵**

只有一行的矩阵称为**行矩阵**. 如 $\boldsymbol{A}=(a_1\ a_2 \cdots\ a_n)$

只有一列的矩阵称为**列矩阵**. 如

$$\boldsymbol{B}=\begin{pmatrix} b_1 \\ b_2 \\ \vdots \\ b_m \end{pmatrix}$$

（3）**阶梯形矩阵**　如果矩阵每行第一个不为零的元素的列标随行数增加而严格递增，且如果存在零行，零行位于矩阵的最下方，则称这样的矩阵为**阶梯形矩阵**.

例如，$\boldsymbol{A}=\begin{pmatrix} 1 & 3 & 3 & 7 \\ 0 & -2 & 5 & 6 \\ 0 & 0 & 0 & 2 \end{pmatrix}$为阶梯形矩阵.

（4）**行最简形矩阵**　如果阶梯形矩阵 $\boldsymbol{A}$ 的每行第一个不为零的元素全是 1，且所在列的其他元素全为零，则称此矩阵为**行最简形矩阵**.

例如，$\boldsymbol{A}=\begin{pmatrix} 1 & 0 & 3 & 0 \\ 0 & 1 & 5 & 0 \\ 0 & 0 & 0 & 1 \end{pmatrix}$为行最简形矩阵.

（5）**方阵**　行数与列数相等的矩阵称为**方阵**. 特别地，当 $m=n=1$ 时，定义$(a_{11})=a_{11}$.

下面介绍的特殊矩阵均为方阵.

（6）**三角矩阵**

**上三角矩阵** $\boldsymbol{A}=\begin{pmatrix} a_{11} & a_{12} & \cdots & a_{1n} \\ 0 & a_{22} & \cdots & a_{2n} \\ 0 & 0 & \ddots & \vdots \\ 0 & 0 & 0 & a_{nn} \end{pmatrix}$，**下三角矩阵** $\boldsymbol{B}=\begin{pmatrix} a_{11} & 0 & \cdots & 0 \\ a_{21} & a_{22} & \cdots & 0 \\ \vdots & \vdots & \ddots & 0 \\ a_{n1} & a_{n2} & \cdots & a_{nn} \end{pmatrix}$

（7）**对角矩阵**　只有主对角线上的元素不全为零，其余元素全为零的矩阵称为**对角矩阵**，如矩阵 $\boldsymbol{A}=\begin{pmatrix}\lambda_1 & & & \\ & \lambda_2 & & \\ & & \ddots & \\ & & & \lambda_n\end{pmatrix}$ 为对角矩阵.

（8）**单位矩阵**　主对角线上的元素全为1，其余元素全为零的矩阵称为**单位矩阵**. 记为 $\boldsymbol{E}$.

$$\boldsymbol{E}=\begin{pmatrix}1 & & & \\ & 1 & & \\ & & \ddots & \\ & & & 1\end{pmatrix}$$

（9）**对称矩阵**　对于方阵 $\boldsymbol{A}=(a_{ij})_{n\times n}$，如果 $a_{ij}=a_{ji}$（$i$，$j=1$，2，…，$n$），称 $\boldsymbol{A}$ 为**对称矩阵**.

例如，$\boldsymbol{A}=\begin{pmatrix}1 & 0 & -2\\ 0 & 3 & 4\\ -2 & 4 & 7\end{pmatrix}$ 为对称矩阵.

**定义 2.2**　设有两个矩阵 $\boldsymbol{A}=(a_{ij})_{m\times n}$ 与 $\boldsymbol{B}=(b_{ij})_{m\times n}$，如果

$$a_{ij}=b_{ij}\ (i=1,2,\cdots,m;\ j=1,2,\cdots,n)$$

则称**矩阵 $\boldsymbol{A}$ 与矩阵 $\boldsymbol{B}$ 相等**，记为 $\boldsymbol{A}=\boldsymbol{B}$.

### 习题　2.1

1. 设 $\begin{pmatrix}2 & x & y\\ 3 & z & 0\end{pmatrix}=\begin{pmatrix}w & x^2 & x-y\\ 3 & x+w & 0\end{pmatrix}$，求 $x$，$y$，$z$，$w$.

2. 写出下列两个线性变换的矩阵.

（1）$\begin{cases}x_1=2y_1+y_2\\ x_2=y_1-y_2\\ x_3=3y_1+4y_2\end{cases}$　　（2）$\begin{cases}x_1=2y_1+y_2\\ x_2=y_1\\ x_3=4y_2\end{cases}$

## 2.2　矩阵的运算

### 2.2.1　矩阵的加法

**定义 2.3**　两个 $m\times n$ 矩阵 $\boldsymbol{A}=(a_{ij})_{m\times n}$，$\boldsymbol{B}=(b_{ij})_{m\times n}$ 对应元素相加，即 $a_{ij}+b_{ij}$（$i=1$，2，…，$m$；$j=1$，2，…，$n$）组成的 $m\times n$ 矩阵称为**矩阵 $\boldsymbol{A}$ 与 $\boldsymbol{B}$ 的和**，记作 $\boldsymbol{A}+\boldsymbol{B}$. 即

$$A+B=\begin{pmatrix} a_{11}+b_{11} & a_{12}+b_{12} & \cdots & a_{1n}+b_{1n} \\ a_{21}+b_{21} & a_{22}+b_{22} & \cdots & a_{2n}+b_{2n} \\ \vdots & \vdots & & \vdots \\ a_{m1}+b_{m1} & a_{m2}+b_{m2} & \cdots & a_{mn}+b_{mn} \end{pmatrix}$$

**注意　只有两个矩阵的行数、列数对应相同时，才能进行加法运算.**

### 2.2.2　数与矩阵相乘

**定义 2.4**　数 $k$ 乘矩阵 $\boldsymbol{A}$ 的每一个元素所得到的矩阵称为**数 $k$ 与矩阵 $\boldsymbol{A}$ 的积**，记作 $k\boldsymbol{A}$，即

$$k\boldsymbol{A}=\begin{pmatrix} ka_{11} & ka_{12} & \cdots & ka_{1n} \\ ka_{21} & ka_{22} & \cdots & ka_{2n} \\ \vdots & \vdots & & \vdots \\ ka_{m1} & ka_{m2} & \cdots & ka_{mn} \end{pmatrix}$$

当 $k=-1$ 时，记 $(-1)\boldsymbol{A}$ 为 $-\boldsymbol{A}$，并称 **$-\boldsymbol{A}$ 为 $\boldsymbol{A}$ 的负矩阵**. 对两个 $m\times n$ 矩阵 $\boldsymbol{A}$ 与 $\boldsymbol{B}$，**规定减法为**

$$\boldsymbol{A}-\boldsymbol{B}=\boldsymbol{A}+(-\boldsymbol{B})$$

矩阵的加法与数乘称为矩阵的线性运算，不难验证有下面的一些运算性质：

**性质 1**　$\boldsymbol{A}+\boldsymbol{B}=\boldsymbol{B}+\boldsymbol{A}$

**性质 2**　$(\boldsymbol{A}+\boldsymbol{B})+\boldsymbol{C}=\boldsymbol{A}+(\boldsymbol{B}+\boldsymbol{C})$

**性质 3**　$(\lambda u)\boldsymbol{A}=\lambda(u\boldsymbol{A})$

**性质 4**　$(\lambda+u)\boldsymbol{A}=\lambda\boldsymbol{A}+u\boldsymbol{A}$

**性质 5**　$\lambda(\boldsymbol{A}+\boldsymbol{B})=\lambda\boldsymbol{A}+\lambda\boldsymbol{B}$

**性质 6**　$\boldsymbol{A}+\boldsymbol{O}=\boldsymbol{A}$

**性质 7**　$1\cdot\boldsymbol{A}=\boldsymbol{A}$

**性质 8**　$\boldsymbol{A}+(-\boldsymbol{A})=\boldsymbol{O}$

其中，$\lambda$，$u$ 均为数.

**例 1**　已知 $\boldsymbol{A}=\begin{pmatrix} 2 & 4 \\ -1 & 3 \\ 0 & -5 \end{pmatrix}$，$\boldsymbol{B}=\begin{pmatrix} -3 & 0 \\ 5 & -4 \\ 4 & 3 \end{pmatrix}$，求 $3\boldsymbol{A}-2\boldsymbol{B}$.

**解**　$3\boldsymbol{A}-2\boldsymbol{B}=\begin{pmatrix} 6 & 12 \\ -3 & 9 \\ 0 & -15 \end{pmatrix}-\begin{pmatrix} -6 & 0 \\ 10 & -8 \\ 8 & 6 \end{pmatrix}=\begin{pmatrix} 12 & 12 \\ -13 & 17 \\ -8 & -21 \end{pmatrix}$

**例 2**　设 $\boldsymbol{A}=\begin{pmatrix} 1 & 4 \\ 0 & 3 \\ -2 & 0 \end{pmatrix}$，$\boldsymbol{B}=\begin{pmatrix} -1 & 2 \\ 1 & 0 \\ 3 & -2 \end{pmatrix}$，且 $3\boldsymbol{A}+\boldsymbol{X}=\boldsymbol{B}$. 求矩阵 $\boldsymbol{X}$.

**解**　$X=B-3A=\begin{pmatrix}-1&2\\1&0\\3&-2\end{pmatrix}-\begin{pmatrix}3&12\\0&9\\-6&0\end{pmatrix}=\begin{pmatrix}-4&-10\\1&-9\\9&-2\end{pmatrix}$

### 2.2.3　矩阵与矩阵相乘

设有两个线性变换

$$\begin{cases}z_1=a_{11}y_1+a_{12}y_2+a_{13}y_3\\z_2=a_{21}y_1+a_{22}y_2+a_{23}y_3\end{cases}\tag{2.3}$$

$$\begin{cases}y_1=b_{11}x_1+b_{12}x_2\\y_2=b_{21}x_1+b_{22}x_2\\y_3=b_{31}x_1+b_{32}x_2\end{cases}\tag{2.4}$$

若要求出从 $x_1$，$x_2$ 到 $z_1$，$z_2$ 的线性变换，可将式（2.4）代入式（2.3），得

$$\begin{cases}z_1=(a_{11}b_{11}+a_{12}b_{21}+a_{13}b_{31})x_1+(a_{11}b_{12}+a_{12}b_{22}+a_{13}b_{32})x_2\\z_2=(a_{21}b_{11}+a_{22}b_{21}+a_{23}b_{31})x_1+(a_{21}b_{12}+a_{22}b_{22}+a_{23}b_{32})x_2\end{cases}$$

上面的线性变换可看作先作线性变换（2.4），再作线性变换（2.3）的结果，我们把这个线性变换叫作线性变换（2.3）与线性变换（2.4）的乘积，相应地，我们把这个线性变换所对应的矩阵定义为式（2.3）与式（2.4）所对应的矩阵的乘积，即

$$\begin{pmatrix}a_{11}&a_{12}&a_{13}\\a_{21}&a_{22}&a_{23}\end{pmatrix}\begin{pmatrix}b_{11}&b_{12}\\b_{21}&b_{22}\\b_{31}&b_{32}\end{pmatrix}$$
$$=\begin{pmatrix}a_{11}b_{11}+a_{12}b_{21}+a_{13}b_{31}&a_{11}b_{12}+a_{12}b_{22}+a_{13}b_{32}\\a_{21}b_{11}+a_{22}b_{21}+a_{23}b_{31}&a_{21}b_{12}+a_{22}b_{22}+a_{23}b_{32}\end{pmatrix}$$

一般地，我们定义两矩阵相乘如下：

**定义 2.5**　设有矩阵 $A=(a_{ij})_{m\times s}$ 和 $B=(b_{ij})_{s\times n}$，**规定矩阵 $A$ 与矩阵 $B$ 的乘积是一个 $m\times n$ 矩阵 $C=(c_{ij})_{m\times n}$，其中**

$$\begin{aligned}c_{ij}&=a_{i1}b_{1j}+a_{i2}b_{2j}+\cdots+a_{is}b_{sj}\\&=\sum_{k=1}^{s}a_{ik}b_{kj}\quad(i=1,\ 2,\ \cdots,\ m;\ j=1,\ 2,\ \cdots,\ n)\end{aligned}$$

并记

$$C=AB$$

**矩阵 $A$ 与矩阵 $B$ 相乘的前提是：左矩阵 $A$ 的列数必须等于右矩阵 $B$ 的行数，矩阵的乘积 $AB$ 的行数与列数分别等于 $A$ 的行数与 $B$ 的列数，其第 $i$ 行第 $j$ 列元素 $c_{ij}$ 是 $A$ 的第 $i$ 行与 $B$ 的第 $j$ 列的对应元素乘积之和.**

**例 3**　计算 $\begin{pmatrix}1&0&1\\1&2&3\end{pmatrix}\begin{pmatrix}4&-1&2&1\\1&-1&0&3\\0&3&1&4\end{pmatrix}$

**解**

$$\begin{pmatrix}1&0&1\\1&2&3\end{pmatrix}\begin{pmatrix}4&-1&2&1\\1&-1&0&3\\0&3&1&4\end{pmatrix}$$

$$=\begin{pmatrix}1\times4+0\times1+1\times0 & 1\times(-1)+0\times(-1)+1\times3 & 1\times2+0\times0+1\times1 & 1\times1+0\times3+1\times4\\1\times4+2\times1+3\times0 & 1\times(-1)+2\times(-1)+3\times3 & 1\times2+2\times0+3\times1 & 1\times1+2\times3+3\times4\end{pmatrix}$$

$$=\begin{pmatrix}4&2&3&5\\6&6&5&19\end{pmatrix}$$

**例4** 已知$\boldsymbol{A}=\begin{pmatrix}-2&4\\1&-2\end{pmatrix}$，$\boldsymbol{B}=\begin{pmatrix}2&4\\-3&-6\end{pmatrix}$. 求$\boldsymbol{AB}$与$\boldsymbol{BA}$.

**解**

$$\boldsymbol{AB}=\begin{pmatrix}-2&4\\1&-2\end{pmatrix}\begin{pmatrix}2&4\\-3&-6\end{pmatrix}=\begin{pmatrix}-16&-32\\8&16\end{pmatrix}$$

$$\boldsymbol{BA}=\begin{pmatrix}2&4\\-3&-6\end{pmatrix}\begin{pmatrix}-2&4\\1&-2\end{pmatrix}=\begin{pmatrix}0&0\\0&0\end{pmatrix}$$

说明 从例4我们可以看出矩阵乘法不满足交换律. 同时，此例还说明，即使$\boldsymbol{A}\neq\boldsymbol{O}$，$\boldsymbol{B}\neq\boldsymbol{O}$，却可能有$\boldsymbol{AB}=\boldsymbol{O}$，这是矩阵乘法的又一特点. 由此可知，对于矩阵乘法一般不满足“消去律”，即使$\boldsymbol{AB}=\boldsymbol{AC}$，$\boldsymbol{A}\neq\boldsymbol{O}$，未必有$\boldsymbol{B}=\boldsymbol{C}$.

**例5** 计算

$$(a_1\quad a_2\quad\cdots\quad a_n)\begin{pmatrix}a_1\\a_2\\\vdots\\a_n\end{pmatrix}$$

**解**

$$(a_1\quad a_2\quad\cdots\quad a_n)\begin{pmatrix}a_1\\a_2\\\vdots\\a_n\end{pmatrix}=a_1^2+a_2^2+\cdots+a_n^2$$

**例6** 计算

$$\begin{pmatrix}a_1\\a_2\\\vdots\\a_n\end{pmatrix}(a_1\quad a_2\quad\cdots\quad a_n)$$

**解**

$$\begin{pmatrix} a_1 \\ a_2 \\ \vdots \\ a_n \end{pmatrix}(a_1 \quad a_2 \quad \cdots \quad a_n) = \begin{pmatrix} a_1^2 & a_1a_2 & \cdots & a_1a_n \\ a_2a_1 & a_2^2 & \cdots & a_2a_n \\ \vdots & \vdots & & \vdots \\ a_na_1 & a_na_2 & \cdots & a_n^2 \end{pmatrix}$$

利用矩阵的乘法和相等概念，可以将线性变换

$$\begin{cases} y_1 = a_{11}x_1 + a_{12}x_2 + \cdots + a_{1n}x_n \\ y_2 = a_{21}x_1 + a_{22}x_2 + \cdots + a_{2n}x_n \\ \qquad \vdots \\ y_m = a_{m1}x_1 + a_{m2}x_2 + \cdots + a_{mn}x_n \end{cases}$$

简单地写成矩阵形式：$\boldsymbol{Y}=\boldsymbol{AX}$

其中

$$\boldsymbol{A} = \begin{pmatrix} a_{11} & a_{12} & \cdots & a_{1n} \\ a_{21} & a_{22} & \cdots & a_{2n} \\ \vdots & \vdots & & \vdots \\ a_{m1} & a_{m2} & \cdots & a_{mn} \end{pmatrix}, \quad \boldsymbol{Y} = \begin{pmatrix} y_1 \\ y_2 \\ \vdots \\ y_m \end{pmatrix}, \quad \boldsymbol{X} = \begin{pmatrix} x_1 \\ x_2 \\ \vdots \\ x_n \end{pmatrix}$$

也可以把线性方程组

$$\begin{cases} a_{11}x_1 + a_{12}x_2 + \cdots + a_{1n}x_n = b_1 \\ a_{21}x_1 + a_{22}x_2 + \cdots + a_{2n}x_n = b_2 \\ \qquad \vdots \\ a_{m1}x_1 + a_{m2}x_2 + \cdots + a_{mn}x_n = b_m \end{cases}$$

简单地写成矩阵形式：$\boldsymbol{AX}=\boldsymbol{B}$

其中

$$\boldsymbol{A} = \begin{pmatrix} a_{11} & a_{12} & \cdots & a_{1n} \\ a_{21} & a_{22} & \cdots & a_{2n} \\ \vdots & \vdots & & \vdots \\ a_{m1} & a_{m2} & \cdots & a_{mn} \end{pmatrix}, \quad \boldsymbol{X} = \begin{pmatrix} x_1 \\ x_2 \\ \vdots \\ x_n \end{pmatrix}, \quad \boldsymbol{B} = \begin{pmatrix} b_1 \\ b_2 \\ \vdots \\ b_m \end{pmatrix}$$

可以证明矩阵的乘法有下列性质（假设运算可行）：

**性质1** 一般情况下，不满足交换律，即 $\boldsymbol{AB}\neq\boldsymbol{BA}$

**性质2** 满足结合律：$(\boldsymbol{AB})\boldsymbol{C}=\boldsymbol{A}(\boldsymbol{BC})$

**性质3** 满足分配律：$\boldsymbol{A}(\boldsymbol{B}+\boldsymbol{C})=\boldsymbol{AB}+\boldsymbol{AC}$

$$(\boldsymbol{B}+\boldsymbol{C})\boldsymbol{A}=\boldsymbol{BA}+\boldsymbol{CA}$$

**性质4** $\lambda(\boldsymbol{AB})=(\lambda\boldsymbol{A})\boldsymbol{B}=\boldsymbol{A}(\lambda\boldsymbol{B})$

我们还可以用矩阵乘法来定义方阵的幂.

**定义 2.6** 设 $\boldsymbol{A}$ 为 $n$ 阶方阵，$k$ 为正整数，称 $k$ 个 $\boldsymbol{A}$ 的连乘积为**方阵 $\boldsymbol{A}$ 的 $k$ 次幂**，记作 $\boldsymbol{A}^k$，即

$$\boldsymbol{A}^k = \underbrace{\boldsymbol{A}\boldsymbol{A}\cdots\boldsymbol{A}}_{k个}$$

当 $k$，$l$ 都为正整数时，由矩阵乘法的结合律得

$$\boldsymbol{A}^k\boldsymbol{A}^l = \boldsymbol{A}^{k+l},\ (\boldsymbol{A}^k)^l = \boldsymbol{A}^{kl}$$

**注意　由于矩阵乘法不满足交换律，所以一般地**

$$(\boldsymbol{A}\boldsymbol{B})^k \neq \boldsymbol{A}^k\boldsymbol{B}^k$$

### 2.2.4 矩阵的转置

**定义 2.7** 把矩阵 $\boldsymbol{A}$ 的行换成同序号的列，得到的一个新矩阵，称为**矩阵 $\boldsymbol{A}$ 的转置矩阵**，记为 $\boldsymbol{A}^{\mathrm{T}}$ 或 $\boldsymbol{A}'$.

例如，$\boldsymbol{A} = \begin{pmatrix} 1 & 2 & 3 \\ 4 & 5 & 6 \end{pmatrix}$，则 $\boldsymbol{A}^{\mathrm{T}} = \begin{pmatrix} 1 & 4 \\ 2 & 5 \\ 3 & 6 \end{pmatrix}$.

显然，对称矩阵 $\boldsymbol{A}$ 与它的转置矩阵 $\boldsymbol{A}^{\mathrm{T}}$ 相等，即 $\boldsymbol{A} = \boldsymbol{A}^{\mathrm{T}}$.

矩阵的转置也是一种运算，它满足下列运算规律（假设运算可行）：

(1) $(\boldsymbol{A}^{\mathrm{T}})^{\mathrm{T}} = \boldsymbol{A}$

(2) $(\boldsymbol{A}+\boldsymbol{B})^{\mathrm{T}} = \boldsymbol{A}^{\mathrm{T}} + \boldsymbol{B}^{\mathrm{T}}$

(3) $(\lambda\boldsymbol{A})^{\mathrm{T}} = \lambda\boldsymbol{A}^{\mathrm{T}}$

(4) $(\boldsymbol{A}\boldsymbol{B})^{\mathrm{T}} = \boldsymbol{B}^{\mathrm{T}}\boldsymbol{A}^{\mathrm{T}}$

### 2.2.5 方阵的行列式

**定义 2.8** 方阵 $\boldsymbol{A}$ 的元素（按原次序）构成的行列式，称为**方阵 $\boldsymbol{A}$ 的行列式**，记为 $|\boldsymbol{A}|$ 或 $\det\boldsymbol{A}$.

应该注意，方阵与行列式是两个不同的概念，$n$ 阶方阵是 $n^2$ 个数按一定次序排成的数表，而 $n$ 阶行列式则是这些数（也就是数表 $\boldsymbol{A}$）按一定的运算法则所确定的一个数.

由 $\boldsymbol{A}$ 确定 $|\boldsymbol{A}|$ 的这个运算满足下述运算规律（设 $\boldsymbol{A}$，$\boldsymbol{B}$ 为 $n$ 阶方阵，$\lambda$ 为数）：

(1) $|\boldsymbol{A}^{\mathrm{T}}| = |\boldsymbol{A}|$（行列式性质 1）

(2) $|\lambda\boldsymbol{A}| = \lambda^n|\boldsymbol{A}|$

(3) $|\boldsymbol{A}\boldsymbol{B}| = |\boldsymbol{A}||\boldsymbol{B}|$

证明略.

**例 7** $n$ 阶行列式 $|\boldsymbol{A}|$ 中各元素的代数余子式 $A_{ij}$ 所构成的方阵

$$A^* = \begin{pmatrix} A_{11} & A_{21} & \cdots & A_{n1} \\ A_{12} & A_{22} & \cdots & A_{n2} \\ \vdots & \vdots & & \vdots \\ A_{1n} & A_{2n} & \cdots & A_{nn} \end{pmatrix}$$

称为**方阵 $A$ 的伴随阵**. 试证：$AA^* = A^*A = |A|E$.

**证明** 设 $A=(a_{ij})_{n\times n}$，记 $AA^* = (b_{ij})_{n\times n}$，则

$$b_{ij} = a_{i1}A_{j1} + a_{i2}A_{j2} + \cdots + a_{in}A_{jn} = |A|\delta_{ij}$$

其中，$\delta_{ij} = \begin{cases} 1 & \text{当 } i=j \text{ 时} \\ 0 & \text{当 } i\neq j \text{ 时} \end{cases}$

故 $$AA^* = (|A|\delta_{ij}) = |A|(\delta_{ij}) = |A|E$$

类似有

$$A^*A = \left(\sum_{k=1}^{n} A_{ki}a_{kj}\right) = (|A|\delta_{ij}) = |A|(\delta_{ij}) = |A|E$$

## 习题 2.2

1. 设 $A=\begin{pmatrix} 1 & 1 & 1 \\ 1 & 1 & -1 \\ 1 & -1 & 1 \end{pmatrix}$, $B=\begin{pmatrix} 1 & 2 & 3 \\ -1 & -2 & 4 \\ 0 & 5 & 1 \end{pmatrix}$, 计算 $3A+2B$.

2. 设 $A=\begin{pmatrix} 1 & 2 & 1 & 2 \\ 2 & 1 & 2 & 1 \\ 1 & 2 & 3 & 4 \end{pmatrix}$, $B=\begin{pmatrix} 4 & 3 & 2 & 1 \\ -2 & 1 & -2 & 1 \\ 0 & -1 & 1 & -1 \end{pmatrix}$

(1) 若矩阵 $X$ 满足 $A+X=B$，求 $X$；

(2) 若矩阵 $Y$ 满足 $(2A-Y)+2(B-Y)=O$，求 $Y$.

3. 设 $2\begin{pmatrix} 2 & -1 & 1 \\ -2 & 0 & 2 \end{pmatrix} - 3X + \begin{pmatrix} -2 & -1 & 1 \\ 3 & 1 & -1 \end{pmatrix} = O$，求矩阵 $X$.

4. 设 $A=\begin{pmatrix} 3 & -2 \\ 5 & -4 \end{pmatrix}$，$B=\begin{pmatrix} 3 & 4 \\ 2 & 5 \end{pmatrix}$，求 $AB$，$BA$.

5. 已知两个线性变换

$$\begin{cases} x_1 = 2y_1 + y_2 \\ x_2 = -2y_1 + 3y_2 + 2y_3 \\ x_3 = 4y_1 + y_2 + 5y_3 \end{cases} \qquad \begin{cases} y_1 = -3z_1 + z_2 \\ y_2 = 2z_1 + z_3 \\ y_3 = -z_2 + 3z_3 \end{cases}$$

求从 $z_1$，$z_2$，$z_3$ 到 $x_1$，$x_2$，$x_3$ 的线性变换.

6. 设 $A=\begin{pmatrix} 1 & 1 \\ 1 & -1 \end{pmatrix}$，$B=\begin{pmatrix} 1 & 1 \\ 1 & 1 \end{pmatrix}$，求 $(AB)^2$，$A^2B^2$.

7. 计算.

（1）$\begin{pmatrix} 3 & 1 & 6 \\ -2 & 0 & 8 \\ 7 & 4 & 0 \\ 5 & -3 & 2 \end{pmatrix}\begin{pmatrix} -2 & 0 & 1 & 4 \\ 5 & -1 & 7 & 6 \\ 4 & -2 & 1 & -9 \end{pmatrix}$　　（2）$(x\quad y\quad z)\begin{pmatrix} c_{11} & c_{12} & c_{13} \\ c_{21} & c_{22} & c_{23} \\ c_{31} & c_{32} & c_{33} \end{pmatrix}\begin{pmatrix} x \\ y \\ z \end{pmatrix}$

（3）设 $\boldsymbol{A}=\begin{pmatrix} 1 & 0 \\ \lambda & 1 \end{pmatrix}$，求 $\boldsymbol{A}^{10}$　　（4）$\begin{pmatrix} \cos\varphi & \sin\varphi \\ -\sin\varphi & \cos\varphi \end{pmatrix}^k$（$k$ 为正整数）

8. 设 $\boldsymbol{A}=\begin{pmatrix} -1 & 3 & 1 \\ 0 & 4 & 2 \end{pmatrix}$，$\boldsymbol{B}=\begin{pmatrix} 4 & 1 \\ 2 & 5 \\ 3 & 4 \end{pmatrix}$，$\boldsymbol{C}=\begin{pmatrix} 2 & -1 & 0 \\ 4 & 0 & 2 \end{pmatrix}$，求 $(\boldsymbol{ABC})'$

9. 计算下式中的 $x_1$，$x_2$，$x_3$，$x_4$，$x_5$，$x_6$.

$$\begin{pmatrix} 2 & 0 & 0 \\ x_1 & 2 & 0 \\ 0 & x_2 & 2 \end{pmatrix}\begin{pmatrix} x_3 & x_4 & 0 \\ 0 & x_5 & x_6 \\ 0 & 0 & 2 \end{pmatrix}=\begin{pmatrix} 0 & -2 & 0 \\ 0 & 5 & -2 \\ 0 & -2 & 5 \end{pmatrix}$$

10. 设 $\boldsymbol{A}$，$\boldsymbol{B}$ 是两个 $n$ 阶对称阵，证明：当且仅当 $\boldsymbol{AB}=\boldsymbol{BA}$ 时，$\boldsymbol{AB}$ 是对称阵.

11. 证明：如果 $\boldsymbol{AA}^{\mathrm{T}}=\boldsymbol{O}$，则 $\boldsymbol{A}=\boldsymbol{O}$.

## 2.3 逆阵

给定一个线性变换

$$\begin{cases} y_1=a_{11}x_1+a_{12}x_2+\cdots+a_{1n}x_n \\ y_2=a_{21}x_1+a_{22}x_2+\cdots+a_{2n}x_n \\ \quad\vdots \\ y_n=a_{n1}x_1+a_{n2}x_2+\cdots+a_{nn}x_n \end{cases} \tag{2.5}$$

它的系数矩阵是一个 $n$ 阶方阵 $\boldsymbol{A}$，若记

$$\boldsymbol{X}=\begin{pmatrix} x_1 \\ x_2 \\ \vdots \\ x_n \end{pmatrix},\qquad \boldsymbol{Y}=\begin{pmatrix} y_1 \\ y_2 \\ \vdots \\ y_n \end{pmatrix}$$

则线性变换（2.5）的矩阵表示式为

$$\boldsymbol{Y}=\boldsymbol{AX} \tag{2.6}$$

由克莱姆法则，若 $|\boldsymbol{A}|\neq 0$，则由式（2.5）可解出

$$x_i=\frac{1}{|\boldsymbol{A}|}(A_{1i}y_1+A_{2i}y_2+\cdots+A_{ni}y_n)\qquad (i=1,2,\cdots,n)$$

即 $x_1$，$x_2$，$\cdots$，$x_n$ 可用 $y_1$，$y_2$，$\cdots$，$y_n$ 线性表示为

$$\begin{cases} x_1=b_{11}y_1+b_{12}y_2+\cdots+b_{1n}y_n \\ x_2=b_{21}y_1+b_{22}y_2+\cdots+b_{2n}y_n \\ \quad\vdots \\ x_n=b_{n1}y_1+b_{n2}y_2+\cdots+b_{nn}y_n \end{cases} \tag{2.7}$$

其中，$b_{ij}=\frac{1}{|\boldsymbol{A}|}A_{ji}$，并且这个表示式是唯一的. 式（2.7）是一个从 $y_1$，$y_2$，…，$y_n$ 到 $x_1$，$x_2$，…，$x_n$ 的线性变换，称为**线性变换（2.5）的逆变换**.

若把式（2.7）的系数矩阵记作 $\boldsymbol{B}$，则式（2.7）的矩阵表示式为

$$\boldsymbol{X}=\boldsymbol{B}\boldsymbol{Y} \tag{2.8}$$

我们从式（2.6）、式（2.8）分析变换所对应的方阵 $\boldsymbol{A}$ 与逆变换所对应的方阵 $\boldsymbol{B}$ 之间的关系，用式（2.8）代入式（2.6），可得

$$\boldsymbol{Y}=\boldsymbol{A}(\boldsymbol{B}\boldsymbol{Y})=(\boldsymbol{A}\boldsymbol{B})\boldsymbol{Y}$$

可见 $\boldsymbol{AB}$ 为恒等变换所对应的矩阵，故 $\boldsymbol{AB}=\boldsymbol{E}$. 用式（2.6）代入式（2.8），可得

$$\boldsymbol{X}=\boldsymbol{B}(\boldsymbol{A}\boldsymbol{X})=(\boldsymbol{B}\boldsymbol{A})\boldsymbol{X}$$

即有 $\boldsymbol{BA}=\boldsymbol{E}$. 于是有

$$\boldsymbol{AB}=\boldsymbol{BA}=\boldsymbol{E}$$

由此我们引入逆阵的定义：

**定义 2.9** 对于 $n$ 阶方阵 $\boldsymbol{A}$，如果存在一个 $n$ 阶方阵 $\boldsymbol{B}$，使

$$\boldsymbol{AB}=\boldsymbol{BA}=\boldsymbol{E}$$

则称**方阵 $\boldsymbol{A}$ 是可逆的，并把方阵 $\boldsymbol{B}$ 称为方阵 $\boldsymbol{A}$ 的逆阵**，记作 $\boldsymbol{A}^{-1}$.

如果方阵 $\boldsymbol{A}$ 是可逆的，那么 $\boldsymbol{A}$ 的逆阵是唯一的. 这是因为：设 $\boldsymbol{B}$，$\boldsymbol{C}$ 都是 $\boldsymbol{A}$ 的逆阵，则有

$$\boldsymbol{B}=\boldsymbol{BE}=\boldsymbol{B}(\boldsymbol{AC})=(\boldsymbol{BA})\boldsymbol{C}=\boldsymbol{EC}=\boldsymbol{C}$$

所以 **$\boldsymbol{A}$ 的逆阵是唯一的**.

**定理 2.1 若方阵 $\boldsymbol{A}$ 可逆，则 $|\boldsymbol{A}|\neq 0$.**

**证明** $\boldsymbol{A}$ 可逆，即 $\boldsymbol{A}^{-1}$ 存在，使 $\boldsymbol{AA}^{-1}=\boldsymbol{E}$. 故 $|\boldsymbol{A}|\cdot|\boldsymbol{A}^{-1}|=|\boldsymbol{E}|=1$，所以 $|\boldsymbol{A}|\neq 0$.

**定理 2.2 若 $|\boldsymbol{A}|\neq 0$，则方阵 $\boldsymbol{A}$ 可逆，且 $\boldsymbol{A}^{-1}=\frac{1}{|\boldsymbol{A}|}\boldsymbol{A}^*$.**

其中，$\boldsymbol{A}^*$ 为方阵 $\boldsymbol{A}$ 的伴随阵.

**证明** 由例 7 知

$$\boldsymbol{AA}^*=\boldsymbol{A}^*\boldsymbol{A}=|\boldsymbol{A}|\boldsymbol{E}$$

因 $|\boldsymbol{A}|\neq 0$，故有

$$\boldsymbol{A}\left(\frac{1}{|\boldsymbol{A}|}\boldsymbol{A}^*\right)=\left(\frac{1}{|\boldsymbol{A}|}\boldsymbol{A}^*\right)\boldsymbol{A}=\boldsymbol{E}$$

所以，按逆阵的定义，即有

$$\boldsymbol{A}^{-1}=\frac{1}{|\boldsymbol{A}|}\boldsymbol{A}^*$$

当 $|\boldsymbol{A}|=0$ 时，$\boldsymbol{A}$ 称为**奇异方阵**，否则称为**非奇异方阵**. 由上面的两定理

可知：**$A$ 是可逆方阵的充分必要条件是 $A$ 为非奇异方阵.**

**推论** 若 $AB=E$（或 $BA=E$），则 $B=A^{-1}$.

**证明** $|A|\cdot|B|=|E|=1$，故 $|A|\neq0$，因而 $A^{-1}$ 存在，于是

$$B=EB=(A^{-1}A)B=A^{-1}(AB)=A^{-1}E=A^{-1}$$

方阵的逆阵满足下述运算规律：

(1) 若 $A$ 可逆，则 $A^{-1}$ 亦可逆，且 $(A^{-1})^{-1}=A$.

(2) 若 $A$ 可逆，数 $\lambda\neq0$，则 $\lambda A$ 可逆，且 $(\lambda A)^{-1}=\frac{1}{\lambda}A^{-1}$.

(3) 若 $A$，$B$ 为同阶方阵且均可逆，则 $AB$ 亦可逆，且 $(AB)^{-1}=B^{-1}A^{-1}$.

(4) 若 $A$ 可逆，则 $A^{\mathrm{T}}$ 亦可逆，且 $(A^{\mathrm{T}})^{-1}=(A^{-1})^{\mathrm{T}}$.

证明略.

**例8** 求方阵 $A=\begin{pmatrix}1&2&3\\2&2&1\\3&4&3\end{pmatrix}$ 的逆阵.

**解** 由 $|A|=2\neq0$ 知，$A^{-1}$ 存在. 再计算

$A_{11}=2$， $A_{21}=6$， $A_{31}=-4$

$A_{12}=-3$， $A_{22}=-6$， $A_{32}=5$

$A_{13}=2$， $A_{23}=2$， $A_{33}=-2$

得

$$A^{-1}=\frac{1}{|A|}A^{*}=\begin{pmatrix}1&3&-2\\-\frac{3}{2}&-3&\frac{5}{2}\\1&1&-1\end{pmatrix}$$

**例9** 设 $A=\begin{pmatrix}1&2&3\\2&2&1\\3&4&3\end{pmatrix}$，$B=\begin{pmatrix}2&1\\5&3\end{pmatrix}$，$C=\begin{pmatrix}1&3\\2&0\\3&1\end{pmatrix}$，求矩阵 $X$ 使满足 $AXB=C$.

**解** 若 $A^{-1}$，$B^{-1}$ 存在，则由 $A^{-1}$ 左乘 $AXB$，$B^{-1}$ 右乘 $AXB$，得

$$A^{-1}(AXB)B^{-1}=A^{-1}CB^{-1}$$

即

$$X=A^{-1}CB^{-1}$$

由上例知 $|A|=2\neq0$，而 $|B|=1\neq0$，故知 $A$，$B$ 都可逆，且

$$A^{-1}=\begin{pmatrix}1&3&-2\\-\frac{3}{2}&-3&\frac{5}{2}\\1&1&-1\end{pmatrix},\quad B^{-1}=\begin{pmatrix}3&-1\\-5&2\end{pmatrix}$$

于是
$$X=A^{-1}CB^{-1}=\begin{pmatrix}1&3&-2\\-\frac{3}{2}&-3&\frac{5}{2}\\1&1&-1\end{pmatrix}\begin{pmatrix}1&3\\2&0\\3&1\end{pmatrix}\begin{pmatrix}3&-1\\-5&2\end{pmatrix}$$
$$=\begin{pmatrix}1&1\\0&-2\\0&2\end{pmatrix}\begin{pmatrix}3&-1\\-5&2\end{pmatrix}=\begin{pmatrix}-2&1\\10&-4\\-10&4\end{pmatrix}$$

## 习题 2.3

1. 求下列方阵的逆阵.

(1) $\begin{pmatrix}1&2\\2&5\end{pmatrix}$ (2) $\begin{pmatrix}2&3\\3&5\end{pmatrix}$

(3) $\begin{pmatrix}1&1&-1\\0&2&2\\1&-1&0\end{pmatrix}$ (4) $\begin{pmatrix}1&0&1\\2&1&0\\-3&2&-5\end{pmatrix}$

(5) $\begin{pmatrix}1&0&0&0\\1&2&0&0\\1&2&3&0\\1&2&3&4\end{pmatrix}$ (6) $\begin{pmatrix}5&2&0&0\\2&1&0&0\\0&0&8&3\\0&0&5&2\end{pmatrix}$

2. 解下列矩阵方程.

(1) $\begin{pmatrix}2&5\\1&3\end{pmatrix}X=\begin{pmatrix}4&-6\\2&1\end{pmatrix}$

(2) $X\begin{pmatrix}2&1&-1\\2&1&0\\1&-1&1\end{pmatrix}=\begin{pmatrix}1&-1&3\\4&3&2\end{pmatrix}$

(3) $\begin{pmatrix}2&1\\3&2\end{pmatrix}X\begin{pmatrix}-3&2\\5&-3\end{pmatrix}=\begin{pmatrix}-2&4\\3&-1\end{pmatrix}$

(4) $\begin{pmatrix}0&1&0\\1&0&0\\0&0&1\end{pmatrix}X\begin{pmatrix}1&0&0\\0&0&1\\0&1&0\end{pmatrix}=\begin{pmatrix}1&-4&3\\2&0&-1\\1&-2&0\end{pmatrix}$

3. 利用逆阵解下列线性方程组.

(1) $\begin{cases}x_1+x_3=2\\2x_1+x_2=0\\-3x_1+2x_2-5x_3=4\end{cases}$ (2) $\begin{cases}x_1-x_2-x_3=2\\2x_1-x_2-3x_3=1\\3x_1+2x_2-5x_3=0\end{cases}$

4. 设 $A^k=O$（$k$ 为正整数），证明：$(E-A)^{-1}=E+A+A^2+\cdots+A^{k-1}$.

5. 设方阵 $A$ 满足 $A^2-A-2E=O$，求 $A^{-1}$ 与 $(A+2E)^{-1}$.

6. 设方阵 $A=\begin{pmatrix}4&2&3\\1&1&0\\-1&2&3\end{pmatrix}$，且 $AB=A+2B$，求 $B$.

7. 设 $P^{-1}AP=\Lambda$，其中 $P=\begin{pmatrix}-1&-4\\1&1\end{pmatrix}$，$\Lambda=\begin{pmatrix}-1&0\\0&2\end{pmatrix}$，求 $A^{-1}$.

8. 设 $n$ 阶方阵 $A$ 的伴随矩阵为 $A^*$，证明：

(1) 若 $|A|=0$，则 $|A^*|=0$；

(2) $|A^*|=|A|^{n-1}$

# *2.4　分块矩阵

## 2.4.1　分块矩阵的概念

**定义 2.10**　在矩阵 $A$ 中用若干条纵线和横线，将它分成许多个低阶矩阵，这些低阶矩阵称为**矩阵 $A$ 的子块或子矩阵**，形式上以子块为元素的矩阵称为**分块矩阵**.

一个矩阵分块的形式可以很多，例如

$$A=\begin{pmatrix}2&6&3&1\\3&2&0&4\\5&1&3&1\end{pmatrix}\text{可以分成}\left(\begin{array}{cc:cc}2&6&3&1\\3&2&0&4\\\hdashline 5&1&3&1\end{array}\right)，\text{记为}A=\begin{pmatrix}A_{11}&A_{12}\\A_{21}&A_{22}\end{pmatrix}$$

其中，$A_{11}=\begin{pmatrix}2&6\\3&2\end{pmatrix}$，$A_{12}=\begin{pmatrix}3&1\\0&4\end{pmatrix}$，$A_{21}=(5\quad 1)$，$A_{22}=(3\quad 1)$

$A$ 也可分成

$$A=\left(\begin{array}{c:cc:c}2&6&3&1\\\hdashline 3&2&0&4\\5&1&3&1\end{array}\right)=\begin{pmatrix}A_{11}&A_{12}&A_{13}\\A_{21}&A_{22}&A_{23}\end{pmatrix}$$

其中，$A_{11}=(2)$，$A_{12}=(6\quad 3)$，$A_{13}=(1)$，$A_{21}=\begin{pmatrix}3\\5\end{pmatrix}$，$A_{22}=\begin{pmatrix}2&0\\1&3\end{pmatrix}$，$A_{23}=\begin{pmatrix}4\\1\end{pmatrix}$.

## 2.4.2　分块矩阵的运算

### 1. 分块矩阵的加法

设矩阵 $A$ 和 $B$ 的行数与列数分别相同，并且分块法也相同，如

$$A=\begin{pmatrix} A_{11} & A_{12} & \cdots & A_{1r} \\ A_{21} & A_{22} & \cdots & A_{2r} \\ \vdots & \vdots & & \vdots \\ A_{s1} & A_{s2} & \cdots & A_{sr} \end{pmatrix}, \quad B=\begin{pmatrix} B_{11} & B_{12} & \cdots & B_{1r} \\ B_{21} & B_{22} & \cdots & B_{2r} \\ \vdots & \vdots & & \vdots \\ B_{s1} & B_{s2} & \cdots & B_{sr} \end{pmatrix}$$

则

$$A+B=\begin{pmatrix} A_{11}+B_{11} & A_{12}+B_{12} & \cdots & A_{1r}+B_{1r} \\ A_{21}+B_{21} & A_{22}+B_{22} & \cdots & A_{2r}+B_{2r} \\ \vdots & \vdots & & \vdots \\ A_{s1}+B_{s1} & A_{s2}+B_{s2} & \cdots & A_{sr}+B_{sr} \end{pmatrix}$$

**2. 数与分块矩阵相乘**

设 $k$ 是一个数，$A=\begin{pmatrix} A_{11} & A_{12} & \cdots & A_{1r} \\ A_{21} & A_{22} & \cdots & A_{2r} \\ \vdots & \vdots & & \vdots \\ A_{s1} & A_{s2} & \cdots & A_{sr} \end{pmatrix}$

则有

$$kA=\begin{pmatrix} kA_{11} & kA_{12} & \cdots & kA_{1r} \\ kA_{21} & kA_{22} & \cdots & kA_{2r} \\ \vdots & \vdots & & \vdots \\ kA_{s1} & kA_{s2} & \cdots & kA_{sr} \end{pmatrix}$$

**3. 分块矩阵的乘法**

设 $A$ 是 $m\times l$ 矩阵，$B$ 是 $l\times n$ 矩阵，分块矩阵分别为

$$A=\begin{pmatrix} A_{11} & A_{12} & \cdots & A_{1t} \\ A_{21} & A_{22} & \cdots & A_{2t} \\ \vdots & \vdots & & \vdots \\ A_{s1} & A_{s2} & \cdots & A_{st} \end{pmatrix}, \quad B=\begin{pmatrix} B_{11} & B_{12} & \cdots & B_{1r} \\ B_{21} & B_{22} & \cdots & B_{2r} \\ \vdots & \vdots & & \vdots \\ B_{t1} & B_{t2} & \cdots & B_{tr} \end{pmatrix}$$

其中 $A_{i1}$，$A_{i2}$，…，$A_{it}$的列数等于 $B_{1j}$，$B_{2j}$，…，$B_{tj}$的行数，那么

$$AB=\begin{pmatrix} C_{11} & C_{12} & \cdots & C_{1r} \\ C_{21} & C_{22} & \cdots & C_{2r} \\ \vdots & \vdots & & \vdots \\ C_{s1} & C_{s2} & \cdots & C_{sr} \end{pmatrix}$$

其中，$C_{ij}=\sum_{k=1}^{t}A_{ik}B_{kj}$ $(i=1, 2, \cdots, s; j=1, 2, \cdots, r)$.

**例 10**　设 $A=\begin{pmatrix}1&0&0&0\\0&1&0&0\\-1&2&1&0\\1&1&0&1\end{pmatrix}$，$B=\begin{pmatrix}-1&0&1&0\\-1&2&0&1\\1&0&4&2\\-1&-1&2&6\end{pmatrix}$，求 $AB$.

**解**　将矩阵 $A$，$B$ 分别分块为

$$A=\left(\begin{array}{cc:cc}1&0&0&0\\0&1&0&0\\\hdashline -1&2&1&0\\1&1&0&1\end{array}\right)=\begin{pmatrix}E&O\\A_1&E\end{pmatrix},\quad B=\left(\begin{array}{cc:cc}-1&0&1&0\\-1&2&0&1\\\hdashline 1&0&4&2\\-1&-1&2&6\end{array}\right)=\begin{pmatrix}B_1&E\\B_2&B_3\end{pmatrix}$$

那么

$$AB=\begin{pmatrix}B_1&E\\A_1B_1+B_2&A_1+B_3\end{pmatrix}=\begin{pmatrix}-1&0&1&0\\-1&2&0&1\\0&4&3&4\\-3&1&3&7\end{pmatrix}$$

**4. 分块矩阵的转置**

设有分块矩阵

$$A=\begin{pmatrix}A_{11}&A_{12}&\cdots&A_{1r}\\A_{21}&A_{22}&\cdots&A_{2r}\\\vdots&\vdots&&\vdots\\A_{s1}&A_{s2}&\cdots&A_{sr}\end{pmatrix}$$

则 $A$ 的转置矩阵 $A^{\mathrm{T}}$ 也是分块矩阵，$A^{\mathrm{T}}$ 是这样得到的：**先将 $A$ 各行块依次换成各列块，然后将每个子块 $A_{ij}$ 转置变为 $A_{ij}^{\mathrm{T}}$.** 即

$$A^{\mathrm{T}}=\begin{pmatrix}A_{11}^{\mathrm{T}}&A_{21}^{\mathrm{T}}&\cdots&A_{s1}^{\mathrm{T}}\\A_{12}^{\mathrm{T}}&A_{22}^{\mathrm{T}}&\cdots&A_{s2}^{\mathrm{T}}\\\vdots&\vdots&&\vdots\\A_{1r}^{\mathrm{T}}&A_{2r}^{\mathrm{T}}&\cdots&A_{sr}^{\mathrm{T}}\end{pmatrix}$$

**5. 分块对角方阵的逆阵**

设 $\boldsymbol{A}$ 为 $n$ 阶方阵，且 $\boldsymbol{A}$ 的分块矩阵只有在主对角线上有非零子块，其余子块都是零矩阵，且非零子块都是方阵，即

$$\boldsymbol{A}=\begin{pmatrix}\boldsymbol{A}_1 & & & \boldsymbol{O}\\ & \boldsymbol{A}_2 & & \\ & & \ddots & \\ \boldsymbol{O} & & & \boldsymbol{A}_k\end{pmatrix}$$

其中，$\boldsymbol{A}_i$（$i=1, 2, \cdots, k$）都是方阵，称 $\boldsymbol{A}$ 为**分块对角方阵**.

下面求 $\boldsymbol{A}^{-1}$.

分块对角方阵的行列式具有下列性质：

$$|\boldsymbol{A}|=|\boldsymbol{A}_1||\boldsymbol{A}_2|\cdots|\boldsymbol{A}_k|$$

由于 $|\boldsymbol{A}|\neq 0$，所以 $|\boldsymbol{A}_i|\neq 0$（$i=1, 2, \cdots, k$），说明 $\boldsymbol{A}_i$ 都是可逆的，容易证明：

$$\boldsymbol{A}^{-1}=\begin{pmatrix}\boldsymbol{A}_1^{-1} & & & \boldsymbol{O}\\ & \boldsymbol{A}_2^{-1} & & \\ & & \ddots & \\ \boldsymbol{O} & & & \boldsymbol{A}_k^{-1}\end{pmatrix}$$

这样，可以把一个高阶对角分块方阵的求逆问题方便地化为若干个低阶方阵的求逆.

**例 11** 设 $\boldsymbol{A}=\begin{pmatrix}5 & 0 & 0\\ 0 & 3 & 1\\ 0 & 2 & 1\end{pmatrix}$，求 $\boldsymbol{A}^{-1}$.

**解** $\boldsymbol{A}=\left(\begin{array}{c:cc}5 & 0 & 0\\ \hdashline 0 & 3 & 1\\ 0 & 2 & 1\end{array}\right)=\begin{pmatrix}\boldsymbol{A}_1 & \boldsymbol{O}\\ \boldsymbol{O} & \boldsymbol{A}_2\end{pmatrix}$

其中，$\boldsymbol{A}_1=(5)$，$\boldsymbol{A}_2=\begin{pmatrix}3 & 1\\ 2 & 1\end{pmatrix}$，而 $\boldsymbol{A}_1^{-1}=\left(\frac{1}{5}\right)$，$\boldsymbol{A}_2^{-1}=\begin{pmatrix}1 & -1\\ -2 & 3\end{pmatrix}$

故
$$\boldsymbol{A}^{-1}=\begin{pmatrix}\boldsymbol{A}_1^{-1} & \boldsymbol{O}\\ \boldsymbol{O} & \boldsymbol{A}_2^{-1}\end{pmatrix}=\begin{pmatrix}\frac{1}{5} & 0 & 0\\ 0 & 1 & -1\\ 0 & -2 & 3\end{pmatrix}$$

**例 12** 设 $\boldsymbol{A}=\begin{pmatrix}\boldsymbol{A}_1 & \boldsymbol{O}\\ \boldsymbol{B} & \boldsymbol{A}_2\end{pmatrix}$（$\boldsymbol{A}_1$，$\boldsymbol{A}_2$ 均为可逆方阵），证明 $\boldsymbol{A}^{-1}=$

$$\begin{pmatrix} A_1^{-1} & O \\ -A_2^{-1}BA_1^{-1} & A_2^{-1} \end{pmatrix}.$$

**证**　设 $A^{-1}=\begin{pmatrix} A_{11} & A_{12} \\ A_{21} & A_{22} \end{pmatrix}$，由于 $AA^{-1}=E$，即

$$AA^{-1}=\begin{pmatrix} A_1 & O \\ B & A_2 \end{pmatrix}\begin{pmatrix} A_{11} & A_{12} \\ A_{21} & A_{22} \end{pmatrix}=\begin{pmatrix} E_1 & O \\ O & E_2 \end{pmatrix}$$

由此可得 $A_1A_{11}=E_1$，$A_1A_{12}=O$，$BA_{11}+A_2A_{21}=O$，$BA_{12}+A_2A_{22}=E_2$.
解矩阵方程得 $A_{11}=A_1^{-1}$，$A_{12}=O$，$A_{21}=-A_2^{-1}BA_1^{-1}$，$A_{22}=A_2^{-1}$.

故
$$A^{-1}=\begin{pmatrix} A_1^{-1} & O \\ -A_2^{-1}BA_1^{-1} & A_2^{-1} \end{pmatrix}$$

## 习题　2.4

1. 对于矩阵 $A=\begin{pmatrix} 1 & 0 & 0 & 3 \\ 0 & 1 & 0 & -1 \\ 0 & 0 & 1 & 0 \\ 0 & 0 & 0 & 1 \end{pmatrix}$，写出其三种分块方法.

2. 用分块矩阵的方法求下列矩阵的乘积.

(1) $\begin{pmatrix} a & 0 & 0 & 0 \\ 0 & a & 0 & 0 \\ 1 & 0 & b & 0 \\ 0 & 1 & 0 & b \end{pmatrix}\begin{pmatrix} 1 & 0 & c & 0 \\ 0 & 1 & 0 & c \\ 0 & 0 & d & 0 \\ 0 & 0 & 0 & d \end{pmatrix}$　　(2) $\begin{pmatrix} 1 & 2 & 1 & 0 \\ 0 & 1 & 0 & 1 \end{pmatrix}\begin{pmatrix} 2 & 0 & 0 \\ 0 & 2 & 0 \\ 1 & 2 & 1 \\ 3 & 3 & 1 \end{pmatrix}$

3. 设 $A=\left(\begin{array}{cc:cc} 2 & 1 & 3 & 4 \\ 5 & 3 & 2 & 3 \\ \hdashline 2 & 1 & 2 & 3 \\ 9 & 5 & 1 & 2 \end{array}\right)=\begin{pmatrix} A_1 & A_2 \\ A_3 & A_4 \end{pmatrix}$，验证：$|A|=\begin{vmatrix} |A_1| & |A_2| \\ |A_3| & |A_4| \end{vmatrix}$.

4. 用分块矩阵方法求下列矩阵的逆阵.

(1) $\begin{pmatrix} 2 & 1 & 0 \\ 5 & 3 & 0 \\ 0 & 0 & 6 \end{pmatrix}$　　(2) $\begin{pmatrix} 5 & 2 & 0 & 0 \\ 2 & 1 & 0 & 0 \\ 0 & 0 & 3 & 3 \\ 0 & 0 & 5 & 2 \end{pmatrix}$

(3) $\begin{pmatrix} 1 & 0 & 0 & 0 \\ 1 & 2 & 0 & 0 \\ 1 & 2 & 3 & 0 \\ 1 & 2 & 3 & 4 \end{pmatrix}$　　(4) $\begin{pmatrix} 1 & 2 & 3 & 4 \\ 0 & 1 & 2 & 3 \\ 0 & 0 & 1 & 2 \\ 0 & 0 & 0 & 1 \end{pmatrix}$

# 第 3 章　矩阵的初等变换与线性方程组的解

本章由线性方程组的消元法开始，引入矩阵的初等变换与矩阵的秩的概念，以及运用初等变换讨论矩阵的秩的性质；然后运用矩阵秩的理论讨论线性方程组解的存在性，并介绍运用初等变换法解线性方程组.

## 3.1　矩阵的初等变换

### 3.1.1　初等变换的概念

中学里，已经学过用消元法解二元线性方程组和三元线性方程组. 例如，解二元线性方程组

$$\begin{cases}2x_1+5x_2=0 & (1)\\ x_1+x_2=1 & (2)\end{cases}$$

为了消去未知数 $x_1$，我们采取如下步骤：

第一步　对调方程组中的式（1）与式（2），得

$$\begin{cases}x_1+x_2=1 & (3)\\ 2x_1+5x_2=0 & (4)\end{cases}$$

第二步　用 $-2$ 乘式（3）加到式（4）上，得

$$3x_2=-2$$

即

$$x_2=-\frac{2}{3}$$

第三步　把 $x_2=-\frac{2}{3}$代入式（3），得 $x_1=\frac{5}{3}$

于是，得方程组的解为 $x_1=\frac{5}{3}$，$x_2=-\frac{2}{3}$

上述解方程组的过程中，对方程组施行了如下三种变换：

（1）交换两个方程的位置；

（2）用一个不等于零的数乘某个方程；

（3）用一个数乘某个方程后加到另一方程上.

显然这三种变换是可逆的，因此变换前后的方程组是同解的，所以最后求得的解就是原方程组的解.

在上述变换过程中，实际上只对方程组的系数和常数项进行了运算，而未知

数并没有参与运算. 我们将方程组的系数及常数项构成的矩阵记为

$$\widetilde{A}=\begin{pmatrix}2&5&0\\1&1&1\end{pmatrix}$$

那么上述对方程组的变换可以转换为对矩阵 $\widetilde{A}$ 进行相应的行变换. 把对方程组的变换移植到矩阵上，就得到矩阵的初等变换.

**定义 3.1**　对矩阵进行下面三种变换称为**矩阵的初等行变换**：

(1) 对调矩阵的任意两行（对调 $i$, $j$ 两行，记作 $r_i \leftrightarrow r_j$）；

(2) 用一个不等于零的数 $k$ 乘矩阵某一行的所有元素（第 $i$ 行乘以 $k$ 记作 $r_i \times k$）；

(3) 将矩阵某行所有元素乘以 $k$ ($k\neq 0$) 加到另一行对应的元素上去（第 $i$ 行乘以 $k$ 加到第 $j$ 行上，记作 $r_j + kr_i$）.

把上述定义中的"行"换成"列"（所有记号只要把"$r$"换成"$c$"）称为**矩阵的初等列变换**. 矩阵的初等行变换和初等列变换统称为**矩阵的初等变换**.

**定义 3.2**　若对矩阵 $\boldsymbol{A}$ 施行有限次初等行变换变成矩阵 $\boldsymbol{B}$，则称**矩阵 $\boldsymbol{A}$ 与 $\boldsymbol{B}$ 行等价**，记作 $\boldsymbol{A}\overset{r}{\sim}\boldsymbol{B}$；若对矩阵 $\boldsymbol{A}$ 施行有限次初等列变换变成矩阵 $\boldsymbol{B}$，则称**矩阵 $\boldsymbol{A}$ 与 $\boldsymbol{B}$ 列等价**，记作 $\boldsymbol{A}\overset{c}{\sim}\boldsymbol{B}$；若对矩阵 $\boldsymbol{A}$ 施行有限次初等变换变成矩阵 $\boldsymbol{B}$，则称**矩阵 $\boldsymbol{A}$ 与 $\boldsymbol{B}$ 等价**，记作 $\boldsymbol{A}\sim\boldsymbol{B}$.

矩阵间的等价关系具有如下性质：

(1) 反身性　$\boldsymbol{A}\sim\boldsymbol{A}$；

(2) 对称性　若 $\boldsymbol{A}\sim\boldsymbol{B}$，则 $\boldsymbol{B}\sim\boldsymbol{A}$；

(3) 传递性　若 $\boldsymbol{A}\sim\boldsymbol{B}$，$\boldsymbol{B}\sim\boldsymbol{C}$，则 $\boldsymbol{A}\sim\boldsymbol{C}$.

下面用矩阵的初等变换来解引例中的方程组，其过程可与方程组的消元过程一一对照.

$$\widetilde{A}=\begin{pmatrix}2&5&0\\1&1&1\end{pmatrix}\xrightarrow{r_1\leftrightarrow r_2}\begin{pmatrix}1&1&1\\2&5&0\end{pmatrix}$$

$$\xrightarrow{r_2-2r_1}\begin{pmatrix}1&1&1\\0&3&-2\end{pmatrix}\xrightarrow[r_1-r_2]{r_2\times\frac{1}{3}}\begin{pmatrix}1&0&\frac{5}{3}\\0&1&-\frac{2}{3}\end{pmatrix}=\boldsymbol{B}$$

矩阵 $\boldsymbol{B}$ 对应的方程组

$$\begin{cases}x_1=\dfrac{5}{3}\\x_2=-\dfrac{2}{3}\end{cases}$$

就是原方程组的解.

通过比较可以发现，**消元法解线性方程组的过程，反映在矩阵上，就是对方程组的系数及常数项构成的矩阵实施初等行变换，将其转化为一个行最简形矩阵，行最简形矩阵对应的方程组与原方程组同解.**

运用归纳法可以证明如下结论（这里不予证明）：**对于任意矩阵$A_{m\times n}$，总可以经过有限次初等行变换将其转化为行阶梯形矩阵和行最简形矩阵.**

**例1** 运用初等行变换将矩阵 $A=\begin{pmatrix}1&1&1&4\\1&-1&3&-2\\2&1&3&5\\3&1&5&4\end{pmatrix}$化为阶梯形矩阵和行最简形矩阵.

**解** 
$$A=\begin{pmatrix}1&1&1&4\\1&-1&3&-2\\2&1&3&5\\3&1&5&4\end{pmatrix}\xrightarrow[r_4-3r_1]{\substack{r_2-r_1\\r_3-2r_1}}\begin{pmatrix}1&1&1&4\\0&-2&2&-6\\0&-1&1&-3\\0&-2&2&-8\end{pmatrix}\xrightarrow{r_2\times\left(-\frac{1}{2}\right)}\begin{pmatrix}1&1&1&4\\0&1&-1&3\\0&-1&1&-3\\0&-2&2&-8\end{pmatrix}$$
$$\xrightarrow{\substack{r_3+r_2\\r_4+2r_2}}\begin{pmatrix}1&1&1&4\\0&1&-1&3\\0&0&0&0\\0&0&0&-2\end{pmatrix}\xrightarrow{r_3\leftrightarrow r_4}\begin{pmatrix}1&1&1&4\\0&1&-1&3\\0&0&0&-2\\0&0&0&0\end{pmatrix}$$

此矩阵是阶梯形矩阵；

$$\begin{pmatrix}1&1&1&4\\0&1&-1&3\\0&0&0&-2\\0&0&0&0\end{pmatrix}\xrightarrow{\substack{r_1-r_2\\r_3\times\left(-\frac{1}{2}\right)}}\begin{pmatrix}1&0&2&1\\0&1&-1&3\\0&0&0&1\\0&0&0&0\end{pmatrix}\xrightarrow{\substack{r_1-r_3\\r_2-3r_3}}\begin{pmatrix}1&0&2&0\\0&1&-1&0\\0&0&0&1\\0&0&0&0\end{pmatrix}=B$$

矩阵 $B$ 就是行最简形矩阵.

对行最简形矩阵再施以初等列变换，可变成一种形状更加简单的矩阵，称为**标准形**. 例如

$$B=\begin{pmatrix}1&0&2&0\\0&1&-1&0\\0&0&0&1\\0&0&0&0\end{pmatrix}\xrightarrow{\substack{c_3-2c_1+c_2\\c_3\leftrightarrow c_4}}\begin{pmatrix}1&0&0&0\\0&1&0&0\\0&0&1&0\\0&0&0&0\end{pmatrix}$$

可以证明，**对于任一 $m\times n$ 矩阵 $A$ 都可以经初等变换（行变换和列变换）化为标准形**

$$F=\begin{pmatrix} E_r & O \\ O & O \end{pmatrix}_{m\times n}$$

其中 $r$ 就是行阶梯形阵的非零行行数.

显然等价的矩阵具有相同的标准形，而该标准形完全由 $m$，$n$，$r$ 三个数字确定.

### 3.1.2　初等矩阵

矩阵的初等变换是矩阵的一种重要的运算，为了研究其性质，先引入初等矩阵的知识. 初等矩阵的重要作用是将矩阵的初等变换与矩阵的乘法运算联系起来.

**定义 3.3**　由单位矩阵 $E$ 经过一次初等变换所得到的矩阵称为**初等矩阵**.

三种初等变换对应三种初等矩阵.

(1) $\boldsymbol{E}$ 的第 $i$，$j$ 行（列）互换得到的矩阵

$$E(i,j)=\begin{pmatrix}
1 &&&&&&&&& \\
& \ddots &&&&&&&& \\
&& 1 &&&&&&& \\
&&& 0 && \cdots && 1 &&& \\
&&&& 1 &&&&&& \\
&&& \vdots && \ddots && \vdots &&& \\
&&&&&& 1 &&&& \\
&&& 1 && \cdots && 0 &&& \\
&&&&&&&& 1 && \\
&&&&&&&&& \ddots & \\
&&&&&&&&&& 1
\end{pmatrix}\begin{array}{l} \\ \\ \\ \leftarrow i\text{ 行} \\ \\ \\ \\ \leftarrow j\text{ 行} \\ \\ \\ \\ \end{array}$$

$$\qquad\qquad\uparrow\qquad\qquad\qquad\uparrow$$
$$\qquad\qquad i\text{ 列}\qquad\qquad\quad j\text{ 列}$$

(2) $\boldsymbol{E}$ 的第 $i$ 行（列）乘以非零数 $k$ 得到的矩阵

$$E(i(k))=\begin{pmatrix}
1 &&&& \\
& \ddots &&& \\
&& k && \\
&&& \ddots & \\
&&&& 1
\end{pmatrix}\begin{array}{l} \\ \\ \leftarrow i\text{ 行} \\ \\ \\ \end{array}$$

$$\uparrow$$
$$i\text{ 列}$$

(3) $\boldsymbol{E}$ 的第 $j$ 行乘以数 $k$ 加到第 $i$ 行上，或 $\boldsymbol{E}$ 的第 $i$ 列乘以数 $k$ 加到第 $j$ 列上得到的矩阵

$$\boldsymbol{E}(ij(k))=\begin{pmatrix}1 & & & & & & \\ & \ddots & & & & & \\ & & 1 & \cdots & k & & \\ & & & \ddots & \vdots & & \\ & & & & 1 & & \\ & & & & & \ddots & \\ & & & & & & 1\end{pmatrix}\begin{matrix} \\ \\ \leftarrow i\text{行} \\ \\ \leftarrow j\text{行} \\ \\ \\ \end{matrix}$$

$$\begin{matrix}\uparrow & & \uparrow \\ i\text{列} & & j\text{列}\end{matrix}$$

初等矩阵具有如下性质：

**性质1　设 $\boldsymbol{A}$ 为 $m\times n$ 的矩阵，对 $\boldsymbol{A}$ 施行一次初等行变换，相当于在 $\boldsymbol{A}$ 的左边乘以相应的 $m$ 阶初等矩阵；对 $\boldsymbol{A}$ 施行一次初等列变换，相当于在 $\boldsymbol{A}$ 的右边乘以相应的 $n$ 阶初等矩阵.**

**性质2　方阵 $\boldsymbol{A}$ 可逆的充分必要条件是 $\boldsymbol{A}$ 可以表示成有限个初等矩阵的乘积.**

**定理3.1　设 $\boldsymbol{A}$，$\boldsymbol{B}$ 为 $m\times n$ 的矩阵，则**

**(1) $\boldsymbol{A}\overset{r}{\sim}\boldsymbol{B}$ 的充分必要条件是存在 $m$ 阶可逆矩阵 $\boldsymbol{P}$，使得 $\boldsymbol{PA}=\boldsymbol{B}$；**

**(2) $\boldsymbol{A}\overset{c}{\sim}\boldsymbol{B}$ 的充分必要条件是存在 $n$ 阶可逆矩阵 $\boldsymbol{Q}$，使得 $\boldsymbol{AQ}=\boldsymbol{B}$；**

**(3) $\boldsymbol{A}\sim\boldsymbol{B}$ 的充分必要条件是存在 $m$ 阶可逆矩阵 $\boldsymbol{P}$ 和 $n$ 阶可逆矩阵 $\boldsymbol{Q}$，使得 $\boldsymbol{PAQ}=\boldsymbol{B}$.**

**推论　方阵 $\boldsymbol{A}$ 可逆的充分必要条件是 $\boldsymbol{A}\overset{r}{\sim}\boldsymbol{E}$；方阵 $\boldsymbol{A}$ 可逆的充分必要条件是 $\boldsymbol{A}\overset{c}{\sim}\boldsymbol{E}$.**

定理3.1及推论为我们用初等变换法求逆矩阵及解矩阵方程提供了理论基础.

设 $n$ 阶方阵 $\boldsymbol{A}$ 可逆，则 $\boldsymbol{A}^{-1}$ 也可逆，那么

$$\boldsymbol{A}^{-1}(\boldsymbol{A}|\boldsymbol{E})=(\boldsymbol{E}|\boldsymbol{A}^{-1})\Leftrightarrow(\boldsymbol{A}|\boldsymbol{E})\overset{r}{\sim}(\boldsymbol{E}|\boldsymbol{A}^{-1})$$

**即对 $n\times 2n$ 矩阵 $(\boldsymbol{A}|\boldsymbol{E})$ 进行初等行变换，当把 $\boldsymbol{A}$ 变成 $\boldsymbol{E}$ 时，右边原来的 $\boldsymbol{E}$ 就同步地变成 $\boldsymbol{A}^{-1}$.**

同样的有，设方阵 $\boldsymbol{A}$ 可逆，$\boldsymbol{AX}=\boldsymbol{B}$，则 $\boldsymbol{X}=\boldsymbol{A}^{-1}\boldsymbol{B}$，那么

$$\boldsymbol{A}^{-1}(\boldsymbol{A}|\boldsymbol{B})=(\boldsymbol{E}|\boldsymbol{A}^{-1}\boldsymbol{B})\Leftrightarrow(\boldsymbol{A}|\boldsymbol{B})\overset{r}{\sim}(\boldsymbol{E}|\boldsymbol{A}^{-1}\boldsymbol{B})$$

**即对矩阵 $(\boldsymbol{A}|\boldsymbol{B})$ 进行初等行变换，当把 $\boldsymbol{A}$ 变成 $\boldsymbol{E}$ 时，右边原来的 $\boldsymbol{B}$ 就同步地变成 $\boldsymbol{A}^{-1}\boldsymbol{B}$ 即为矩阵方程的解.**

**例 2**　求方阵 $\boldsymbol{A}=\begin{pmatrix}1&2&3\\2&2&1\\3&4&3\end{pmatrix}$ 的逆阵.

**解**　$$(\boldsymbol{A}|\boldsymbol{E})=\left(\begin{array}{ccc|ccc}1&2&3&1&0&0\\2&2&1&0&1&0\\3&4&3&0&0&1\end{array}\right)\xrightarrow[r_3-3r_1]{r_2-2r_1}\left(\begin{array}{ccc|ccc}1&2&3&1&0&0\\0&-2&-5&-2&1&0\\0&-2&-6&-3&0&1\end{array}\right)$$

$$\xrightarrow[r_3-r_2]{r_1+r_2}\left(\begin{array}{ccc|ccc}1&0&-2&-1&1&0\\0&-2&-5&-2&1&0\\0&0&-1&-1&-1&1\end{array}\right)\xrightarrow[r_2-5r_3]{r_1-2r_3}\left(\begin{array}{ccc|ccc}1&0&0&1&3&-2\\0&-2&0&3&6&-5\\0&0&-1&-1&-1&1\end{array}\right)$$

$$\xrightarrow[r_3\times(-1)]{r_2\times\left(-\frac{1}{2}\right)}\left(\begin{array}{ccc|ccc}1&0&0&1&3&-2\\0&1&0&-\frac{3}{2}&-3&\frac{5}{2}\\0&0&1&1&1&-1\end{array}\right)$$

显然 $\boldsymbol{A}\overset{r}{\sim}\boldsymbol{E}$，所以 $\boldsymbol{A}$ 可逆，且

$$\boldsymbol{A}^{-1}=\begin{pmatrix}1&3&-2\\-\frac{3}{2}&-3&\frac{5}{2}\\1&1&-1\end{pmatrix}$$

**例 3**　求解矩阵方程 $\boldsymbol{AX}=\boldsymbol{B}$，其中 $\boldsymbol{A}=\begin{pmatrix}2&1&1\\1&2&1\\2&2&1\end{pmatrix}$，$\boldsymbol{B}=\begin{pmatrix}1&2\\3&2\\4&1\end{pmatrix}$.

**解**　$$(\boldsymbol{A}\mid\boldsymbol{B})=\left(\begin{array}{ccc|cc}2&1&1&1&2\\1&2&1&3&2\\2&2&1&4&1\end{array}\right)\xrightarrow[r_2-2r_1]{\substack{r_1\leftrightarrow r_2\\ r_3-r_2}}\left(\begin{array}{ccc|cc}1&2&1&3&2\\0&-3&-1&-5&-2\\0&1&0&3&-1\end{array}\right)$$

$$\xrightarrow[r_3+3r_2]{r_2\leftrightarrow r_3}\left(\begin{array}{ccc|cc}1&2&1&3&2\\0&1&0&3&-1\\0&0&-1&4&-5\end{array}\right)\xrightarrow[r_3\times(-1)]{r_1+r_3-2r_2}\left(\begin{array}{ccc|cc}1&0&0&1&-1\\0&1&0&3&-1\\0&0&1&-4&5\end{array}\right)$$

显然 $\boldsymbol{A}\overset{r}{\sim}\boldsymbol{E}$，所以 $\boldsymbol{A}$ 可逆，且

$$\boldsymbol{X}=\boldsymbol{A}^{-1}\boldsymbol{B}=\begin{pmatrix}1&-1\\3&-1\\-4&5\end{pmatrix}$$

例 2 和例 3 是一种利用初等变换法求逆矩阵或解矩阵方程的方法，当矩阵阶数较高时，通常采用这种方法.

## 习题 3.1

1. 利用矩阵的初等行变换将下列矩阵化为行最简形.

(1) $\begin{pmatrix} 2 & -3 & 8 & 2 \\ 2 & 12 & -2 & 12 \\ 1 & 3 & 1 & 4 \end{pmatrix}$　　(2) $\begin{pmatrix} 3 & 2 & -1 & -3 & -2 \\ 2 & -1 & 3 & 1 & -3 \\ 4 & 5 & -5 & -6 & 1 \\ 5 & 1 & 2 & -2 & -5 \end{pmatrix}$

(3) $\begin{pmatrix} 0 & 1 & 1 & -1 & 2 \\ 0 & 2 & -2 & -2 & 0 \\ 0 & -1 & -1 & 1 & 1 \\ 1 & 1 & 0 & 1 & -1 \end{pmatrix}$　　(4) $\begin{pmatrix} 1 & -2 & 1 & 1 & -1 & 1 \\ 2 & 1 & -1 & -1 & -1 & 2 \\ 1 & 3 & -2 & -2 & 0 & 4 \\ 3 & -1 & 0 & 0 & -2 & 3 \end{pmatrix}$

2. 利用矩阵的初等行变换求下列矩阵的逆阵.

(1) $\begin{pmatrix} 1 & 5 & 2 \\ 0 & 3 & 10 \\ 1 & 2 & 1 \end{pmatrix}$　　(2) $\begin{pmatrix} 1 & 2 & 3 & 4 \\ 0 & 1 & 2 & 3 \\ 0 & 0 & 1 & 2 \\ 0 & 0 & 0 & 1 \end{pmatrix}$

(3) $\begin{pmatrix} 2 & 1 & -1 \\ 2 & 1 & 0 \\ 1 & -1 & 1 \end{pmatrix}$　　(4) $\begin{pmatrix} 1 & 1 & 0 & 0 \\ 1 & 2 & 0 & 0 \\ 3 & 7 & 2 & 3 \\ 2 & 5 & 1 & 2 \end{pmatrix}$

(5) $\begin{pmatrix} a_1 & & & \\ & a_2 & & \\ & & \ddots & \\ & & & a_n \end{pmatrix}$　　(6) $\begin{pmatrix} 0 & a_1 & 0 & \cdots & 0 \\ 0 & 0 & a_2 & \cdots & 0 \\ \vdots & \vdots & \vdots & & \vdots \\ 0 & 0 & 0 & \cdots & a_{n-1} \\ a_n & 0 & 0 & \cdots & 0 \end{pmatrix}$

$(a_i \neq 0,\ i=1,\ 2,\ \cdots,\ n)$　　$(a_i \neq 0,\ i=1,\ 2,\ \cdots,\ n)$

3. (1) 求解矩阵方程 $\boldsymbol{AX}=\boldsymbol{B}$，$\boldsymbol{A}=\begin{pmatrix} 2 & 1 & -3 \\ 1 & 2 & -2 \\ -1 & 3 & 2 \end{pmatrix}$，$\boldsymbol{B}=\begin{pmatrix} 1 & -1 \\ 2 & 0 \\ -2 & 5 \end{pmatrix}$.

(2) 求解矩阵方程 $\boldsymbol{XA}=\boldsymbol{B}$，$\boldsymbol{A}=\begin{pmatrix} 1 & 2 & 3 \\ 2 & 3 & 2 \\ 3 & 2 & 1 \end{pmatrix}$，$\boldsymbol{B}=\begin{pmatrix} 1 & 2 & 3 \\ 2 & -3 & 1 \end{pmatrix}$.

## 3.2 矩阵的秩

由上一节知识我们知道，对于任一 $m \times n$ 矩阵 $\boldsymbol{A}$ 都可以经初等变换（行变换和列变换）化为标准形

$$F=\begin{pmatrix}E_r & O\\ O & O\end{pmatrix}_{m\times n}$$

该标准形完全由左上角单位阵的阶数 $r$ 所确定，这个数也是行阶梯阵的非零行数，是矩阵的一个重要数字特征，这个数字就是矩阵的秩. 由于这个数字的唯一性没有证明，下面用另一种说法给出矩阵的秩的定义.

**定义 3.4**　在 $m\times n$ 矩阵 $A$ 中任取 $k$ 行 $k$ 列（$k\leqslant\min\{m, n\}$），位于这些行列交叉处的元素按原次序构成的一个 $k$ 阶行列式，称为**矩阵 $A$ 的 $k$ 阶子式**.

例如，矩阵

$$A=\begin{pmatrix}1 & -2 & 1\\ 2 & -4 & 2\end{pmatrix}$$

它就有三个二阶子式（无三阶子式），即

$$\begin{vmatrix}1 & -2\\ 2 & -4\end{vmatrix},\quad \begin{vmatrix}-2 & 1\\ -4 & 2\end{vmatrix},\quad \begin{vmatrix}1 & 1\\ 2 & 2\end{vmatrix}$$

以及由矩阵 $A$ 的每一个元素构成的六个一阶子式.

**定义 3.5**　设矩阵 $A$ 中有一个 $r$ 阶子式 $D\neq0$，且所有含 $D$ 的 $r+1$ 阶子式（如果存在的话）都等于零，则称**矩阵 $A$ 的秩为 $r$**，记作 $R(A)=r$. 规定零矩阵的秩为 0.

由矩阵秩的定义不难看出矩阵的秩有如下性质：

（1）若 $A$ 为 $m\times n$ 的矩阵，则 $0\leqslant R(A)\leqslant\min\{m,n\}$；

（2）$R(A)=R(A^{\mathrm{T}})$；

（3）若 $A$ 存在一个 $s$ 阶子式不等于 0，则 $R(A)\geqslant s$；若 $A$ 所有的 $t$ 阶子式都等于 0，则 $R(A)<t$；

（4）设 $A$ 为 $n$ 阶方阵，如果 $R(A)=n$，称 $A$ 为**满秩方阵**，否则，称 $A$ 为**降秩方阵**. 显然 **$A$ 可逆的充要条件是 $A$ 为满秩方阵.**

**例 4**　求下列矩阵的秩

$$A=\begin{pmatrix}3 & 2 & 1 & 1\\ 1 & 2 & -3 & 2\\ 4 & 4 & -2 & 3\end{pmatrix},\quad B=\begin{pmatrix}1 & -2 & -1 & 0 & 2\\ 0 & 3 & 2 & 2 & -1\\ 0 & 0 & 0 & -3 & 1\\ 0 & 0 & 0 & 0 & 0\end{pmatrix}$$

**解**　因为 $A$ 的二阶子式

$$D=\begin{vmatrix}3 & 2\\ 1 & 2\end{vmatrix}=4\neq0$$

而含 $D$ 的三阶子式只有两个，即

$$\begin{vmatrix}3&2&1\\1&2&-3\\4&4&-2\end{vmatrix}=0,\quad\begin{vmatrix}3&2&1\\1&2&2\\4&4&3\end{vmatrix}=0$$

所以
$$R(\boldsymbol{A})=2$$

矩阵 $\boldsymbol{B}$ 是一个行阶梯阵，只有三个非零行，所以 $\boldsymbol{B}$ 的四阶子式都等于0，而 $\boldsymbol{B}$ 中存在一个三阶子式 $D=\begin{vmatrix}1&-2&0\\0&3&2\\0&0&-3\end{vmatrix}\neq0$，所以 $R(\boldsymbol{B})=3$.

从本例可以看出，当矩阵 $\boldsymbol{A}$ 的阶数较高时，运用矩阵秩的定义求矩阵的秩是非常困难的. 但是对于阶梯形矩阵，它的秩就是它的非零行行数，一看便知，无需计算. 由上节知识我们又知道任一矩阵经过有限次初等变换都可以化为阶梯形矩阵，因此自然想到运用矩阵的初等变换求矩阵的秩. 矩阵的初等变换是否改变矩阵的秩呢？下面的定理给出了肯定的回答.

**定理3.2　若矩阵 $\boldsymbol{A}$ 经过有限次初等变换变成矩阵 $\boldsymbol{B}$，则**
$$R(\boldsymbol{A})=R(\boldsymbol{B})$$
**即等价的矩阵具有相同的秩.**

证明略.

**例5**　用初等变换求矩阵

$$\boldsymbol{A}=\begin{pmatrix}1&-2&-1&0&2\\-2&4&2&6&-6\\2&-1&0&2&3\\3&3&3&3&4\end{pmatrix}$$

的秩.

**解**

$$\boldsymbol{A}\xrightarrow[r_4-3r_1]{\substack{r_2+2r_1\\r_3-2r_1}}\begin{pmatrix}1&-2&-1&0&2\\0&0&0&6&-2\\0&3&2&2&-1\\0&9&6&3&-2\end{pmatrix}\xrightarrow[r_3\leftrightarrow r_4]{r_2\leftrightarrow r_3}\begin{pmatrix}1&-2&-1&0&2\\0&3&2&2&-1\\0&9&6&3&-2\\0&0&0&6&-2\end{pmatrix}$$

$$\xrightarrow{r_3-3r_2}\begin{pmatrix}1&-2&-1&0&2\\0&3&2&2&-1\\0&0&0&-3&1\\0&0&0&6&-2\end{pmatrix}\xrightarrow{r_4+2r_3}\begin{pmatrix}1&-2&-1&0&2\\0&3&2&2&-1\\0&0&0&-3&1\\0&0&0&0&0\end{pmatrix}$$

从最后一个阶梯形矩阵容易看出三阶子式

$$D=\begin{vmatrix}1&-2&0\\0&3&2\\0&0&-3\end{vmatrix}\neq 0$$

而包含 $D$ 的所有四阶子式都为零，即

$$\begin{vmatrix}1&-2&-1&0\\0&3&2&2\\0&0&0&-3\\0&0&0&0\end{vmatrix}=0,\quad \begin{vmatrix}1&-2&0&2\\0&3&2&-1\\0&0&-3&1\\0&0&0&0\end{vmatrix}=0$$

所以
$$R(\boldsymbol{A})=3$$

矩阵的秩是矩阵的一个重要的数字特征，下面我们不加证明地给出矩阵秩的一些常用的性质.

(1) $\max\{R(\boldsymbol{A}),R(\boldsymbol{B})\}\leqslant R(\boldsymbol{A}\mid\boldsymbol{B})\leqslant R(\boldsymbol{A})+R(\boldsymbol{B})$；

(2) $R(\boldsymbol{A}+\boldsymbol{B})\leqslant R(\boldsymbol{A})+R(\boldsymbol{B})$；

(3) $R(\boldsymbol{AB})\leqslant\min\{R(\boldsymbol{A}),R(\boldsymbol{B})\}$；

(4) 如果$\boldsymbol{A}_{m\times n}\boldsymbol{B}_{n\times l}=\boldsymbol{O}$，则 $R(\boldsymbol{A})+R(\boldsymbol{B})\leqslant n$.

**推论**　**设 $\boldsymbol{A}$ 为 $m\times n$ 的矩阵，如果 $R(\boldsymbol{A})=n$，$\boldsymbol{AB}=\boldsymbol{O}$，则 $\boldsymbol{B}=\boldsymbol{O}$.**

**若矩阵 $\boldsymbol{A}$ 的秩等于它的列数，称 $\boldsymbol{A}$ 为列满秩矩阵.** 上面的性质说明若当 $\boldsymbol{A}$ 为列满秩矩阵时，$\boldsymbol{AB}=\boldsymbol{O}$，则 $\boldsymbol{B}=\boldsymbol{O}$，即此时矩阵的乘法满足消去律.

## 习题　3.2

1. 计算下列矩阵的秩.

(1) $\begin{pmatrix}3&1&2\\6&2&1\end{pmatrix}$　　(2) $\begin{pmatrix}2&-1&1&-2&1\\-1&1&2&1&0\\4&-3&-3&-4&1\end{pmatrix}$

(3) $\begin{pmatrix}2&-3&8&2\\2&12&-2&12\\1&3&1&4\end{pmatrix}$　　(4) $\begin{pmatrix}3&2&-1&-3&-2\\2&-1&3&1&-3\\4&5&-5&-6&1\\5&1&2&-2&-5\end{pmatrix}$

(5) $\begin{pmatrix}0&1&1&-1&2\\0&2&-2&-2&0\\0&-1&-1&1&1\\1&1&0&1&-1\end{pmatrix}$　　(6) $\begin{pmatrix}1&-2&1&1&-1&1\\2&1&-1&-1&-1&2\\1&3&-2&-2&0&4\\3&-1&0&0&-2&3\end{pmatrix}$

## 3.3 消元法解线性方程组

### 3.3.1 消元法

在第一节中，我们知道，消元法解线性方程组的过程，反映在矩阵上，就是对方程组的系数及常数项构成的矩阵实施初等行变换，将其转化为一个行最简形矩阵，该矩阵对应的方程组与原方程组同解. 本节我们将通过消元法讨论一般线性方程组有解的条件.

一般地，线性方程组

$$\begin{cases} a_{11}x_1 + a_{12}x_2 + \cdots + a_{1n}x_n = b_1 \\ a_{21}x_1 + a_{22}x_2 + \cdots + a_{2n}x_n = b_2 \\ \quad\vdots \\ a_{m1}x_1 + a_{m2}x_2 + \cdots + a_{mn}x_n = b_m \end{cases} \tag{3.1}$$

有矩阵形式 $\boldsymbol{Ax}=\boldsymbol{b}$，

其中 $\boldsymbol{A}=\begin{pmatrix} a_{11} & a_{12} & \cdots & a_{1n} \\ a_{21} & a_{22} & \cdots & a_{2n} \\ \vdots & \vdots & & \vdots \\ a_{m1} & a_{m2} & \cdots & a_{mn} \end{pmatrix}$称为线性方程组（3.1）的**系数矩阵**；

$\boldsymbol{b}=\begin{pmatrix} b_1 \\ b_2 \\ \vdots \\ b_m \end{pmatrix}$称为线性方程组（3.1）的**常数项矩阵**；

$\boldsymbol{x}=\begin{pmatrix} x_1 \\ x_2 \\ \vdots \\ x_n \end{pmatrix}$称为线性方程组（3.1）的**未知量矩阵**；

$\widetilde{\boldsymbol{A}}=(\boldsymbol{A}\mid\boldsymbol{b})=\begin{pmatrix} a_{11} & a_{12} & \cdots & a_{1n} & b_1 \\ a_{21} & a_{22} & \cdots & a_{2n} & b_2 \\ \vdots & \vdots & & \vdots & \vdots \\ a_{m1} & a_{m2} & \cdots & a_{mn} & b_m \end{pmatrix}$称为线性方程组（3.1）的**增广矩阵**.

因此为书写方便，用消元法解线性方程组时，仅写出增广矩阵，再进行矩阵的行初等变换就可以了.

消元法解线性方程组的步骤如下：

（1）消元　用初等行变换把线性方程组的增广矩阵化为行最简形矩阵.

（2）回代　写出行最简形矩阵对应的线性方程组，并求解.

**例 6**　解线性方程组.

$$\begin{cases}2x_2 - x_3 = 1\\ 2x_1 + 2x_2 + 3x_3 = 5\\ x_1 + 2x_2 + 2x_3 = 4\end{cases}$$

**解**　$\widetilde{A} = (A \mid b) = \begin{pmatrix}0 & 2 & -1 & 1\\ 2 & 2 & 3 & 5\\ 1 & 2 & 2 & 4\end{pmatrix} \to \begin{pmatrix}1 & 2 & 2 & 4\\ 2 & 2 & 3 & 5\\ 0 & 2 & -1 & 1\end{pmatrix} \to \begin{pmatrix}1 & 2 & 2 & 4\\ 0 & -2 & -1 & -3\\ 0 & 2 & -1 & 1\end{pmatrix}$

$\to \begin{pmatrix}1 & 0 & 1 & 1\\ 0 & -2 & -1 & -3\\ 0 & 0 & -2 & -2\end{pmatrix} \to \begin{pmatrix}1 & 0 & 1 & 1\\ 0 & -2 & -1 & -3\\ 0 & 0 & 1 & 1\end{pmatrix} \to \begin{pmatrix}1 & 0 & 0 & 0\\ 0 & -2 & 0 & -2\\ 0 & 0 & 1 & 1\end{pmatrix}$

$\to \begin{pmatrix}1 & 0 & 0 & 0\\ 0 & 1 & 0 & 1\\ 0 & 0 & 1 & 1\end{pmatrix}$

所以原方程组的解为 $\begin{cases}x_1 = 0\\ x_2 = 1\\ x_3 = 1\end{cases}$

**例 7**　解线性方程组.

$$\begin{cases}x_1 + 3x_2 + x_3 = 2\\ -x_1 - 5x_2 + 4x_3 = 6\\ 2x_1 + 4x_2 + 7x_3 = 12\end{cases}$$

**解**　$\widetilde{A} = (A \mid b) = \begin{pmatrix}1 & 3 & 1 & 2\\ -1 & -5 & 4 & 6\\ 2 & 4 & 7 & 12\end{pmatrix} \to \begin{pmatrix}1 & 3 & 1 & 2\\ 0 & -2 & 5 & 8\\ 0 & -2 & 5 & 8\end{pmatrix}$

$\to \begin{pmatrix}1 & 3 & 1 & 2\\ 0 & -2 & 5 & 8\\ 0 & 0 & 0 & 0\end{pmatrix} \to \begin{pmatrix}1 & 3 & 1 & 2\\ 0 & 1 & -\frac{5}{2} & -4\\ 0 & 0 & 0 & 0\end{pmatrix}$

$\to \begin{pmatrix}1 & 0 & \frac{17}{2} & 14\\ 0 & 1 & -\frac{5}{2} & -4\\ 0 & 0 & 0 & 0\end{pmatrix}$

即该矩阵对应的线性方程组为 $\begin{cases}x_1 + \frac{17}{2}x_3 = 14\\ x_2 - \frac{5}{2}x_3 = -4\end{cases}$

于是
$$\begin{cases}x_1=14-\dfrac{17}{2}x_3\\ x_2=-4+\dfrac{5}{2}x_3\end{cases}$$

为更清楚表示其解，可令 $x_3=c$，得方程组的解为

$$\begin{cases}x_1=14-\dfrac{17}{2}c\\ x_2=-4+\dfrac{5}{2}c \quad (c\text{ 为任意常数})\\ x_3=c\end{cases}$$

**注意** $x_3$ 称为**自由未知量**.

若将例7中的常数项12改为10，则方程组的增广矩阵化为阶梯形矩阵有如下结果

$$\widetilde{A}=(A\mid b)=\begin{pmatrix}1&3&1&2\\-1&-5&4&6\\2&4&7&10\end{pmatrix}\to\begin{pmatrix}1&3&1&2\\0&-2&5&8\\0&-2&5&6\end{pmatrix}\to\begin{pmatrix}1&3&1&2\\0&-2&5&8\\0&0&0&-2\end{pmatrix}$$

该阶梯形矩阵对应方程组中的第三个方程 $0x_1+0x_2+0x_3=-2$ 为矛盾方程，因为没有一组 $x_1$，$x_2$，$x_3$ 的值使之成立，因此该阶梯形矩阵对应的线性方程组为无解方程组. 故原方程组无解. （此处也可以化为行最简形矩阵）

由例6和例7可以看出：方程组有无解，以及解的个数与矩阵的秩有关. 例6中 $R(A)=R(\widetilde{A})=3$，等于未知数的个数3，方程组有唯一解；例7中 $R(A)=R(\widetilde{A})=2$，小于未知数的个数3，方程组有无穷多个解；若 $R(A)\neq R(\widetilde{A})$，则方程组为矛盾方程组，方程组无解.

下面考察一般线性方程组（3.1）解的几种情况.

首先写出线性方程组（3.1）的增广矩阵 $\widetilde{A}$，将 $\widetilde{A}$ 化为阶梯形矩阵，其步骤如下：

第一步 设 $a_{11}\neq 0$，否则通过交换第一行与某一行，使第一行第一列交叉处的元素不为0.

第二步 第一行乘 $\left(-\dfrac{a_{i1}}{a_{11}}\right)$ 再加到第 $i$ 行上，使矩阵 $\widetilde{A}$ 化为

$$\widetilde{A}=(A\mid b)\to\begin{pmatrix}a_{11}&a_{12}&\cdots&a_{1n}&b_1\\0&a_{22}^{(1)}&\cdots&a_{2n}^{(1)}&b_2^{(1)}\\\vdots&\vdots&&\vdots&\vdots\\0&a_{m2}^{(1)}&\cdots&a_{mn}^{(1)}&b_m^{(1)}\end{pmatrix}$$

然后从第二行开始作类似变换，最后将 $\widetilde{\boldsymbol{A}}$ 化为阶梯形矩阵

$$\begin{pmatrix} a'_{11} & a'_{12} & \cdots & a'_{1r} & a'_{1,r+1} & \cdots & a'_{1n} & d_1 \\ 0 & a'_{22} & \cdots & a'_{2r} & a'_{2,r+1} & \cdots & a'_{2n} & d_2 \\ \vdots & \vdots & & \vdots & \vdots & & \vdots & \vdots \\ 0 & 0 & \cdots & a'_{rr} & a'_{r,r+1} & \cdots & a'_{rn} & d_r \\ 0 & 0 & \cdots & 0 & 0 & \cdots & 0 & d_{r+1} \\ 0 & 0 & \cdots & 0 & 0 & \cdots & 0 & 0 \\ \vdots & \vdots & & \vdots & \vdots & & \vdots & \vdots \\ 0 & 0 & \cdots & 0 & 0 & \cdots & 0 & 0 \end{pmatrix} \tag{3.2}$$

式（3.2）对应的方程组为

$$\begin{cases} a'_{11}x_1 + a'_{12}x_2 + \cdots + a'_{1r}x_r + a'_{1,r+1}x_{r+1} + \cdots + a'_{1n}x_n = d_1 \\ \qquad a'_{22}x_2 + \cdots + a'_{2r}x_r + a'_{2,r+1}x_{r+1} + \cdots + a'_{2n}x_n = d_2 \\ \qquad\qquad \vdots \\ \qquad\qquad a'_{rr}x_r + a'_{r,r+1}x_{r+1} + \cdots + a'_{rn}x_n = d_r \\ \qquad\qquad\qquad 0 = d_{r+1} \\ \qquad\qquad\qquad 0 = 0 \\ \qquad\qquad\qquad \vdots \\ \qquad\qquad\qquad 0 = 0 \end{cases} \tag{3.3}$$

其中，$a'_{ii}\neq 0$（$i=1, 2, \cdots, r$）．“$0=0$”形式的方程是恒等式，所以是多余方程，去掉它们不影响方程组的解．

方程组（3.3）与方程组（3.1）是同解方程组．

下面讨论方程组（3.3）解的存在与解的个数问题，即方程组（3.1）解的存在与解的个数问题．

（1）如果方程组（3.3）中 $d_{r+1}\neq 0$，则满足方程组（3.3）中前 $r$ 个方程的任何一组数 $k_1$，$k_2$，$\cdots$，$k_n$ 值，都不能满足方程“$0=d_{r+1}$”，所以方程组（3.3）无解，从而方程组（3.1）也无解．

（2）如果方程组（3.3）中 $d_{r+1}=0$，有两种情况：

1）$r=n$ 时，方程组（3.3）的阶梯形方程组为

$$\begin{cases} a'_{11}x_1 + a'_{12}x_2 + \cdots + a'_{1n}x_n = d_1 \\ \qquad a'_{22}x_2 + \cdots + a'_{2n}x_n = d_2 \\ \qquad\qquad \vdots \\ \qquad\qquad a'_{nn}x_n = d_n \end{cases}$$

因 $a'_{ii}\neq 0$（$i=1, 2, \cdots, n$），该方程组的系数行列式不等于零，所以有唯一解．

求解的方法：从最后一个方程解出 $x_n$，再代入第 $n-1$ 个方程，这样逐次代入，可以求出其他未知量，即得到方程组的唯一解，也是原方程组的解. 这个过程也可以像例6和例7在增广矩阵中进行，即将增广矩阵化为行最简形矩阵，得到方程组的唯一解.

2）当 $r<n$ 时，方程组（3.3）移项后得方程组

$$\begin{cases} a'_{11}x_1 + a'_{12}x_2 + \cdots + a'_{1r}x_r = d_1 - a'_{1,r+1}x_{r+1} - \cdots - a'_{1n}x_n \\ \qquad a'_{22}x_2 + \cdots + a'_{2r}x_r = d_2 - a'_{2,r+1}x_{r+1} - \cdots - a'_{2n}x_n \\ \qquad\qquad \vdots \\ \qquad\qquad a'_{rr}x_r = d_r - a'_{r,r+1}x_{r+1} - \cdots - a'_{rn}x_n \end{cases} \tag{3.4}$$

这时任给自由未知量 $x_{r+1}$，…，$x_n$ 一组值，代入方程组（3.4）经过回代就唯一地确定 $x_1$，…，$x_r$ 的值，从而得出方程组(3.4)的一个解. 一般地，由方程组(3.4)可以用 $x_{r+1}$，…，$x_n$ 将 $x_1$，…，$x_r$ 表示出来，由于未知量 $x_{r+1}$，…，$x_n$（为自由未知量）可以取任意实数，所以方程组（3.4）有无穷多个解. 如果取 $x_{r+1}=c_1$，$x_{r+2}=c_2$，…，$x_{r+n}=c_{n-r}$（$c_1$，$c_2$，…，$c_{n-r}$为任意实数)，则方程组（3.4）的解为

$$\begin{cases} x_1 = k_1 + k_{1,r+1}c_1 + \cdots + k_{1n}c_{n-r} \\ x_2 = k_2 + k_{2,r+1}c_1 + \cdots + k_{2n}c_{n-r} \\ \qquad \vdots \\ x_r = k_r + k_{r,r+1}c_1 + \cdots + k_{rn}c_{n-r} \\ x_{r+1} = c_1 \\ x_{r+2} = c_2 \\ \quad \vdots \\ x_n = c_{n-r} \end{cases}$$

其中，$k_j(j=1, 2, \cdots, r)$ 及 $k_{ij}(i=1, 2, \cdots, r; j=r+1, r+2, \cdots, n)$ 由回代计算得出.

总之，方程组（3.1）有解的充分必要条件是 $d_{r+1}=0$，且当 $r=n$ 时有唯一解；当 $r<n$ 时有无穷多解.

下面利用矩阵的秩给出线性方程组解的判定定理.

### 3.3.2 线性方程组解的判定定理

**定理3.3 线性方程组（3.1）有解的充分必要条件是它的系数矩阵与增广矩阵有相同的秩.**

**证明** 设方程组（3.1）的增广矩阵 $\widetilde{A}$ 经初等变换化为阶梯形矩阵（3.2），这时相应的系数矩阵 $\boldsymbol{A}$ 化为阶梯形矩阵（3.2）前 $n$ 列构成的矩阵. 因为初等变换不改变矩阵的秩以及 $a'_{ii}\neq 0$（$i=1, 2, \cdots, r$），所以 $R(\boldsymbol{A})=r$，且当 $d_{r+1}=0$

时 $R(\widetilde{A})=r$；当 $d_{r+1}\neq 0$ 时 $R(\widetilde{A})=r+1$. 又根据线性方程组有解的充分必要条件是 $d_{r+1}=0$，所以方程组（3.1）有解的充分必要条件是系数矩阵与增广矩阵有相同的秩，即 $R(\boldsymbol{A})=R(\widetilde{\boldsymbol{A}})$.

**定理 3.4　若线性方程组（3.1）的系数矩阵与增广矩阵的秩均为 $r$，则当 $r=n$（即未知量的个数）时线性方程组（3.1）有唯一解；当 $r<n$ 时线性方程组（3.1）有无穷多个解.**

**例 8**　解线性方程组.

$$\begin{cases}-3x_1-3x_2+14x_3+29x_4=-16\\ x_1+x_2+4x_3-x_4=1\\ -x_1-x_2+2x_3+7x_4=-4\end{cases}$$

**解**　$$\widetilde{A}=\begin{pmatrix}-3&-3&14&29&-16\\1&1&4&-1&1\\-1&-1&2&7&-4\end{pmatrix}\to\begin{pmatrix}1&1&4&-1&1\\-3&-3&14&29&-16\\-1&-1&2&7&-4\end{pmatrix}$$

$$\to\begin{pmatrix}1&1&4&-1&1\\0&0&26&26&-13\\0&0&6&6&-3\end{pmatrix}\to\begin{pmatrix}1&1&4&-1&1\\0&0&2&2&-1\\0&0&6&6&-3\end{pmatrix}$$

$$\to\begin{pmatrix}1&1&4&-1&1\\0&0&1&1&-\frac{1}{2}\\0&0&0&0&0\end{pmatrix}\to\begin{pmatrix}1&1&0&-5&3\\0&0&1&1&-\frac{1}{2}\\0&0&0&0&0\end{pmatrix}$$

所以原方程组同解的方程组为

$$\begin{cases}x_1+x_2-5x_4=3\\ x_3+x_4=-\dfrac{1}{2}\end{cases}$$

即
$$\begin{cases}x_1=3-x_2+5x_4\\ x_3=-\dfrac{1}{2}-x_4\end{cases}$$

令自由未知量 $x_2=c_1$，$x_4=c_2$，得原方程组的解为

$$\begin{cases}x_1=3-c_1+5c_2\\ x_2=c_1\\ x_3=-\dfrac{1}{2}-c_2\\ x_4=c_2\end{cases}\qquad(c_1,\ c_2\text{ 为任意常数})$$

说明　例 8 中的自由未知量取法不是唯一的，因此解的形式也不唯一.

**例 9**　$a$ 为何值时，线性方程组

$$\begin{cases} x_1 + x_2 + x_3 = a \\ ax_1 + x_2 + x_3 = 1 \\ x_1 + x_2 + ax_3 = 1 \end{cases}$$

有解？并求解.

**解** $\widetilde{A}=\begin{pmatrix} 1 & 1 & 1 & a \\ a & 1 & 1 & 1 \\ 1 & 1 & a & 1 \end{pmatrix} \to \begin{pmatrix} 1 & 1 & 1 & a \\ 0 & 1-a & 1-a & 1-a^2 \\ 0 & 0 & a-1 & 1-a \end{pmatrix}$

（1）当 $a\neq1$ 时

$$\widetilde{A}\to\begin{pmatrix} 1 & 1 & 1 & a \\ 0 & 1 & 1 & 1+a \\ 0 & 0 & 1 & -1 \end{pmatrix}\to\begin{pmatrix} 1 & 0 & 0 & -1 \\ 0 & 1 & 0 & 2+a \\ 0 & 0 & 1 & -1 \end{pmatrix}$$

$R(A) = R(\widetilde{A}) = 3$，方程组解为 $\begin{cases} x_1 = -1 \\ x_2 = 2+a \\ x_3 = -1 \end{cases}$

（2）当 $a=1$ 时

$$\widetilde{A}\to\begin{pmatrix} 1 & 1 & 1 & 1 \\ 0 & 0 & 0 & 0 \\ 0 & 0 & 0 & 0 \end{pmatrix}$$

$R(A)=R(\widetilde{A})=1<3$，方程组有无穷多个解，与原方程组同解的方程组为 $x_1+x_2+x_3=1$.

令 $x_2=c_1$，$x_3=c_2$，得方程组的解为

$$\begin{cases} x_1 = 1 - c_1 - c_2 \\ x_2 = c_1 \\ x_3 = c_2 \end{cases} \quad (c_1,\ c_2 \text{ 为任意常数})$$

说明　对于方程组中含有参数且方程个数与未知量个数相同时，用克莱姆法则求解，有时也较方便，请读者自己解该题.

齐次线性方程组

$$\begin{cases} a_{11}x_1 + a_{12}x_2 + \cdots + a_{1n}x_n = 0 \\ a_{21}x_1 + a_{22}x_2 + \cdots + a_{2n}x_n = 0 \\ \quad\vdots \\ a_{m1}x_1 + a_{m2}x_2 + \cdots + a_{mn}x_n = 0 \end{cases} \tag{3.5}$$

有矩阵形式 $\boldsymbol{Ax}=\boldsymbol{0}$. 因为齐次线性方程组至少有零解 $x_1=0$，$x_2=0$，…，$x_n=0$，所以方程组（3.5）永远有解，我们所关心的是方程组（3.5）是否有非零解. 给出如下定理：

**定理 3.5**　**齐次线性方程组（3.5）有非零解的充分必要条件是系数矩阵的秩小于未知量的个数，即 $R(\boldsymbol{A})=r<n$.**

**推论**　**齐次线性方程组（3.5）中，当 $m<n$（即方程个数小于未知量个数）时，方程组（3.5）一定有非零解.**

例如，方程组 $\begin{cases}-3x_1-3x_2+14x_3+x_4=0\\ x_1+x_2+4x_3-x_4=0\\ -x_1-x_2+2x_3+7x_4=0\end{cases}$ 有非零解，因为 $R(\boldsymbol{A})=3<4$.

## 习题　3.3

1. 设 $\tilde{\boldsymbol{A}}$ 为线性方程组的增广矩阵，$\tilde{\boldsymbol{A}}$ 经行初等变换后化为行最简形矩阵 $\boldsymbol{C}$，问方程组是否有解，若有解写出其解.

（1）$\boldsymbol{C}=\begin{pmatrix}1&2&0&3&4\\0&0&1&0&0\\0&0&0&0&2\end{pmatrix}$　（2）$\boldsymbol{C}=\begin{pmatrix}1&0&0&2\\0&1&0&1\\0&0&1&1\end{pmatrix}$

（3）$\boldsymbol{C}=\begin{pmatrix}1&1&0&3&1\\0&0&1&4&6\\0&0&0&0&0\end{pmatrix}$

2. 用消元法解线性方程组.

（1）$\begin{cases}x_1-x_2+2x_4=-5\\3x_1+2x_2-2x_4=6\\4x_1+3x_3-x_4=0\\2x_1-x_3=-1\end{cases}$　（2）$\begin{cases}2x_1+x_2-x_3+x_4=1\\4x_1+2x_2-2x_3+x_4=2\\2x_1+x_2-x_3-x_4=1\end{cases}$

（3）$\begin{cases}x_1+8x_2-7x_3=12\\x_1+9x_2-5x_3=16\\x_1+10x_2-3x_3=20\\x_1+11x_2-x_3=24\end{cases}$　（4）$\begin{cases}2x_1+x_2+x_3=1\\x_1+x_2-2x_3=2\\3x_1+x_2+x_3=-1\\x_1+x_2+8x_3=-3\end{cases}$

（5）$\begin{cases}x_1+2x_2+x_3-x_4=0\\3x_1+6x_2-x_3-3x_4=0\\5x_1+10x_2+x_3-5x_4=0\end{cases}$

3. 确定 $a$ 的值，使方程组有解，并求出解.

$$\begin{cases}x_1+x_2+x_3=1\\x_1+2x_2+x_3=2\\x_1+x_2+ax_3=a\end{cases}$$

4. 已知方程组 $\begin{cases}ax_1+x_2+x_3=1\\x_1+ax_2+x_3=a\\x_1+x_2+ax_3=a^2\end{cases}$，当 $a$ 为何值时，方程组

（1）有唯一解；（2）有无穷多解；（3）无解.

# 第 4 章　$n$ 维向量与线性方程组解的结构

上一章我们学习了消元法以及从矩阵秩的角度来讨论方程组解的情况，本章从讨论线性方程组解的角度，引入 $n$ 维向量的概念以及 $n$ 维向量组的线性相关性、向量组的秩等有关问题. 然后，讨论对于线性方程组有无穷多解时，方程组解的构成形式怎样，解与解之间有没有关系，有什么样的关系等等问题. 通过对这些问题的解决，我们将对线性方程组解的情况有全面的了解.

## 4.1　$n$ 维向量

在线性方程组的消元法中，其解是由未知量的系数和常数项来决定的. 例如，方程组中某一个方程

$$a_{i1}x_1 + a_{i2}x_2 + \cdots + a_{in}x_n = b_i$$

可以用一个 $n+1$ 元有序数组

$$(a_{i1},\ a_{i2},\ \cdots,\ a_{in},\ b_i)$$

唯一地表示，因此一个线性方程唯一地对应一个有序数组. 讨论方程组的解的问题就可以转化为讨论有序数组之间的关系问题，即向量的概念.

### 4.1.1　$n$ 维向量的定义

**定义 4.1**　$n$ 个有序的实数组成的有序数组 $(a_1,\ a_2,\ \cdots,\ a_n)$，叫作 **$n$ 维向量**，其中第 $i$ 个数叫作这个**向量的第 $i$ 个分量（或坐标）**$(i=1,\ 2,\ \cdots,\ n)$. 向量一般用希腊字母 $\boldsymbol{\alpha}$，$\boldsymbol{\beta}$，$\boldsymbol{\gamma}$ 表示，如 $\boldsymbol{\alpha}=(a_1,\ a_2,\ \cdots,\ a_n)$，$\boldsymbol{\beta}=(b_1,\ b_2,\ \cdots,\ b_n)$ 等，有时也可以用其他字母表示.

$$\boldsymbol{\alpha}=(a_1,\ a_2,\ \cdots,\ a_n)\ \text{称为}\ n\ \textbf{维行向量}$$

$$\boldsymbol{\beta}=\begin{pmatrix} b_1 \\ b_2 \\ \vdots \\ b_n \end{pmatrix}\text{称为}\ n\ \textbf{维列向量}$$

$n$ 维向量为一个有序数组，而矩阵为一个有特定含义的数表，因此 $n$ 维行向量 $\boldsymbol{\alpha}=(a_1,\ a_2,\ \cdots,\ a_n)$ 可以看成一个 $1\times n$ 矩阵，$n$ 维列向量 $\boldsymbol{\beta}=\begin{pmatrix} b_1 \\ b_2 \\ \vdots \\ b_n \end{pmatrix}$ 可以看

成一个 $n\times1$ 矩阵，所以可以用矩阵的转置符号，即向量

$$\boldsymbol{\beta}=\begin{pmatrix}b_1\\b_2\\\vdots\\b_n\end{pmatrix}\text{可以写成}\boldsymbol{\beta}=(b_1,\ b_2,\ \cdots,\ b_n)^{\mathrm{T}}.$$

线性方程组

$$\begin{cases}a_{11}x_1+a_{12}x_2+\cdots+a_{1n}x_n=b_1\\a_{21}x_1+a_{22}x_2+\cdots+a_{2n}x_n=b_2\\\qquad\vdots\\a_{m1}x_1+a_{m2}x_2+\cdots+a_{mn}x_n=b_m\end{cases}\tag{4.1}$$

的系数矩阵 $\boldsymbol{A}=\begin{pmatrix}a_{11}&a_{12}&\cdots&a_{1n}\\a_{21}&a_{22}&\cdots&a_{2n}\\\vdots&\vdots&&\vdots\\a_{m1}&a_{m2}&\cdots&a_{mn}\end{pmatrix}$ 的每一行都是一个 $n$ 维行向量，它共有 $m$ 个行向量 $\boldsymbol{\alpha}_1$，$\boldsymbol{\alpha}_2$，…，$\boldsymbol{\alpha}_m$，称为**矩阵 $\boldsymbol{A}$ 的行向量组**．其中

$$\boldsymbol{\alpha}_i=(a_{i1},\ a_{i2},\ \cdots,\ a_{in})\qquad(i=1,\ 2,\ \cdots,\ m)$$

同样，$\boldsymbol{A}$ 的每一列都是一个 $m$ 维列向量，共有 $n$ 个列向量 $\boldsymbol{\beta}_1$，$\boldsymbol{\beta}_2$，…，$\boldsymbol{\beta}_n$，称为**矩阵 $\boldsymbol{A}$ 的列向量组**．其中

$$\boldsymbol{\beta}_j=\begin{pmatrix}a_{1j}\\a_{2j}\\\vdots\\a_{mj}\end{pmatrix}\qquad(j=1,\ 2,\ \cdots,\ n)$$

**定义 4.2**　所有分量均为零的向量叫作**零向量**，记作 $\mathbf{0}=(0,\ 0,\ \cdots,\ 0)$.

**注意　维数不同的零向量是不同的．如二维零向量**（0，0），**三维零向量**（0，0，0）.

**定义 4.3**　设两个 $n$ 维向量 $\boldsymbol{\alpha}=(a_1,\ a_2,\ \cdots,\ a_n)$ 与 $\boldsymbol{\beta}=(b_1,\ b_2,\ \cdots,\ b_n)$ 的对应分量都相等，即 $a_i=b_i$（$i=1,\ 2,\ \cdots,\ n$），称这两个**向量相等**．记作 $\boldsymbol{\alpha}=\boldsymbol{\beta}$.

### 4.1.2　n 维向量的运算

$n$ 维向量是解析几何中二维向量和三维向量的推广，但要注意记号的不同．因为在解析几何中为了区别点与向量，点用 $(x,\ y)$ 表示，向量用 $\{x,\ y\}$ 表示，在线性代数中为了方便仍用 $(x,\ y)$ 表示向量．而且二维向量和三维向量可以用几何图形表示，而 $n$ 维向量则无几何上的意义，仅是借用了二维向量和三维向量的几何术语．我们把二维向量和三维向量的加法和数乘向量的运算推广到

$n$ 维向量中.

**定义 4.4** 设两个 $n$ 维向量 $\boldsymbol{\alpha}=(a_1, a_2, \cdots, a_n)$ 与 $\boldsymbol{\beta}=(b_1, b_2, \cdots, b_n)$ 的各对应分量之和所组成的向量，称为**向量 $\boldsymbol{\alpha}$ 与 $\boldsymbol{\beta}$ 的和**，记作 $\boldsymbol{\alpha}+\boldsymbol{\beta}$，即

$$\boldsymbol{\alpha}+\boldsymbol{\beta}=(a_1+b_1, a_2+b_2, \cdots, a_n+b_n)$$

**定义 4.5** 向量 $(-a_1, -a_2, \cdots, -a_n)$ 叫作向量 $\boldsymbol{\alpha}=(a_1, a_2, \cdots, a_n)$ 的**负向量**，记作 $-\boldsymbol{\alpha}$，即 $-\boldsymbol{\alpha}=(-a_1, -a_2, \cdots, -a_n)$.

**定义 4.6** 设 $\boldsymbol{\alpha}=(a_1, a_2, \cdots, a_n)$，$\boldsymbol{\beta}=(b_1, b_2, \cdots, b_n)$，则向量

$$\begin{aligned}\boldsymbol{\alpha}-\boldsymbol{\beta}&=\boldsymbol{\alpha}+(-\boldsymbol{\beta})=(a_1, a_2, \cdots, a_n)+(-b_1, -b_2, \cdots, -b_n)\\&=(a_1-b_1, a_2-b_2, \cdots, a_n-b_n)\end{aligned}$$

称为**向量 $\boldsymbol{\alpha}$ 与 $\boldsymbol{\beta}$ 的差.**

**定义 4.7** 设 $k$ 是一个数，向量 $\boldsymbol{\alpha}=(a_1, a_2, \cdots, a_n)$，则向量 $(ka_1, ka_2, \cdots, ka_n)$ 称为**数 $k$ 与向量 $\boldsymbol{\alpha}$ 的乘积**，记作 $k\boldsymbol{\alpha}$，即 $k\boldsymbol{\alpha}=(ka_1, ka_2, \cdots, ka_n)$.

向量的加法、减法、数乘运算统称为向量的线性运算. 向量的线性运算满足下列运算规律：

(1) $\boldsymbol{\alpha}+\boldsymbol{\beta}=\boldsymbol{\beta}+\boldsymbol{\alpha}$

(2) $\boldsymbol{\alpha}+(\boldsymbol{\beta}+\boldsymbol{\gamma})=(\boldsymbol{\alpha}+\boldsymbol{\beta})+\boldsymbol{\gamma}$

(3) $\boldsymbol{\alpha}+\mathbf{0}=\boldsymbol{\alpha}$

(4) $\boldsymbol{\alpha}+(-\boldsymbol{\alpha})=\mathbf{0}$

(5) $(k+l)\boldsymbol{\alpha}=k\boldsymbol{\alpha}+l\boldsymbol{\alpha}$

(6) $k(\boldsymbol{\alpha}+\boldsymbol{\beta})=k\boldsymbol{\alpha}+k\boldsymbol{\beta}$

(7) $(kl)\boldsymbol{\alpha}=k(l\boldsymbol{\alpha})$

(8) $1\cdot\boldsymbol{\alpha}=\boldsymbol{\alpha}$

**定义 4.8** 所有以实数为分量的 $n$ 维向量的集合，若在其中定义了向量的加法与数乘两种运算，且满足上述 8 条算律，则称 $n$ 维向量的集合为实数集 $\mathbf{R}$ 上的 **$n$ 维向量空间**，记为 $\mathbf{R}^n$.

$n$ 维向量称为 **$n$ 维向量空间中的点.**

**例 1** 已知 $\boldsymbol{\alpha}=(2, 2, 4, 7)$，且 $\boldsymbol{\alpha}-\boldsymbol{\beta}=3(\boldsymbol{\alpha}+\boldsymbol{\beta})$，求向量 $\boldsymbol{\beta}$.

**解** 因为

$$\begin{aligned}\boldsymbol{\alpha}-\boldsymbol{\beta}&=3(\boldsymbol{\alpha}+\boldsymbol{\beta})\\&=3\boldsymbol{\alpha}+3\boldsymbol{\beta}\end{aligned}$$

所以

$$\boldsymbol{\beta}=-\frac{1}{2}\boldsymbol{\alpha}=-\frac{1}{2}(2, 2, 4, 7)=(-1, -1, -2, -\frac{7}{2})$$

**例 2** $n$ **维初始单位向量组**为

$$\boldsymbol{\varepsilon}_1=(1, 0, \cdots, 0)$$

$$\boldsymbol{\varepsilon}_2=(0,\ 1,\ \cdots,\ 0)$$
$$\vdots$$
$$\boldsymbol{\varepsilon}_n=(0,\ 0,\ \cdots,\ 1)$$

求 $a_1\boldsymbol{\varepsilon}_1+a_2\boldsymbol{\varepsilon}_2+\cdots+a_n\boldsymbol{\varepsilon}_n$.

**解** $a_1\boldsymbol{\varepsilon}_1+a_2\boldsymbol{\varepsilon}_2+\cdots+a_n\boldsymbol{\varepsilon}_n$

$=a_1(1,\ 0,\ \cdots,\ 0)+a_2(0,\ 1,\ \cdots,\ 0)+\cdots+a_n(0,\ 0,\ \cdots,\ 1)$

$=(a_1,\ a_2,\ \cdots,\ a_n)$

下面根据向量的加法和数乘运算，给出线性方程组（4.1）与向量之间的关系.

因为方程组（4.1）可以写成如下形式

$$x_1\begin{pmatrix}a_{11}\\a_{21}\\\vdots\\a_{m1}\end{pmatrix}+x_2\begin{pmatrix}a_{12}\\a_{22}\\\vdots\\a_{m2}\end{pmatrix}+\cdots+x_n\begin{pmatrix}a_{1n}\\a_{2n}\\\vdots\\a_{mn}\end{pmatrix}=\begin{pmatrix}b_1\\b_2\\\vdots\\b_m\end{pmatrix}$$

即 $x_1\boldsymbol{\alpha}_1+x_2\boldsymbol{\alpha}_2+\cdots+x_n\boldsymbol{\alpha}_n=\boldsymbol{\beta}$，称为线性方程组（4.1）的向量表示式.

其中，$\boldsymbol{\alpha}_1=\begin{pmatrix}a_{11}\\a_{21}\\\vdots\\a_{m1}\end{pmatrix}$，$\boldsymbol{\alpha}_2=\begin{pmatrix}a_{12}\\a_{22}\\\vdots\\a_{m2}\end{pmatrix}$，$\cdots$，$\boldsymbol{\alpha}_n=\begin{pmatrix}a_{1n}\\a_{2n}\\\vdots\\a_{mn}\end{pmatrix}$为系数矩阵的列向量组，$\boldsymbol{\beta}=\begin{pmatrix}b_1\\b_2\\\vdots\\b_n\end{pmatrix}$为常数项向量.

因此，线性方程组与向量之间建立了密切联系：解线性方程组即相当于找出一组数 $x_1$，$x_2$，$\cdots$，$x_n$，使方程组（4.1）的系数列向量组 $\boldsymbol{\alpha}_1$，$\boldsymbol{\alpha}_2$，$\cdots$，$\boldsymbol{\alpha}_n$ 与常数项向量 $\boldsymbol{\beta}$ 之间有等式 $x_1\boldsymbol{\alpha}_1+x_2\boldsymbol{\alpha}_2+\cdots+x_n\boldsymbol{\alpha}_n=\boldsymbol{\beta}$ 成立.

## 习题　4.1

1. 已知向量 $\boldsymbol{\alpha}_1=(1,\ 1,\ 0)$，$\boldsymbol{\alpha}_2=(0,\ 1,\ 1)$，$\boldsymbol{\alpha}_3=(-3,\ 2,\ 1)$，求 $\boldsymbol{\alpha}_1-\boldsymbol{\alpha}_2$，$3\boldsymbol{\alpha}_1-5\boldsymbol{\alpha}_2+\boldsymbol{\alpha}_3$.

2. 已知 $\boldsymbol{\alpha}+\boldsymbol{\beta}=(2,\ 1,\ 5,\ 2,\ 0)$，$\boldsymbol{\alpha}-\boldsymbol{\beta}=(3,\ 0,\ 1,\ -4,\ 4)$，求向量 $\boldsymbol{\alpha}$ 与 $\boldsymbol{\beta}$.

3. 将下列线性方程组用向量形式表示.

$$\begin{cases}-x_1+2x_2+3x_3=6\\x_2-x_3+x_4=1\\x_1-x_2+x_3-4x_4=5\end{cases}$$

# 4.2 向量组的线性相关性

## 4.2.1 向量组的线性组合与线性表示

线性方程组$\begin{cases} x_1+x_2+x_3=3 \\ 2x_1+3x_2+4x_3=9 \\ 3x_1+3x_2-5x_3=1 \\ x_1+2x_2+3x_3=6 \end{cases}$，四个方程对应向量组 $\boldsymbol{\alpha}_1=(1, 1, 1, 3)$，$\boldsymbol{\alpha}_2=(2, 3, 4, 9)$，$\boldsymbol{\alpha}_3=(3, 3, -5, 1)$，$\boldsymbol{\alpha}_4=(1, 2, 3, 6)$，且有 $\boldsymbol{\alpha}_4=\boldsymbol{\alpha}_2-\boldsymbol{\alpha}_1$，即第四个方程可以由第一和第二个方程表示，说明第四个方程为多余的方程；而对式子 $\boldsymbol{\alpha}_4=\boldsymbol{\alpha}_2-\boldsymbol{\alpha}_1$，也可以写为等式 $\boldsymbol{\alpha}_4=-\boldsymbol{\alpha}_1+\boldsymbol{\alpha}_2+0\alpha_3$，称向量 $\boldsymbol{\alpha}_4$ 为向量 $\boldsymbol{\alpha}_1$，$\boldsymbol{\alpha}_2$，$\boldsymbol{\alpha}_3$ 的线性组合，一般有如下定义：

**定义4.9** 设向量组 $\boldsymbol{\alpha}_1$，$\boldsymbol{\alpha}_2$，…，$\boldsymbol{\alpha}_s$ 和向量 $\boldsymbol{\beta}$ 都是 $n$ 维向量，如果存在一组数 $k_1$，$k_2$，…，$k_s$ 使关系式

$$\boldsymbol{\beta}=k_1\boldsymbol{\alpha}_1+k_2\boldsymbol{\alpha}_2+\cdots+k_s\boldsymbol{\alpha}_s \tag{4.2}$$

成立，则称**向量 $\boldsymbol{\beta}$ 是向量组 $\boldsymbol{\alpha}_1$，$\boldsymbol{\alpha}_2$，…，$\boldsymbol{\alpha}_s$ 的线性组合**，或称**向量 $\boldsymbol{\beta}$ 可由向量组 $\boldsymbol{\alpha}_1$，$\boldsymbol{\alpha}_2$，…，$\boldsymbol{\alpha}_s$ 线性表示**．其中 $k_1$，$k_2$，…，$k_s$ 称为**线性组合系数**．

例如，向量 $\boldsymbol{\beta}=(1, 2, 3, 6)$，$\boldsymbol{\alpha}_1=(1, 1, 1, 3)$，$\boldsymbol{\alpha}_2=(2, 3, 4, 9)$，满足关系 $\boldsymbol{\beta}=\boldsymbol{\alpha}_2-\boldsymbol{\alpha}_1$，所以向量 $\boldsymbol{\beta}$ 是向量组 $\boldsymbol{\alpha}_1$，$\boldsymbol{\alpha}_2$ 的线性组合；

又如向量 $\boldsymbol{\beta}=(1, 2, 3, 6)$，$\boldsymbol{\alpha}_1=(1, 1, 1, 3)$，不存在一组数 $k_1$ 使关系式 $\boldsymbol{\beta}=k_1\boldsymbol{\alpha}_1$ 成立，因此向量 $\boldsymbol{\beta}$ 不是向量组 $\boldsymbol{\alpha}_1$ 的线性组合．（注意：一个向量 $\boldsymbol{\alpha}_1$ 也可以为一个向量组）

如何判断一个向量是否是某个向量组的线性组合呢？

设 $\boldsymbol{\beta}$，$\boldsymbol{\alpha}_1$，$\boldsymbol{\alpha}_2$，…，$\boldsymbol{\alpha}_n$ 为 $m$ 维列向量（可以设 $\boldsymbol{\alpha}_1=\begin{pmatrix} a_{11} \\ a_{21} \\ \vdots \\ a_{m1} \end{pmatrix}$，$\boldsymbol{\alpha}_2=\begin{pmatrix} a_{12} \\ a_{22} \\ \vdots \\ a_{m2} \end{pmatrix}$，…，$\boldsymbol{\alpha}_n=\begin{pmatrix} a_{1n} \\ a_{2n} \\ \vdots \\ a_{mn} \end{pmatrix}$，$\boldsymbol{\beta}=\begin{pmatrix} b_1 \\ b_2 \\ \vdots \\ b_m \end{pmatrix}$），若向量 $\boldsymbol{\beta}$ 可由向量组 $\boldsymbol{\alpha}_1$，$\boldsymbol{\alpha}_2$，…，$\boldsymbol{\alpha}_n$ 线性表示，即存在常数 $k_1$，$k_2$，…，$k_n$ 使 $k_1\boldsymbol{\alpha}_1+k_2\boldsymbol{\alpha}_2+\cdots+k_n\boldsymbol{\alpha}_n=\boldsymbol{\beta}$ 成立；又因为式子 $x_1\boldsymbol{\alpha}_1+x_2\boldsymbol{\alpha}_2+\cdots+x_n\boldsymbol{\alpha}_n=\boldsymbol{\beta}$ 即 $x_1\begin{pmatrix} a_{11} \\ a_{21} \\ \vdots \\ a_{m1} \end{pmatrix}+x_2\begin{pmatrix} a_{12} \\ a_{22} \\ \vdots \\ a_{m2} \end{pmatrix}+\cdots+x_n\begin{pmatrix} a_{1n} \\ a_{2n} \\ \vdots \\ a_{mn} \end{pmatrix}=\begin{pmatrix} b_1 \\ b_2 \\ \vdots \\ b_m \end{pmatrix}$为线性方程组

(4.1) 的向量表示式，这说明 $k_1$，$k_2$，…，$k_n$ 为线性方程组 $x_1\boldsymbol{\alpha}_1+x_2\boldsymbol{\alpha}_2+\cdots+x_n\boldsymbol{\alpha}_n=\boldsymbol{\beta}$ 的一个解.

因此，解线性方程组（4.1），就是找出未知量 $x_1$，$x_2$，…，$x_n$ 的一组值，使常数项向量 $\boldsymbol{\beta}$ 可以表示为系数列向量组 $\boldsymbol{\alpha}_1$，$\boldsymbol{\alpha}_2$，…，$\boldsymbol{\alpha}_n$ 的线性组合；也就是说，如果方程组（4.1）有解，则向量 $\boldsymbol{\beta}$ 一定可以表示为向量组 $\boldsymbol{\alpha}_1$，$\boldsymbol{\alpha}_2$，…，$\boldsymbol{\alpha}_n$ 的线性组合；反之，如果向量 $\boldsymbol{\beta}$ 是向量组 $\boldsymbol{\alpha}_1$，$\boldsymbol{\alpha}_2$，…，$\boldsymbol{\alpha}_n$ 的线性组合，则线性方程组（4.1）一定有解. 因此有如下定理：

**定理 4.1　向量 $\boldsymbol{\beta}$ 可以由向量组 $\boldsymbol{\alpha}_1$，$\boldsymbol{\alpha}_2$，…，$\boldsymbol{\alpha}_n$ 线性表示的充分必要条件是：以 $\boldsymbol{\alpha}_1$，$\boldsymbol{\alpha}_2$，…，$\boldsymbol{\alpha}_n$ 为系数列向量，以 $\boldsymbol{\beta}$ 为常数项向量的线性方程组有解，且该线性方程组的一个解，就是一个线性组合的系数.**

**证明**　先证必要性.

设向量 $\boldsymbol{\beta}$，$\boldsymbol{\alpha}_1$，$\boldsymbol{\alpha}_2$，…，$\boldsymbol{\alpha}_n$ 以列向量的形式给出，即

$$\boldsymbol{\beta}=\begin{pmatrix}b_1\\b_2\\\vdots\\b_m\end{pmatrix},\ \boldsymbol{\alpha}_1=\begin{pmatrix}a_{11}\\a_{21}\\\vdots\\a_{m1}\end{pmatrix},\ \boldsymbol{\alpha}_2=\begin{pmatrix}a_{12}\\a_{22}\\\vdots\\a_{m2}\end{pmatrix},\ \cdots,\ \boldsymbol{\alpha}_n=\begin{pmatrix}a_{1n}\\a_{2n}\\\vdots\\a_{mn}\end{pmatrix}\tag{4.3}$$

若 $\boldsymbol{\beta}$ 可以由向量组 $\boldsymbol{\alpha}_1$，$\boldsymbol{\alpha}_2$，…，$\boldsymbol{\alpha}_n$ 线性表示，则由定义 4.9 知，存在一组数 $k_1$，$k_2$，…，$k_n$，使

$$\boldsymbol{\beta}=k_1\boldsymbol{\alpha}_1+k_2\boldsymbol{\alpha}_2+\cdots+k_n\boldsymbol{\alpha}_n$$

由方程组的向量形式知：$x_1=k_1$，$x_2=k_2$，…，$x_n=k_n$ 是方程组 $\boldsymbol{\beta}=x_1\boldsymbol{\alpha}_1+x_2\boldsymbol{\alpha}_2+\cdots+x_n\boldsymbol{\alpha}_n$ 的一个解.

充分性由线性表示的定义很容易证明（请读者自己证明）.

**例 3**　设向量 $\boldsymbol{\beta}_1=(2,\ -1,\ 3,\ 4)$，$\boldsymbol{\beta}_2=(2,\ -1,\ -2,\ 4)$，$\boldsymbol{\alpha}_1=(1,\ 2,\ -3,\ 1)$，$\boldsymbol{\alpha}_2=(5,\ -5,\ 12,\ 11)$，$\boldsymbol{\alpha}_3=(1,\ -3,\ 6,\ 3)$. 试判断 $\boldsymbol{\beta}_1$ 与 $\boldsymbol{\beta}_2$ 能否由 $\boldsymbol{\alpha}_1$，$\boldsymbol{\alpha}_2$，$\boldsymbol{\alpha}_3$ 线性表示，若能，写出一种表示式.

**解**　(1) 以 $\boldsymbol{\alpha}_1$，$\boldsymbol{\alpha}_2$，$\boldsymbol{\alpha}_3$ 为系数列向量，以 $\boldsymbol{\beta}_1$ 为常数项向量的线性方程组

$$\begin{cases}x_1+5x_2+x_3=2\\2x_1-5x_2-3x_3=-1\\-3x_1+12x_2+6x_3=3\\x_1+11x_2+3x_3=4\end{cases}$$

的增广矩阵为

$$\widetilde{\boldsymbol{A}}=\begin{pmatrix}1&5&1&2\\2&-5&-3&-1\\-3&12&6&3\\1&11&3&4\end{pmatrix}\to\begin{pmatrix}1&5&1&2\\0&-15&-5&-5\\0&27&9&9\\0&6&2&2\end{pmatrix}\to\begin{pmatrix}1&5&1&2\\0&3&1&1\\0&0&0&0\\0&0&0&0\end{pmatrix}$$

$$\rightarrow\begin{pmatrix}1 & 0 & -\frac{2}{3} & \frac{1}{3}\\ 0 & 1 & \frac{1}{3} & \frac{1}{3}\\ 0 & 0 & 0 & 0\\ 0 & 0 & 0 & 0\end{pmatrix}$$

因为 $R(\boldsymbol{A})=R(\widetilde{\boldsymbol{A}})=2<3$，故方程组有无穷多个解. 所以，$\boldsymbol{\beta}_1$ 可以由 $\boldsymbol{\alpha}_1$，$\boldsymbol{\alpha}_2$，$\boldsymbol{\alpha}_3$ 线性表示. 由于方程组的一般解为

$$\begin{cases}x_1=\dfrac{1}{3}+\dfrac{2}{3}x_3\\ x_2=\dfrac{1}{3}-\dfrac{1}{3}x_3\end{cases}\quad (x_3\text{ 为自由未知量})$$

令 $x_3=4$ 得 $x_1=3$，$x_2=-1$，因此向量 $\boldsymbol{\beta}_1$ 的一种表示式为 $\boldsymbol{\beta}_1=3\boldsymbol{\alpha}_1-\boldsymbol{\alpha}_2+4\boldsymbol{\alpha}_3$.

（2）以 $\boldsymbol{\alpha}_1$，$\boldsymbol{\alpha}_2$，$\boldsymbol{\alpha}_3$ 为系数列向量，以 $\boldsymbol{\beta}_2$ 为常数项向量的线性方程组的增广矩阵为

$$\widetilde{\boldsymbol{A}}=\begin{pmatrix}1 & 5 & 1 & 2\\ 2 & -5 & -3 & -1\\ -3 & 12 & 6 & -2\\ 1 & 11 & 3 & 4\end{pmatrix}\rightarrow\begin{pmatrix}1 & 5 & 1 & 2\\ 0 & -15 & -5 & -5\\ 0 & 27 & 9 & 4\\ 0 & 6 & 2 & 2\end{pmatrix}\rightarrow\begin{pmatrix}1 & 5 & 1 & 2\\ 0 & 3 & 1 & 1\\ 0 & 0 & 0 & -5\\ 0 & 0 & 0 & 0\end{pmatrix}$$

因为 $R(\boldsymbol{A})=2$，$R(\widetilde{\boldsymbol{A}})=3$，故方程组无解. 因此 $\boldsymbol{\beta}_2$ 不能由 $\boldsymbol{\alpha}_1$，$\boldsymbol{\alpha}_2$，$\boldsymbol{\alpha}_3$ 线性表示.

说明 （1）向量有行向量和列向量，其运算相同. 在解题中为使对应的方程组同解以满足需要，可以将行向量写成它的转置，即列向量.

（2）由于方程组有无穷多个解，所以例3中 $\boldsymbol{\beta}_1$ 可以由 $\boldsymbol{\alpha}_1$，$\boldsymbol{\alpha}_2$，$\boldsymbol{\alpha}_3$ 线性表示的方式有无穷多种. 例如，取 $x_3=1$ 得 $x_1=1$，$x_2=0$，即得向量 $\boldsymbol{\beta}_1$ 的另一种表示式为 $\boldsymbol{\beta}_1=\boldsymbol{\alpha}_1+\boldsymbol{\alpha}_3$.

**例4** 证明：零向量是任何一组同维向量组的线性组合.

**证明** 设零向量 $\mathbf{0}$ 与向量组 $\boldsymbol{\alpha}_1$，$\boldsymbol{\alpha}_2$，…，$\boldsymbol{\alpha}_n$ 为同维向量，则有

$$\mathbf{0}=0\boldsymbol{\alpha}_1+0\boldsymbol{\alpha}_2\cdots+0\boldsymbol{\alpha}_n$$

即零向量 $\mathbf{0}$ 为向量组 $\boldsymbol{\alpha}_1$，$\boldsymbol{\alpha}_2$，…，$\boldsymbol{\alpha}_n$ 的线性组合.

**例5** 证明：向量组 $\boldsymbol{\alpha}_1$，$\boldsymbol{\alpha}_2$，…，$\boldsymbol{\alpha}_n$ 中的任一向量 $\boldsymbol{\alpha}_i$（$i=1$，2，…，$n$）都可以由该向量组线性表示.

**证明** 因为 $\boldsymbol{\alpha}_i=0\boldsymbol{\alpha}_1+0\boldsymbol{\alpha}_2+\cdots+1\boldsymbol{\alpha}_i+\cdots+0\boldsymbol{\alpha}_n$，所以 $\boldsymbol{\alpha}_i$ 可以由 $\boldsymbol{\alpha}_1$，$\boldsymbol{\alpha}_2$，…，$\boldsymbol{\alpha}_n$ 线性表示.

### 4.2.2 向量组的线性相关与线性无关

三维空间中的向量 $\boldsymbol{\alpha}_1=(1, 2, -3)$，$\boldsymbol{\alpha}_2=(2, 2, -1)$，$\boldsymbol{\alpha}_3=(0, 2,$

3)，$\boldsymbol{\alpha}_4=(3,\ 2,\ -7)$，满足关系式 $\boldsymbol{\alpha}_4=\boldsymbol{\alpha}_1+\boldsymbol{\alpha}_2-\boldsymbol{\alpha}_3$(即 $\boldsymbol{\alpha}_1+\boldsymbol{\alpha}_2-\boldsymbol{\alpha}_3-\boldsymbol{\alpha}_4=\mathbf{0}$)，在几何上可以说明向量 $\boldsymbol{\alpha}_4$ 为向量 $\boldsymbol{\alpha}_1$，$\boldsymbol{\alpha}_2$，$\boldsymbol{\alpha}_3$ 的代数和，因此称向量 $\boldsymbol{\alpha}_1$，$\boldsymbol{\alpha}_2$，$\boldsymbol{\alpha}_3$，$\boldsymbol{\alpha}_4$ 是线性相关的. 对于 $n$ 维向量组，仍然借用线性相关这个术语，有如下定义：

**定义 4.10** 设 $n$ 维向量组 $\boldsymbol{\alpha}_1$，$\boldsymbol{\alpha}_2$，…，$\boldsymbol{\alpha}_s$，若存在一组不全为零的数 $k_1$，$k_2$，…，$k_s$，使关系式

$$k_1\boldsymbol{\alpha}_1+k_2\boldsymbol{\alpha}_2+\cdots+k_s\boldsymbol{\alpha}_s=\mathbf{0} \tag{4.4}$$

成立，则称**向量组 $\boldsymbol{\alpha}_1$，$\boldsymbol{\alpha}_2$，…，$\boldsymbol{\alpha}_s$ 线性相关**.

若只有系数 $k_1$，$k_2$，…，$k_s$ 全为零时，才能使关系式（4.4）成立，则称**向量组 $\boldsymbol{\alpha}_1$，$\boldsymbol{\alpha}_2$，…，$\boldsymbol{\alpha}_s$ 线性无关**.

向量组的线性相关和线性无关称为**向量组的线性相关性**.

向量组线性无关的特点：当且仅当 $k_1$，$k_2$，…，$k_s$ 全为零时，式（4.4）才成立.

例如，向量组 $\boldsymbol{\alpha}_1=(1,\ 2,\ -1,\ 5)$，$\boldsymbol{\alpha}_2=(2,\ -1,\ 1,\ 1)$，$\boldsymbol{\alpha}_3=(4,\ 3,\ -1,\ 11)$，因为存在一组不全为零的数 $k_1=2$，$k_2=1$，$k_3=-1$ 使关系式 $2\boldsymbol{\alpha}_1+\boldsymbol{\alpha}_2-\boldsymbol{\alpha}_3=\mathbf{0}$ 成立，所以向量组 $\boldsymbol{\alpha}_1$，$\boldsymbol{\alpha}_2$，$\boldsymbol{\alpha}_3$ 是线性相关的.

**例 6** 证明：一个零向量是线性相关的.

**证明** 因为任意一个数 $k\neq 0$ 有 $k\mathbf{0}=\mathbf{0}$ 成立，所以一个零向量是线性相关的.

**例 7** 证明：一个非零向量是线性无关的.

**证明** 如果有数 $k$ 使 $k\boldsymbol{\alpha}=\mathbf{0}$ 成立，由于 $\boldsymbol{\alpha}$ 是非零向量，所以 $k=0$，因此一个非零向量是线性无关的.

**例 8** 证明：含有零向量的向量组是线性相关的.

**证明** 设含有零向量的向量组为 $\mathbf{0}$，$\boldsymbol{\alpha}_1$，$\boldsymbol{\alpha}_2$，…，$\boldsymbol{\alpha}_s$，因为存在一组不全为零的数 1，0，0，…，0 使关系式 $1\cdot\mathbf{0}+0\boldsymbol{\alpha}_1+0\boldsymbol{\alpha}_2+\cdots+0\boldsymbol{\alpha}_s=\mathbf{0}$ 成立，所以向量组 $\mathbf{0}$，$\boldsymbol{\alpha}_1$，$\boldsymbol{\alpha}_2$，…，$\boldsymbol{\alpha}_s$ 是线性相关的.

如何判断一个向量组是线性相关或线性无关？可以根据齐次线性方程组得出结论.

齐次线性方程组

$$\begin{cases} a_{11}x_1+a_{12}x_2+\cdots+a_{1n}x_n=0 \\ a_{21}x_1+a_{22}x_2+\cdots+a_{2n}x_n=0 \\ \qquad\vdots \\ a_{m1}x_1+a_{m2}x_2+\cdots+a_{mn}x_n=0 \end{cases} \tag{4.5}$$

有向量形式

$$x_1\boldsymbol{\alpha}_1+x_2\boldsymbol{\alpha}_2+\cdots+x_n\boldsymbol{\alpha}_n=\mathbf{0}$$

其中 $\boldsymbol{\alpha}_1$，$\boldsymbol{\alpha}_2$，…，$\boldsymbol{\alpha}_n$ 为（4.5）的系数列向量. 齐次线性方程组（4.5）必有

解，它的一组解 $x_1=k_1$，$x_2=k_2$，…，$x_n=k_n$ 使系数列向量组 $\boldsymbol{\alpha}_1$，$\boldsymbol{\alpha}_2$，…，$\boldsymbol{\alpha}_n$ 有关系式 $k_1\boldsymbol{\alpha}_1+k_2\boldsymbol{\alpha}_2+\cdots+k_n\boldsymbol{\alpha}_n=\boldsymbol{0}$ 成立. 若齐次线性方程组（4.5）只有零解，则系数列向量组 $\boldsymbol{\alpha}_1$，$\boldsymbol{\alpha}_2$，…，$\boldsymbol{\alpha}_n$ 线性无关；若齐次线性方程组（4.5）有非零解，则系数列向量组 $\boldsymbol{\alpha}_1$，$\boldsymbol{\alpha}_2$，…，$\boldsymbol{\alpha}_n$ 线性相关. 因此，有如下定理：

**定理 4.2　向量组 $\boldsymbol{\alpha}_1$，$\boldsymbol{\alpha}_2$，…，$\boldsymbol{\alpha}_n$ 线性相关的充分必要条件是：以 $\boldsymbol{\alpha}_1$，$\boldsymbol{\alpha}_2$，…，$\boldsymbol{\alpha}_n$ 为系数列向量的齐次线性方程组（4.5）有非零解. 向量组 $\boldsymbol{\alpha}_1$，$\boldsymbol{\alpha}_2$，…，$\boldsymbol{\alpha}_n$ 线性无关的充分必要条件是：以 $\boldsymbol{\alpha}_1$，$\boldsymbol{\alpha}_2$，…，$\boldsymbol{\alpha}_n$ 为系数列向量的齐次线性方程组（4.5）只有零解.**

此定理的证明请读者自己完成.

根据齐次线性方程组有解的定理 3.3 可以得到如下推论

**推论 1　向量组 $\boldsymbol{\alpha}_1$，$\boldsymbol{\alpha}_2$，…，$\boldsymbol{\alpha}_n$ 线性相关的充分必要条件是：以 $\boldsymbol{\alpha}_1$，$\boldsymbol{\alpha}_2$，…，$\boldsymbol{\alpha}_n$ 为系数列向量的齐次线性方程组（4.5），其系数矩阵的秩 $R(\boldsymbol{A})=r$ 小于向量的个数 $n$. 向量组 $\boldsymbol{\alpha}_1$，$\boldsymbol{\alpha}_2$，…，$\boldsymbol{\alpha}_n$ 线性无关的充分必要条件是：以 $\boldsymbol{\alpha}_1$，$\boldsymbol{\alpha}_2$，…，$\boldsymbol{\alpha}_n$ 为系数列向量的齐次线性方程组（4.5），其系数矩阵的秩 $R(\boldsymbol{A})=r$ 等于向量的个数 $n$.**

**推论 2　向量个数大于向量维数的向量组必线性相关.**

**例 9**　判断向量组 $\boldsymbol{\alpha}_1=(1,\ -3,\ 1)$，$\boldsymbol{\alpha}_2=(11,\ -1,\ 10)$，$\boldsymbol{\alpha}_3=(0,\ -1,\ 0)$，$\boldsymbol{\alpha}_4=(4,\ -1,\ 0)$ 的线性相关性.

**解**　方法一

以 $\boldsymbol{\alpha}_1$，$\boldsymbol{\alpha}_2$，$\boldsymbol{\alpha}_3$，$\boldsymbol{\alpha}_4$ 为系数列向量的齐次线性方程组为

$$\begin{cases}x_1+11x_2+4x_4=0\\-3x_1-x_2-x_3-x_4=0\\x_1+10x_2=0\end{cases}$$

$$\boldsymbol{A}=\begin{pmatrix}1&11&0&4\\-3&-1&-1&-1\\1&10&0&0\end{pmatrix}$$

$$R(\boldsymbol{A})\leqslant 3<4$$

由推论 1 得向量组 $\boldsymbol{\alpha}_1$，$\boldsymbol{\alpha}_2$，$\boldsymbol{\alpha}_3$，$\boldsymbol{\alpha}_4$ 线性相关.

方法二

因为向量的个数 4 大于向量的维数 3，所以由推论 2 得向量组 $\boldsymbol{\alpha}_1$，$\boldsymbol{\alpha}_2$，$\boldsymbol{\alpha}_3$，$\boldsymbol{\alpha}_4$ 线性相关.

说明　推论 2 的证明与例 9 的证法类似.

**例 10**　判断向量组 $\boldsymbol{\alpha}_1=(2,\ -3,\ 1,\ 0)$，$\boldsymbol{\alpha}_2=(1,\ -1,\ 0,\ 6)$，$\boldsymbol{\alpha}_3=(4,\ 3,\ -1,\ 2)$ 的线性相关性.

**解**　以 $\boldsymbol{\alpha}_1$，$\boldsymbol{\alpha}_2$，$\boldsymbol{\alpha}_3$ 为系数列向量的齐次线性方程组为

$$\begin{cases}2x_1+x_2+4x_3=0\\-3x_1-x_2+3x_3=0\\x_1-x_3=0\\6x_2+2x_3=0\end{cases}$$

$$A=\begin{pmatrix}2&1&4\\-3&-1&3\\1&0&-1\\0&6&2\end{pmatrix}\to\begin{pmatrix}1&0&-1\\-3&-1&3\\2&1&4\\0&6&2\end{pmatrix}\to\begin{pmatrix}1&0&-1\\0&-1&0\\0&1&6\\0&6&2\end{pmatrix}$$

$$\to\begin{pmatrix}1&0&-1\\0&-1&0\\0&0&6\\0&0&2\end{pmatrix}\to\begin{pmatrix}1&0&-1\\0&-1&0\\0&0&6\\0&0&0\end{pmatrix}$$

因为 $R(\boldsymbol{A})=3$（即未知量的个数），所以向量组 $\boldsymbol{\alpha}_1$，$\boldsymbol{\alpha}_2$，$\boldsymbol{\alpha}_3$ 线性无关.

**例 11**　如果向量组 $\boldsymbol{\alpha}$，$\boldsymbol{\beta}$，$\boldsymbol{\gamma}$ 线性无关，证明：向量组 $\boldsymbol{\alpha}+\boldsymbol{\beta}$，$\boldsymbol{\beta}+\boldsymbol{\gamma}$，$\boldsymbol{\gamma}+\boldsymbol{\alpha}$ 也线性无关.

**证明**　设存在一组数 $k_1$，$k_2$，$k_3$，使

$$k_1(\boldsymbol{\alpha}+\boldsymbol{\beta})+k_2(\boldsymbol{\beta}+\boldsymbol{\gamma})+k_3(\boldsymbol{\gamma}+\boldsymbol{\alpha})=\boldsymbol{0}$$

成立，即 $(k_1+k_3)\boldsymbol{\alpha}+(k_1+k_2)\boldsymbol{\beta}+(k_2+k_3)\boldsymbol{\gamma}=\boldsymbol{0}$.

因为已知向量组 $\boldsymbol{\alpha}$，$\boldsymbol{\beta}$，$\boldsymbol{\gamma}$ 线性无关，所以有

$$\begin{cases}k_1+k_3=0\\k_1+k_2=0\\k_2+k_3=0\end{cases}$$

该方程组的系数矩阵

$$\boldsymbol{A}=\begin{pmatrix}1&0&1\\1&1&0\\0&1&1\end{pmatrix}\to\begin{pmatrix}1&0&1\\0&1&-1\\0&0&2\end{pmatrix}$$

因为 $R(\boldsymbol{A})=3$，未知量个数为 3，所以该方程组只有零解 $k_1=k_2=k_3=0$. 故向量组 $\boldsymbol{\alpha}+\boldsymbol{\beta}$，$\boldsymbol{\beta}+\boldsymbol{\gamma}$，$\boldsymbol{\gamma}+\boldsymbol{\alpha}$ 也线性无关.

### 4.2.3　向量组线性相关性的判定定理

**定理 4.3　如果向量组 $\boldsymbol{\alpha}_1,\boldsymbol{\alpha}_2,\cdots,\boldsymbol{\alpha}_s$ 线性相关，则向量组 $\boldsymbol{\alpha}_1,\boldsymbol{\alpha}_2,\cdots,\boldsymbol{\alpha}_s,\boldsymbol{\alpha}_{s+1},\cdots,\boldsymbol{\alpha}_m$ 也线性相关.**

**证明**　因为 $\boldsymbol{\alpha}_1,\boldsymbol{\alpha}_2,\cdots,\boldsymbol{\alpha}_s$ 线性相关，故存在一组不全为零的数 $k_1,k_2,\cdots,k_s$ 使

$$k_1\boldsymbol{\alpha}_1+k_2\boldsymbol{\alpha}_2+\cdots+k_s\boldsymbol{\alpha}_s=\boldsymbol{0}$$

从而 $k_1\boldsymbol{\alpha}_1+k_2\boldsymbol{\alpha}_2+\cdots+k_s\boldsymbol{\alpha}_s+0\boldsymbol{\alpha}_{s+1}+\cdots+0\boldsymbol{\alpha}_m=\mathbf{0}$.

因为 $k_1$，$k_2$，…，$k_s$，0，…，0 这 $m$ 个数不全为零，所以向量组 $\boldsymbol{\alpha}_1$，$\boldsymbol{\alpha}_2$，…，$\boldsymbol{\alpha}_s$，$\boldsymbol{\alpha}_{s+1}$，…，$\boldsymbol{\alpha}_m$ 也线性相关.

**推论 1　若向量组中含有零向量，则此向量组线性相关.**

**推论 2　若向量组中有两个向量的对应分量成比例，则此向量组线性相关.**

例如，向量组 $\boldsymbol{\alpha}_1=(2,\ -3,\ 1,\ 0)$，$\boldsymbol{\alpha}_2=(4,\ -6,\ 2,\ 0)$，$\boldsymbol{\alpha}_3=(4,\ 3,\ -1,\ 2)$ 线性相关. 因为向量 $\boldsymbol{\alpha}_1$ 与 $\boldsymbol{\alpha}_2$ 的对应坐标成比例，有 $\boldsymbol{\alpha}_2=2\boldsymbol{\alpha}_1$ 成立，所以向量 $\boldsymbol{\alpha}_1$，$\boldsymbol{\alpha}_2$ 线性相关，因此该向量组线性相关.

定理 4.3 还可以这样叙述：如果向量组的部分向量组线性相关，则这个向量组也线性相关. 简写为部分相关，则整体相关.

**定理 4.4　设向量组 $\boldsymbol{\alpha}_1=(a_{11},\ a_{12},\ \cdots,\ a_{1n})$，$\boldsymbol{\alpha}_2=(a_{21},\ a_{22},\ \cdots,\ a_{2n})$，…，$\boldsymbol{\alpha}_s=(a_{s1},\ a_{s2},\ \cdots,\ a_{sn})$ 线性无关，则对每一个向量都在相应位置上任意添加 $m$ 个分量所得的 $n+m$ 维向量组也线性无关.**

**证明**　设所得的 $n+m$ 维向量组为

$$\begin{gathered}\boldsymbol{\beta}_1=(a_{11},\ a_{12},\ \cdots,\ a_{1n},\ \cdots,\ a_{1,\ n+m})\\ \boldsymbol{\beta}_2=(a_{21},\ a_{22},\ \cdots,\ a_{2n},\ \cdots,\ a_{2,\ n+m})\\ \vdots\\ \boldsymbol{\beta}_s=(a_{s1},\ a_{s2},\ \cdots,\ a_{sn},\ \cdots,\ a_{s,\ n+m})\end{gathered}$$

其相应的齐次线性方程组为

$$\begin{cases}a_{11}x_1+a_{21}x_2+\cdots+a_{s1}x_s=0\\ a_{12}x_1+a_{22}x_2+\cdots+a_{s2}x_s=0\\ \quad\vdots\\ a_{1n}x_1+a_{2n}x_2+\cdots+a_{sn}x_s=0\\ a_{1,\ n+1}x_1+a_{2,\ n+1}x_2+\cdots+a_{s,\ n+1}x_s=0\\ \quad\vdots\\ a_{1,\ n+m}x_1+a_{2,\ n+m}x_2+\cdots+a_{s,\ n+m}x_s=0\end{cases}$$

已知向量组 $\boldsymbol{\alpha}_1$，$\boldsymbol{\alpha}_2$，…，$\boldsymbol{\alpha}_s$ 线性无关，所以该方程组中的前 $n$ 个方程只有零解，于是该方程组也只有零解，因此向量组 $\boldsymbol{\beta}_1$，$\boldsymbol{\beta}_2$，…，$\boldsymbol{\beta}_s$ 线性无关.

例如，三维初始单位向量组 $(1,0,0)$，$(0,1,0)$，$(0,0,1)$ 线性无关，所以向量组 $\boldsymbol{\beta}_1=(1,0,0,1,4,6)$，$\boldsymbol{\beta}_2=(0,1,0,-1,2,5)$，$\boldsymbol{\beta}_3=(0,0,1,9,0,12)$ 也线性无关.

**定理 4.5　设向量组 $\boldsymbol{\alpha}_1$，$\boldsymbol{\alpha}_2$，…，$\boldsymbol{\alpha}_s$ 线性无关，且向量组 $\boldsymbol{\beta}$，$\boldsymbol{\alpha}_1$，$\boldsymbol{\alpha}_2$，…，$\boldsymbol{\alpha}_s$ 线性相关，则 $\boldsymbol{\beta}$ 可以由 $\boldsymbol{\alpha}_1$，$\boldsymbol{\alpha}_2$，…，$\boldsymbol{\alpha}_s$ 线性表示，且其表示式唯一.**

**证明**　因为向量组 $\boldsymbol{\beta}$，$\boldsymbol{\alpha}_1$，$\boldsymbol{\alpha}_2$，…，$\boldsymbol{\alpha}_s$ 线性相关，则存在一组不全为零的数

$k_1$，$k_2$，…，$k_s$，$l$，使得 $k_1\boldsymbol{\alpha}_1+k_2\boldsymbol{\alpha}_2+\cdots+k_s\boldsymbol{\alpha}_s+l\boldsymbol{\beta}=\mathbf{0}$.

下面证明 $l\neq0$（用反证法）.

假设 $l=0$，则上式为 $k_1\boldsymbol{\alpha}_1+k_2\boldsymbol{\alpha}_2+\cdots+k_s\boldsymbol{\alpha}_s=\mathbf{0}$，且 $k_1$，$k_2$，…，$k_s$ 不全为零，于是 $\boldsymbol{\alpha}_1$，$\boldsymbol{\alpha}_2$，…，$\boldsymbol{\alpha}_s$ 线性相关，与已知矛盾，所以 $l\neq0$，则有

$$\boldsymbol{\beta}=-\frac{k_1}{l}\boldsymbol{\alpha}_1-\frac{k_2}{l}\boldsymbol{\alpha}_2-\cdots-\frac{k_s}{l}\boldsymbol{\alpha}_s$$

即 $\boldsymbol{\beta}$ 可以由 $\boldsymbol{\alpha}_1$，$\boldsymbol{\alpha}_2$，…，$\boldsymbol{\alpha}_s$ 线性表示.

再证表示法唯一.

如果
$$\boldsymbol{\beta}=k_1\boldsymbol{\alpha}_1+k_2\boldsymbol{\alpha}_2+\cdots+k_s\boldsymbol{\alpha}_s$$
及
$$\boldsymbol{\beta}=l_1\boldsymbol{\alpha}_1+l_2\boldsymbol{\alpha}_2+\cdots+l_s\boldsymbol{\alpha}_s$$
则有
$$(k_1-l_1)\boldsymbol{\alpha}_1+(k_2-l_2)\boldsymbol{\alpha}_2+\cdots+(k_s-l_s)\boldsymbol{\alpha}_s=\mathbf{0}$$

由于 $\boldsymbol{\alpha}_1$，$\boldsymbol{\alpha}_2$，…，$\boldsymbol{\alpha}_s$ 线性无关，所以

$$k_1-l_1=k_2-l_2=\cdots=k_s-l_s=0$$
即
$$k_1=l_1,\ k_2=l_2,\ \cdots,\ k_s=l_s$$
因此，$\boldsymbol{\beta}$ 由线性无关的向量组 $\boldsymbol{\alpha}_1$，$\boldsymbol{\alpha}_2$，…，$\boldsymbol{\alpha}_s$ 线性表示式是唯一的.

**定义 4.11**　设有两个向量组　$\boldsymbol{\alpha}_1$，$\boldsymbol{\alpha}_2$，…，$\boldsymbol{\alpha}_s$　（Ⅰ）

及　$\boldsymbol{\beta}_1$，$\boldsymbol{\beta}_2$，…，$\boldsymbol{\beta}_t$　（Ⅱ）

如果向量组（Ⅱ）中的每一个向量都可以由向量组（Ⅰ）线性表示，则称**向量组（Ⅱ）可以由向量组（Ⅰ）线性表示**. 如果这两个向量组可以相互线性表示，则称这两个向量组**等价**。

**定理 4.6　设向量组**　$\boldsymbol{\alpha}_1$，$\boldsymbol{\alpha}_2$，…，$\boldsymbol{\alpha}_s$　（Ⅰ）

**及**　$\boldsymbol{\beta}_1$，$\boldsymbol{\beta}_2$，…，$\boldsymbol{\beta}_t$　（Ⅱ）

**如果向量组（Ⅱ）可以由向量组（Ⅰ）线性表示，且 $s<t$，则向量组（Ⅱ）线性相关.**

**例 12**　设向量组 $\boldsymbol{\beta}_1=\boldsymbol{\alpha}_1+\boldsymbol{\alpha}_2$，$\boldsymbol{\beta}_2=\boldsymbol{\alpha}_1-2\boldsymbol{\alpha}_2$，$\boldsymbol{\beta}_3=6\boldsymbol{\alpha}_1+3\boldsymbol{\alpha}_2$，即向量组 $\boldsymbol{\beta}_1$，$\boldsymbol{\beta}_2$，$\boldsymbol{\beta}_3$ 可以由向量组 $\boldsymbol{\alpha}_1$，$\boldsymbol{\alpha}_2$ 线性表示，证明：向量组 $\boldsymbol{\beta}_1$，$\boldsymbol{\beta}_2$，$\boldsymbol{\beta}_3$ 线性相关.

**证明**　方法一

由 $\boldsymbol{\beta}_1$，$\boldsymbol{\beta}_2$ 得

$$\boldsymbol{\alpha}_1=\frac{2}{3}\boldsymbol{\beta}_1+\frac{1}{3}\boldsymbol{\beta}_2$$

$$\boldsymbol{\alpha}_2=\frac{1}{3}\boldsymbol{\beta}_1-\frac{1}{3}\boldsymbol{\beta}_2$$

代入 $\boldsymbol{\beta}_3$ 得
$$\boldsymbol{\beta}_3=5\boldsymbol{\beta}_1+\boldsymbol{\beta}_2$$
所以 $\boldsymbol{\beta}_1$，$\boldsymbol{\beta}_2$，$\boldsymbol{\beta}_3$ 线性相关.

方法二

由已知条件向量组 $\boldsymbol{\beta}_1$，$\boldsymbol{\beta}_2$，$\boldsymbol{\beta}_3$ 可以由向量组 $\boldsymbol{\alpha}_1$，$\boldsymbol{\alpha}_2$ 线性表示，且 $2<3$，所

以根据定理4.6，向量组$\boldsymbol{\beta}_1$，$\boldsymbol{\beta}_2$，$\boldsymbol{\beta}_3$线性相关.

## 习题　4.2

1. 向量$\boldsymbol{\beta}$是否能由向量组$\boldsymbol{\alpha}_1$，$\boldsymbol{\alpha}_2$，$\boldsymbol{\alpha}_3$线性表示？若能，求出表示式.

(1) $\boldsymbol{\beta}=(2,-1,5)$，$\boldsymbol{\alpha}_1=(1,0,0)$，$\boldsymbol{\alpha}_2=(0,1,0)$，$\boldsymbol{\alpha}_3=(0,0,1)$

(2) $\boldsymbol{\beta}=(3,5,6)$，$\boldsymbol{\alpha}_1=(1,0,1)$，$\boldsymbol{\alpha}_2=(1,1,1)$，$\boldsymbol{\alpha}_3=(0,-1,-1)$

2. 把下列各题中的向量$\boldsymbol{\beta}$表示成其余向量的线性组合.

(1) $\boldsymbol{\beta}=(4,4,5)$，$\boldsymbol{\alpha}_1=(1,1,0)$，$\boldsymbol{\alpha}_2=(2,1,3)$，$\boldsymbol{\alpha}_3=(0,1,2)$

(2) $\boldsymbol{\beta}=(1,2,1,1)$，$\boldsymbol{\alpha}_1=(1,1,1,1)$，$\boldsymbol{\alpha}_2=(1,1,-1,-1)$，
$\boldsymbol{\alpha}_3=(1,-1,1,-1)$，$\boldsymbol{\alpha}_4=(1,-1,-1,1)$

(3) $\boldsymbol{\beta}=(0,2,0,-1)$，$\boldsymbol{\alpha}_1=(1,1,1,1)$，$\boldsymbol{\alpha}_2=(1,1,1,0)$，
$\boldsymbol{\alpha}_3=(1,1,0,0)$，$\boldsymbol{\alpha}_4=(1,0,0,0)$

3. 判断下列各向量组的线性相关性.

(1) $\boldsymbol{\alpha}_1=(1,1,1)$，$\boldsymbol{\alpha}_2=(1,2,3)$，$\boldsymbol{\alpha}_3=(1,6,3)$

(2) $\boldsymbol{\alpha}_1=(4,-5,2,6)$，$\boldsymbol{\alpha}_2=(2,-2,1,3)$，$\boldsymbol{\alpha}_3=(6,-3,3,9)$，$\boldsymbol{\alpha}_4=(4,-1,5,6)$

(3) $\boldsymbol{\alpha}_1=\begin{pmatrix}1\\2\\3\end{pmatrix}$，$\boldsymbol{\alpha}_2=\begin{pmatrix}1\\-4\\1\end{pmatrix}$，$\boldsymbol{\alpha}_3=\begin{pmatrix}1\\14\\7\end{pmatrix}$

(4) $\boldsymbol{\alpha}_1=\begin{pmatrix}1\\1\\1\\1\end{pmatrix}$，$\boldsymbol{\alpha}_2=\begin{pmatrix}1\\1\\-1\\-1\end{pmatrix}$，$\boldsymbol{\alpha}_3=\begin{pmatrix}1\\-1\\1\\-1\end{pmatrix}$，$\boldsymbol{\alpha}_4=\begin{pmatrix}1\\-1\\-1\\1\end{pmatrix}$

4. 证明：向量组$\boldsymbol{\alpha}_1$，$\boldsymbol{\alpha}_2$，…，$\boldsymbol{\alpha}_s(s\geqslant 2)$线性相关的充分必要条件是，其中至少有一个向量是其余$s-1$个向量的线性组合.

5. 设向量组$\boldsymbol{\alpha}_1$，$\boldsymbol{\alpha}_2$，$\boldsymbol{\alpha}_3$线性无关，证明：向量组$\boldsymbol{\alpha}_1+\boldsymbol{\alpha}_2+3\boldsymbol{\alpha}_3$，$\boldsymbol{\alpha}_1+3\boldsymbol{\alpha}_2-\boldsymbol{\alpha}_3$，$\boldsymbol{\alpha}_2+\boldsymbol{\alpha}_3$也线性无关.

6. 设$\boldsymbol{\beta}_1=\boldsymbol{\alpha}_1+\boldsymbol{\alpha}_2$，$\boldsymbol{\beta}_2=\boldsymbol{\alpha}_2+\boldsymbol{\alpha}_3$，$\boldsymbol{\beta}_3=\boldsymbol{\alpha}_3+\boldsymbol{\alpha}_4$，$\boldsymbol{\beta}_4=\boldsymbol{\alpha}_4+\boldsymbol{\alpha}_1$，证明：向量组$\boldsymbol{\beta}_1$，$\boldsymbol{\beta}_2$，$\boldsymbol{\beta}_3$，$\boldsymbol{\beta}_4$线性相关.

7. 问$t$取何值时，下列向量组线性相关？

$$\boldsymbol{\alpha}_1=\begin{pmatrix}t\\-1\\-1\end{pmatrix},\ \boldsymbol{\alpha}_2=\begin{pmatrix}-1\\t\\-1\end{pmatrix},\ \boldsymbol{\alpha}_3=\begin{pmatrix}-1\\-1\\t\end{pmatrix}$$

8. 已知$\boldsymbol{\alpha}_1=(1,0,2,3)$，$\boldsymbol{\alpha}_2=(1,1,3,5)$，$\boldsymbol{\alpha}_3=(1,-1,a+2,1)$，$\boldsymbol{\alpha}_4=(1,2,4,a+8)$，$\boldsymbol{\beta}=(1,1,b+3,5)$.

(1) $a$，$b$为何值时，$\boldsymbol{\beta}$不能表示成$\boldsymbol{\alpha}_1$，$\boldsymbol{\alpha}_2$，$\boldsymbol{\alpha}_3$，$\boldsymbol{\alpha}_4$的线性组合？

(2) $a$，$b$为何值时，$\boldsymbol{\beta}$能唯一由$\boldsymbol{\alpha}_1$，$\boldsymbol{\alpha}_2$，$\boldsymbol{\alpha}_3$，$\boldsymbol{\alpha}_4$线性表示？

# 4.3　向量组的秩

## 4.3.1　向量组的极大无关组与向量组的秩

引例：设方程组$\begin{cases}x_1+x_2+x_3=1\\2x_1-x_2+x_3=4\\2x_1+2x_2+2x_3=2\\3x_1+2x_3=5\end{cases}$

该方程组有无多余方程？有几个多余方程？哪几个是多余的？

问题相当于：用向量组 $\boldsymbol{\alpha}_1=(1,1,1,1)$，$\boldsymbol{\alpha}_2=(2,-1,1,4)$，$\boldsymbol{\alpha}_3=(2,2,2,2)$，$\boldsymbol{\alpha}_4=(3,0,2,5)$ 中最少个数的部分向量组表示这 4 个向量.

显然一个向量不能表示这 4 个向量，下面判断两个向量能否表示 .

设 $k_1\boldsymbol{\alpha}_1+k_2\boldsymbol{\alpha}_2+k_3\boldsymbol{\alpha}_3+k_4\boldsymbol{\alpha}_4=\mathbf{0}$，求出该齐次线性方程组的一些特殊解.

因为系数矩阵 $\boldsymbol{A}=\begin{pmatrix}1&2&2&3\\1&-1&2&0\\1&1&2&2\\1&4&2&5\end{pmatrix}\to\begin{pmatrix}1&2&2&3\\0&-3&0&-3\\0&-1&0&-1\\0&2&0&2\end{pmatrix}\to\begin{pmatrix}1&0&2&1\\0&1&0&1\\0&0&0&0\\0&0&0&0\end{pmatrix}$

所以方程组 $k_1\boldsymbol{\alpha}_1+k_2\boldsymbol{\alpha}_2+k_3\boldsymbol{\alpha}_3+k_4\boldsymbol{\alpha}_4=\mathbf{0}$ 等价于方程组

$$\begin{cases}k_1+2k_3+k_4=0\\k_2+k_4=0\end{cases}$$

令 $k_3=1$，$k_4=0$，得 $k_1=-2$，$k_2=0$

令 $k_3=0$，$k_4=1$，得 $k_1=-1$，$k_2=-1$

因此 $-2\boldsymbol{\alpha}_1+0\boldsymbol{\alpha}_2+1\boldsymbol{\alpha}_3+0\boldsymbol{\alpha}_4=\mathbf{0}$，$-1\boldsymbol{\alpha}_1-1\boldsymbol{\alpha}_2+0\boldsymbol{\alpha}_3+1\boldsymbol{\alpha}_4=\mathbf{0}$

即 $\boldsymbol{\alpha}_3=2\boldsymbol{\alpha}_1+0\boldsymbol{\alpha}_2$，$\boldsymbol{\alpha}_4=\boldsymbol{\alpha}_1+\boldsymbol{\alpha}_2$，$\boldsymbol{\alpha}_1=\boldsymbol{\alpha}_1+0\boldsymbol{\alpha}_2$，$\boldsymbol{\alpha}_2=0\boldsymbol{\alpha}_1+\boldsymbol{\alpha}_2$

故向量组 $\boldsymbol{\alpha}_1$，$\boldsymbol{\alpha}_2$，$\boldsymbol{\alpha}_3$，$\boldsymbol{\alpha}_4$ 可以由 $\boldsymbol{\alpha}_1$，$\boldsymbol{\alpha}_2$ 线性表示.

又因为 $\boldsymbol{\alpha}_2=\boldsymbol{\alpha}_4-\boldsymbol{\alpha}_1$，$\boldsymbol{\alpha}_3=2\boldsymbol{\alpha}_1+0\boldsymbol{\alpha}_4$，所以向量组 $\boldsymbol{\alpha}_1$，$\boldsymbol{\alpha}_2$，$\boldsymbol{\alpha}_3$，$\boldsymbol{\alpha}_4$ 也可以由 $\boldsymbol{\alpha}_1$，$\boldsymbol{\alpha}_4$ 线性表示.

请读者自己得出结果：向量组 $\boldsymbol{\alpha}_1$，$\boldsymbol{\alpha}_2$，$\boldsymbol{\alpha}_3$，$\boldsymbol{\alpha}_4$ 可以由 $\boldsymbol{\alpha}_2$，$\boldsymbol{\alpha}_3$ 线性表示，也可以由 $\boldsymbol{\alpha}_2$，$\boldsymbol{\alpha}_4$ 线性表示. 但是 $\boldsymbol{\alpha}_1$，$\boldsymbol{\alpha}_2$，$\boldsymbol{\alpha}_3$，$\boldsymbol{\alpha}_4$ 不能由 $\boldsymbol{\alpha}_1$，$\boldsymbol{\alpha}_3$ 线性表示，且 $\boldsymbol{\alpha}_1$，$\boldsymbol{\alpha}_3$ 线性相关.

虽然向量组 $\boldsymbol{\alpha}_1$，$\boldsymbol{\alpha}_2$，$\boldsymbol{\alpha}_3$，$\boldsymbol{\alpha}_4$ 可以由其中三个或四个向量表示，但是两个向量的个数最少（因为一个向量不能表示该向量组），且这两个向量是线性无关的. 因此得如下定义：

**定义 4.12**　设 $n$ 维向量组 $\boldsymbol{\alpha}_1$，$\boldsymbol{\alpha}_2$，…，$\boldsymbol{\alpha}_s$，从中任取 $r$ 个向量 $\boldsymbol{\alpha}_{i_1}$，$\boldsymbol{\alpha}_{i_2}$，…，

$\boldsymbol{\alpha}_{i_r}$，如果满足

（1）$\boldsymbol{\alpha}_{i_1}$，$\boldsymbol{\alpha}_{i_2}$，…，$\boldsymbol{\alpha}_{i_r}$（$r \leqslant s$）是线性无关；

（2）对 $\boldsymbol{\alpha}_1$，$\boldsymbol{\alpha}_2$，…，$\boldsymbol{\alpha}_s$ 中的任意向量 $\boldsymbol{\alpha}_i$，都可以由 $\boldsymbol{\alpha}_{i_1}$，$\boldsymbol{\alpha}_{i_2}$，…，$\boldsymbol{\alpha}_{i_r}$线性表示；则称向量组 $\boldsymbol{\alpha}_{i_1}$，$\boldsymbol{\alpha}_{i_2}$，…，$\boldsymbol{\alpha}_{i_r}$是向量组 $\boldsymbol{\alpha}_1$，$\boldsymbol{\alpha}_2$，…，$\boldsymbol{\alpha}_s$ 的一个**极大线性无关部分组，简称极大无关组，或称最大无关组**.

说明　定义 4.12 中的（2）即对 $\boldsymbol{\alpha}_1$，$\boldsymbol{\alpha}_2$，…，$\boldsymbol{\alpha}_s$ 中的任意向量 $\boldsymbol{\alpha}_i$，都有向量组 $\boldsymbol{\alpha}_{i_1}$，$\boldsymbol{\alpha}_{i_2}$，…，$\boldsymbol{\alpha}_{i_r}$，$\boldsymbol{\alpha}_i$ 线性相关，即 $r$ 个向量线性无关，任意 $r+1$ 个向量线性相关. 极大无关组的重要性质即：用向量组中最少的部分向量组表示该向量组. 引例中向量组 $\boldsymbol{\alpha}_1$，$\boldsymbol{\alpha}_2$，$\boldsymbol{\alpha}_3$，$\boldsymbol{\alpha}_4$ 的一个极大无关组为 $\boldsymbol{\alpha}_1$，$\boldsymbol{\alpha}_2$.

在引例中，向量组有 4 个极大无关组，而它们都含有两个向量，即不同的极大无关组所含向量个数相同. 一般有如下定义：

**定义 4.13**　向量组 $\boldsymbol{\alpha}_1$，$\boldsymbol{\alpha}_2$，…，$\boldsymbol{\alpha}_s$ 的极大无关组所含向量的个数，称为**向量组的秩**，记作 $R(\boldsymbol{\alpha}_1, \boldsymbol{\alpha}_2, \cdots, \boldsymbol{\alpha}_s)$.

引例中，$R(\boldsymbol{\alpha}_1, \boldsymbol{\alpha}_2, \boldsymbol{\alpha}_3, \boldsymbol{\alpha}_4)=2$.

### 4.3.2　向量组的秩与矩阵秩的关系

如何求向量组的秩?

在引例中，求向量组 $\boldsymbol{\alpha}_1$，$\boldsymbol{\alpha}_2$，$\boldsymbol{\alpha}_3$，$\boldsymbol{\alpha}_4$ 的极大无关组是通过解齐次线性方程组，即对系数矩阵 $\boldsymbol{A}$ 进行初等行变换得到的. 向量组 $\boldsymbol{\alpha}_1$，$\boldsymbol{\alpha}_2$，$\boldsymbol{\alpha}_3$，$\boldsymbol{\alpha}_4$ 的秩是 2，系数矩阵 $\boldsymbol{A}$ 的秩也是 2，而向量组 $\boldsymbol{\alpha}_1$，$\boldsymbol{\alpha}_2$，$\boldsymbol{\alpha}_3$，$\boldsymbol{\alpha}_4$ 就是系数矩阵的列向量组，这说明矩阵的秩与它的列向量组的秩相等. 一般有如下定义：

**定义 4.14**　矩阵 $\boldsymbol{A}$ 的行向量组的秩称为**矩阵 $\boldsymbol{A}$ 的行秩**，矩阵 $\boldsymbol{A}$ 的列向量组的秩称为**矩阵 $\boldsymbol{A}$ 的列秩**.

**定理 4.7　矩阵 $\boldsymbol{A}$ 的行（列）向量组的秩等于矩阵 $\boldsymbol{A}$ 的秩.**

由定理 4.7 和引例知，求向量组的秩和极大无关组，可以通过求列向量组所构成的矩阵的秩得到，并且可以借助于方程组的解，将向量组中的其余向量由极大无关组线性表示.

**例 13**　求向量组 $\boldsymbol{\alpha}_1=(1, 2, -1)$，$\boldsymbol{\alpha}_2=(2, -3, 1)$，$\boldsymbol{\alpha}_3=(4, 1, -1)$ 的秩.

**解**　以 $\boldsymbol{\alpha}_1$，$\boldsymbol{\alpha}_2$，$\boldsymbol{\alpha}_3$ 为矩阵的列向量组，构作矩阵 $\boldsymbol{A}$，然后作初等变换

$$\boldsymbol{A}=\begin{pmatrix}1 & 2 & 4\\ 2 & -3 & 1\\ -1 & 1 & -1\end{pmatrix}\to\begin{pmatrix}1 & 2 & 4\\ 0 & -7 & -7\\ 0 & 3 & 3\end{pmatrix}\to\begin{pmatrix}1 & 0 & 2\\ 0 & 1 & 1\\ 0 & 0 & 0\end{pmatrix}$$

因为 $R(\boldsymbol{A})=2$，所以 $R(\boldsymbol{\alpha}_1, \boldsymbol{\alpha}_2, \boldsymbol{\alpha}_3)=2$. 即向量组 $\boldsymbol{\alpha}_1$，$\boldsymbol{\alpha}_2$，$\boldsymbol{\alpha}_3$ 的秩为 2.

说明　上例矩阵$\begin{pmatrix}1 & 0 & 2\\ 0 & 1 & 1\\ 0 & 0 & 0\end{pmatrix}$中，因为初始单位向量组$\begin{pmatrix}1\\0\end{pmatrix}$，$\begin{pmatrix}0\\1\end{pmatrix}$线性无关，所

以向量组$\begin{pmatrix}1\\0\\0\end{pmatrix}$，$\begin{pmatrix}0\\1\\0\end{pmatrix}$也线性无关；又因为向量组 $\boldsymbol{\alpha}_1$，$\boldsymbol{\alpha}_2$（即矩阵 $\boldsymbol{A}$ 中第一列、第二列对应的向量）与向量组$\begin{pmatrix}1\\0\\0\end{pmatrix}$，$\begin{pmatrix}0\\1\\0\end{pmatrix}$具有相同的线性相关性，所以向量组 $\boldsymbol{\alpha}_1$，$\boldsymbol{\alpha}_2$ 也线性无关. 因此，向量组 $\boldsymbol{\alpha}_1$，$\boldsymbol{\alpha}_2$ 为一个极大无关组.

**例 14**　求向量组 $\boldsymbol{\alpha}_1=(1,\ -2,\ 2,\ 3)$，$\boldsymbol{\alpha}_2=(-2,\ 4,\ -1,\ 3)$，$\boldsymbol{\alpha}_3=(-1,\ 2,\ 0,\ 3)$，$\boldsymbol{\alpha}_4=(0,\ 6,\ 2,\ 3)$ 的一个极大无关组和向量组的秩，并将向量组中的其余向量由极大无关组线性表示.

**解**　以 $\boldsymbol{\alpha}_1$，$\boldsymbol{\alpha}_2$，$\boldsymbol{\alpha}_3$，$\boldsymbol{\alpha}_4$ 为矩阵的列向量组，构造矩阵 $\boldsymbol{A}$

$$\boldsymbol{A}=\begin{pmatrix}1&-2&-1&0\\-2&4&2&6\\2&-1&0&2\\3&3&3&3\end{pmatrix}\to\begin{pmatrix}1&-2&-1&0\\0&0&0&6\\0&3&2&2\\0&9&6&3\end{pmatrix}\to\begin{pmatrix}1&-2&-1&0\\0&3&2&2\\0&0&0&-3\\0&0&0&1\end{pmatrix}$$

$$\to\begin{pmatrix}1&0&\frac{1}{3}&0\\0&1&\frac{2}{3}&0\\0&0&0&1\\0&0&0&0\end{pmatrix}$$

因为 $R(\boldsymbol{A})=3$，所以 $R(\boldsymbol{\alpha}_1,\ \boldsymbol{\alpha}_2,\ \boldsymbol{\alpha}_3,\ \boldsymbol{\alpha}_4)=3$. 故向量组 $\boldsymbol{\alpha}_1$，$\boldsymbol{\alpha}_2$，$\boldsymbol{\alpha}_3$，$\boldsymbol{\alpha}_4$ 的秩为 3. 而且 $\boldsymbol{\alpha}_1$，$\boldsymbol{\alpha}_2$，$\boldsymbol{\alpha}_4$ 为一个极大无关组.

为了将向量 $\boldsymbol{\alpha}_3$ 表示为 $\boldsymbol{\alpha}_1$，$\boldsymbol{\alpha}_2$，$\boldsymbol{\alpha}_4$ 的线性组合，设 $k_1\boldsymbol{\alpha}_1+k_2\boldsymbol{\alpha}_2+k_3\boldsymbol{\alpha}_3+k_4\boldsymbol{\alpha}_4=\boldsymbol{0}$

它的同解方程组为

$$\begin{cases}k_1+\frac{1}{3}k_3=0\\k_2+\frac{2}{3}k_3=0\\k_4=0\end{cases}\quad 即\quad\begin{cases}k_1=-\frac{1}{3}k_3\\k_2=-\frac{2}{3}k_3\\k_4=0\end{cases}$$

令 $k_3=1$，得 $k_1=-\dfrac{1}{3}$，$k_2=-\dfrac{2}{3}$，$k_4=0$

所以 $\boldsymbol{\alpha}_3$ 的线性表示式为　$\boldsymbol{\alpha}_3=\frac{1}{3}\boldsymbol{\alpha}_1+\frac{2}{3}\boldsymbol{\alpha}_2+0\boldsymbol{\alpha}_4$

## 习题　4.3

1. 向量组 $\boldsymbol{\alpha}_1$，$\boldsymbol{\alpha}_2$，$\boldsymbol{\alpha}_3$，$\boldsymbol{\alpha}_4$ 的列向量所构成的矩阵 $\boldsymbol{A}$，经过行初等变换后得矩阵 $\boldsymbol{C}$，求向量组 $\boldsymbol{\alpha}_1$，$\boldsymbol{\alpha}_2$，$\boldsymbol{\alpha}_3$，$\boldsymbol{\alpha}_4$ 的秩和一个极大无关组.

(1) $\boldsymbol{C}=\begin{pmatrix}1&2&4&2\\0&0&1&-8\\0&0&0&0\end{pmatrix}$　　(2) $\boldsymbol{C}=\begin{pmatrix}1&2&4&2\\0&3&1&-8\\0&0&0&3\\0&0&0&0\end{pmatrix}$

2. 求下列向量组的一个极大无关组.

(1) $\boldsymbol{\alpha}_1=(1,2,-1,4)$，$\boldsymbol{\alpha}_2=(-2,0,4,1)$，$\boldsymbol{\alpha}_3=(-7,1,2,4)$

(2) $\boldsymbol{\alpha}_1=(2,1,3,-1)$，$\boldsymbol{\alpha}_2=(3,-1,2,0)$，$\boldsymbol{\alpha}_3=(1,3,4,-2)$，
$\boldsymbol{\alpha}_4=(4,-3,1,1)$

(3) $\boldsymbol{\alpha}_1=(1,-1,1,2)$，$\boldsymbol{\alpha}_2=(-1,-1,-3,-4)$，$\boldsymbol{\alpha}_3=(0,3,3,3)$，
$\boldsymbol{\alpha}_4=(1,1,3,4)$

(4) $\boldsymbol{\alpha}_1=(0,1,1,-1,2)$，$\boldsymbol{\alpha}_2=(0,2,-2,-2,0)$，
$\boldsymbol{\alpha}_3=(0,-1,-1,1,1)$，$\boldsymbol{\alpha}_4=(1,1,0,1,-1)$

3. 求下列向量组的秩和一个极大无关组.

(1) $\boldsymbol{\alpha}_1=(1,1,1)$，$\boldsymbol{\alpha}_2=(1,0,1)$，$\boldsymbol{\alpha}_3=(0,-1,0)$

(2) $\boldsymbol{\alpha}_1=(5,6,7,7)$，$\boldsymbol{\alpha}_2=(2,0,0,0)$，$\boldsymbol{\alpha}_3=(0,1,0,0)$，
$\boldsymbol{\alpha}_4=(0,-1,-1,0)$

(3) $\boldsymbol{\alpha}_1=(1,1,3,1)$，$\boldsymbol{\alpha}_2=(-1,1,-1,3)$，$\boldsymbol{\alpha}_3=(5,-2,8,9)$，
$\boldsymbol{\alpha}_4=(-1,3,1,7)$

(4) $\boldsymbol{\alpha}_1=(-1,4,0,2)$，$\boldsymbol{\alpha}_2=(5,1,3,0)$，$\boldsymbol{\alpha}_3=(3,-2,4,-1)$，
$\boldsymbol{\alpha}_4=(-2,9,-5,4)$，$\boldsymbol{\alpha}_5=(1,7,-1,3)$

4. 求作一个秩为4的方阵，它的两个列向量是 $(1,0,1,0,0)$，$(1,-1,0,0,0)$.

5. 求向量组 $\boldsymbol{\alpha}_1=(1,2,1)$，$\boldsymbol{\alpha}_2=(2,1,-1)$，$\boldsymbol{\alpha}_3=(1,-2,-3)$ 的一个极大无关组，并将其余向量表示为这个极大无关组的线性组合.

# 4.4　线性方程组解的结构

### 4.4.1　齐次线性方程组解的性质

齐次线性方程组
$$\begin{cases}a_{11}x_1+a_{12}x_2+\cdots+a_{1n}x_n=0\\a_{21}x_1+a_{22}x_2+\cdots+a_{2n}x_n=0\\\qquad\vdots\\a_{m1}x_1+a_{m2}x_2+\cdots+a_{mn}x_n=0\end{cases}\tag{4.6}$$

可以写为
$$\boldsymbol{Ax}=\boldsymbol{0}\tag{4.7}$$

其中
$$\boldsymbol{A}=\begin{pmatrix}a_{11} & a_{12} & \cdots & a_{1n}\\ a_{21} & a_{22} & \cdots & a_{2n}\\ \vdots & \vdots & & \vdots\\ a_{m1} & a_{m2} & \cdots & a_{mn}\end{pmatrix},\ \boldsymbol{x}=\begin{pmatrix}x_1\\ x_2\\ \vdots\\ x_n\end{pmatrix},\ \boldsymbol{0}=\begin{pmatrix}0\\ 0\\ \vdots\\ 0\end{pmatrix}$$

若 $x_1=\xi_{11}$，$x_2=\xi_{21}$，…，$x_n=\xi_{n1}$ 为齐次线性方程组（4.6）的解，则 $\boldsymbol{x}=\boldsymbol{\xi}_1=\begin{pmatrix}\xi_{11}\\ \xi_{21}\\ \vdots\\ \xi_{n1}\end{pmatrix}$ 称为方程组（4.6）的**解向量**，它也是向量方程 $\boldsymbol{Ax}=\boldsymbol{0}$ 的解.

**性质 1**　若 $\boldsymbol{x}=\boldsymbol{\xi}_1$，$\boldsymbol{x}=\boldsymbol{\xi}_2$ 为方程（4.7）的解，则 $\boldsymbol{x}=\boldsymbol{\xi}_1+\boldsymbol{\xi}_2$ 也是方程（4.7）的解.

**证明**　因为 $\boldsymbol{x}=\boldsymbol{\xi}_1$，$\boldsymbol{x}=\boldsymbol{\xi}_2$ 为方程（4.7）的解，即 $\boldsymbol{A\xi}_1=\boldsymbol{0}$，$\boldsymbol{A\xi}_2=\boldsymbol{0}$，所以
$$\boldsymbol{A}(\boldsymbol{\xi}_1+\boldsymbol{\xi}_2)=\boldsymbol{A\xi}_1+\boldsymbol{A\xi}_2=\boldsymbol{0}+\boldsymbol{0}=\boldsymbol{0}$$

**性质 2**　若 $\boldsymbol{x}=\boldsymbol{\xi}_1$ 为方程（4.7）的解，$k$ 为实数，则 $\boldsymbol{x}=k\boldsymbol{\xi}_1$ 也是方程（4.7）的解.

**证明**　$\boldsymbol{A}(k\boldsymbol{\xi}_1)=k(\boldsymbol{A\xi}_1)=k\boldsymbol{0}=\boldsymbol{0}$

显然，由性质 1 和性质 2 可得出以下结果.

**性质 3**　如果 $\boldsymbol{\xi}_1$，$\boldsymbol{\xi}_2$，…，$\boldsymbol{\xi}_n$ 都是齐次线性方程组（4.6）的解，则其线性组合 $k_1\boldsymbol{\xi}_1+k_2\boldsymbol{\xi}_2+\cdots+k_n\boldsymbol{\xi}_n$ 也是（4.6）的解. 其中 $k_1$，$k_2$，…，$k_n$ 都是任意常数.

若用 $S$ 表示方程组（4.6）的全体解向量所组成的集合，则由性质 1、性质 2 可知：

（1）若 $\boldsymbol{\xi}_1\in S$，$\boldsymbol{\xi}_2\in S$，则 $\boldsymbol{\xi}_1+\boldsymbol{\xi}_2\in S$.

（2）若 $\boldsymbol{\xi}_1\in S$，$k\in\mathbf{R}$，则 $k\boldsymbol{\xi}_1\in S$.

这说明集合 $S$ 对向量的线性运算是封闭的，所以集合 $S$ 是一个向量空间，称为**齐次线性方程组（4.6）的解空间**.

如果 $n$ 元齐次线性方程组有非零解，则它就有无穷多解，这无穷多解就构成了一个 $n$ 维向量组. 如果我们能求出这个向量组的一个极大无关组，就能用它的线性组合来表示其全部解.

### 4.4.2　齐次线性方程组解的结构

**定义 4.15**　如果 $\boldsymbol{\xi}_1$，$\boldsymbol{\xi}_2$，…，$\boldsymbol{\xi}_s$ 是齐次线性方程组（4.6）的解向量组的一个极大无关组，则称 $\boldsymbol{\xi}_1$，$\boldsymbol{\xi}_2$，…，$\boldsymbol{\xi}_s$ 是方程组的一个**基础解系**.

**定理 4.8　如果齐次线性方程组（4.6）的系数矩阵 $\boldsymbol{A}$ 的秩数 $R(\boldsymbol{A})=r<n$，则方程组的基础解系存在，且每个基础解系中恰有 $n-r$ 个解向量.**

**证明**　因为 $R(\boldsymbol{A})=r<n$，所以对方程组的系数矩阵 $\boldsymbol{A}$ 施以初等行变换，可

化为如下的形式：

$$\boldsymbol{I}=\begin{pmatrix} 1 & \cdots & 0 & b_{11} & \cdots & b_{1,n-r} \\ \vdots & & \vdots & \vdots & & \vdots \\ 0 & \cdots & 1 & b_{r1} & \cdots & b_{r,n-r} \\ 0 & & & \cdots & & 0 \\ \vdots & & & & & \vdots \\ 0 & & & \cdots & & 0 \end{pmatrix}$$

与 $\boldsymbol{I}$ 对应的方程组为

$$\begin{cases} x_1 = -b_{11}x_{r+1} - \cdots - b_{1,n-r}x_n \\ \qquad\vdots \\ x_r = -b_{r1}x_{r+1} - \cdots - b_{r,n-r}x_n \end{cases} \tag{4.8}$$

即方程组（4.8）与方程组（4.6）同解，其中 $x_{r+1}$，$x_{r+2}$，…，$x_n$ 为自由未知量. 对 $n-r$ 个自由未知量分别取

$$\begin{pmatrix} x_{r+1} \\ x_{r+2} \\ \vdots \\ x_n \end{pmatrix} = \begin{pmatrix} 1 \\ 0 \\ \vdots \\ 0 \end{pmatrix}, \begin{pmatrix} 0 \\ 1 \\ \vdots \\ 0 \end{pmatrix}, \cdots, \begin{pmatrix} 0 \\ 0 \\ \vdots \\ 1 \end{pmatrix}$$

可得方程组（4.6）的 $n-r$ 个解

$$\boldsymbol{\xi}_1 = \begin{pmatrix} -b_{11} \\ \vdots \\ -b_{r1} \\ 1 \\ 0 \\ \vdots \\ 0 \end{pmatrix}, \boldsymbol{\xi}_2 = \begin{pmatrix} -b_{12} \\ \vdots \\ -b_{r2} \\ 0 \\ 1 \\ \vdots \\ 0 \end{pmatrix}, \cdots, \boldsymbol{\xi}_{n-r} = \begin{pmatrix} -b_{1,n-r} \\ \vdots \\ -b_{r,n-r} \\ 0 \\ 0 \\ \vdots \\ 1 \end{pmatrix}$$

现在证明 $\boldsymbol{\xi}_1$，$\boldsymbol{\xi}_2$，…，$\boldsymbol{\xi}_{n-r}$ 就是方程组（4.6）的一个基础解系. 首先证明 $\boldsymbol{\xi}_1$，$\boldsymbol{\xi}_2$，…，$\boldsymbol{\xi}_{n-r}$ 线性无关.

显然 $n-r$ 个 $n-r$ 维单位向量组线性无关，所以在每个向量前面添加 $r$ 个分量而得到的 $n-r$ 个 $n$ 维向量 $\boldsymbol{\xi}_1$，$\boldsymbol{\xi}_2$，…，$\boldsymbol{\xi}_{n-r}$ 也线性无关.

其次再证明方程组（4.6）的任意一个解 $\boldsymbol{x}=\boldsymbol{\xi}=\begin{pmatrix} \lambda_1 \\ \vdots \\ \lambda_r \\ \lambda_{r+1} \\ \vdots \\ \lambda_n \end{pmatrix}$，都可由 $\boldsymbol{\xi}_1$，$\boldsymbol{\xi}_2$，…，

$\boldsymbol{\xi}_{n-r}$线性表示. 为此作向量$\boldsymbol{\eta}=\lambda_{r+1}\boldsymbol{\xi}_1+\lambda_{r+2}\boldsymbol{\xi}_2+\cdots+\lambda_n\boldsymbol{\xi}_{n-r}$.

因为$\boldsymbol{\xi}_1$，$\boldsymbol{\xi}_2$，…，$\boldsymbol{\xi}_{n-r}$是（4.6）的解，所以$\boldsymbol{\eta}$也是（4.6）的解. 比较$\boldsymbol{\eta}$与$\boldsymbol{\xi}$，知它们后面的$n-r$个分量对应相等，由于它们都满足方程组（4.8），因此它们前面的$r$个分量也应对应相等（方程组（4.8）表明任一解的前$r$个分量由后$n-r$个分量唯一地决定），所以$\boldsymbol{\eta}=\boldsymbol{\xi}$，即

$$\boldsymbol{\xi}=\lambda_{r+1}\boldsymbol{\xi}_1+\lambda_{r+2}\boldsymbol{\xi}_2+\cdots+\lambda_n\boldsymbol{\xi}_{n-r}$$

因此，$\boldsymbol{\xi}_1$，$\boldsymbol{\xi}_2$，…，$\boldsymbol{\xi}_{n-r}$是方程组的一个基础解系，且其包含有$n-r$个解向量.

定理的证明过程给出了求基础解系的一种方法. 另外，应当注意的是当$R(\boldsymbol{A})=n$时，方程组（4.6）只有零解，因而没有基础解系. 如果当$R(\boldsymbol{A})=r<n$时，方程组（4.6）必有含$n-r$个向量的基础解系. 若$\boldsymbol{\xi}_1$，$\boldsymbol{\xi}_2$，…，$\boldsymbol{\xi}_{n-r}$为方程组（4.6）的一个基础解系，则齐次线性方程组（4.6）的解可表示为$\boldsymbol{x}=k_1\boldsymbol{\xi}_1+k_2\boldsymbol{\xi}_2+\cdots+k_{n-r}\boldsymbol{\xi}_{n-r}$，其中$k_1$，$k_2$，…，$k_{n-r}$为任意实数，称为**齐次线性方程组（4.6）的通解**.

**例 15**　求齐次线性方程组$\begin{cases}x_1-x_2+5x_3-x_4=0\\x_1+x_2-2x_3+3x_4=0\\3x_1-x_2+8x_3+x_4=0\\x_1+3x_2-9x_3+7x_4=0\end{cases}$的一个基础解系.

**解**　对系数矩阵$\boldsymbol{A}$进行初等变换，将其变为行最简形

$$\boldsymbol{A}=\begin{pmatrix}1&-1&5&-1\\1&1&-2&3\\3&-1&8&1\\1&3&-9&7\end{pmatrix}\to\begin{pmatrix}1&-1&5&-1\\0&2&-7&4\\0&2&-7&4\\0&4&-14&8\end{pmatrix}\to\begin{pmatrix}1&-1&5&-1\\0&2&-7&4\\0&0&0&0\\0&0&0&0\end{pmatrix}$$

$$\to\begin{pmatrix}1&0&\frac{3}{2}&1\\0&1&-\frac{7}{2}&2\\0&0&0&0\\0&0&0&0\end{pmatrix}$$

即得与原方程组同解的方程组

$$\begin{cases}x_1+\frac{3}{2}x_3+x_4=0\\x_2-\frac{7}{2}x_3+2x_4=0\end{cases}$$

由此可得

$$\begin{cases} x_1 = -\dfrac{3}{2}x_3 - x_4 \\ x_2 = \dfrac{7}{2}x_3 - 2x_4 \end{cases}，其中 x_3, x_4 为自由未知量$$

令自由未知量$\begin{pmatrix} x_3 \\ x_4 \end{pmatrix}$取值$\begin{pmatrix} 1 \\ 0 \end{pmatrix}$，$\begin{pmatrix} 0 \\ 1 \end{pmatrix}$，分别得方程组的解为

$$\boldsymbol{\xi}_1 = \begin{pmatrix} -\dfrac{3}{2} \\ \dfrac{7}{2} \\ 1 \\ 0 \end{pmatrix}, \boldsymbol{\xi}_2 = \begin{pmatrix} -1 \\ -2 \\ 0 \\ 1 \end{pmatrix}$$

则 $\boldsymbol{\xi}_1$，$\boldsymbol{\xi}_2$ 就是所求方程组的一个基础解系.

**例 16**　用基础解系表示齐次线性方程组$\begin{cases} x_1 - x_2 - x_3 + x_4 = 0 \\ x_1 - x_2 + x_3 - 3x_4 = 0 \\ x_1 - x_2 - 2x_3 + 3x_4 = 0 \end{cases}$的全部解.

**解**　对系数矩阵进行初等行变换，有

$$\boldsymbol{A} = \begin{pmatrix} 1 & -1 & -1 & 1 \\ 1 & -1 & 1 & -3 \\ 1 & -1 & -2 & 3 \end{pmatrix} \to \begin{pmatrix} 1 & -1 & -1 & 1 \\ 0 & 0 & 2 & -4 \\ 0 & 0 & -1 & 2 \end{pmatrix} \to \begin{pmatrix} 1 & -1 & 0 & -1 \\ 0 & 0 & 1 & -2 \\ 0 & 0 & 0 & 0 \end{pmatrix}$$

即得

$$\begin{cases} x_1 = x_2 + x_4 \\ x_3 = 2x_4 \end{cases}，其中 x_2，x_4 为自由未知量$$

自由未知量$\begin{pmatrix} x_2 \\ x_4 \end{pmatrix}$分别取$\begin{pmatrix} 1 \\ 0 \end{pmatrix}$，$\begin{pmatrix} 0 \\ 1 \end{pmatrix}$，得方程组的解为

$$\boldsymbol{\xi}_1 = \begin{pmatrix} 1 \\ 1 \\ 0 \\ 0 \end{pmatrix}, \boldsymbol{\xi}_2 = \begin{pmatrix} 1 \\ 0 \\ 2 \\ 1 \end{pmatrix}$$

即 $\boldsymbol{\xi}_1$，$\boldsymbol{\xi}_2$ 是所求方程组的一个基础解系．因此，方程组的通解为

$$\boldsymbol{x} = k_1\begin{pmatrix} 1 \\ 1 \\ 0 \\ 0 \end{pmatrix} + k_2\begin{pmatrix} 1 \\ 0 \\ 2 \\ 1 \end{pmatrix}，其中 k_1，k_2 为任意常数$$

### 4.4.3　非齐次线性方程组解的性质

设有非齐次线性方程组

$$\begin{cases}a_{11}x_1+a_{12}x_2+\cdots+a_{1n}x_n=b_1\\a_{21}x_1+a_{22}x_2+\cdots+a_{2n}x_n=b_2\\\quad\vdots\\a_{m1}x_1+a_{m2}x_2+\cdots+a_{mn}x_n=b_m\end{cases}\tag{4.9}$$

若方程组（4.9）有解，则称方程组是**相容的**. 反之，则称方程组是**不相容的**.

若设
$$\boldsymbol{A}=\begin{pmatrix}a_{11}&a_{12}&\cdots&a_{1n}\\a_{21}&a_{22}&\cdots&a_{2n}\\\vdots&\vdots&&\vdots\\a_{m1}&a_{m2}&\cdots&a_{mn}\end{pmatrix},\ \boldsymbol{x}=\begin{pmatrix}x_1\\x_2\\\vdots\\x_n\end{pmatrix},\ \boldsymbol{b}=\begin{pmatrix}b_1\\b_2\\\vdots\\b_m\end{pmatrix}$$

则方程组（4.9）可记为 $\boldsymbol{Ax}=\boldsymbol{b}$.

**性质 4**　若 $\boldsymbol{x}=\boldsymbol{\eta}_1$，$\boldsymbol{x}=\boldsymbol{\eta}_2$ 为方程组（4.9）的解，则 $\boldsymbol{x}=\boldsymbol{\eta}_1-\boldsymbol{\eta}_2$ 为对应的齐次线性方程组 $\boldsymbol{Ax}=\boldsymbol{0}$ 的解.

**证明**　因为 $\boldsymbol{x}=\boldsymbol{\eta}_1$，$\boldsymbol{x}=\boldsymbol{\eta}_2$ 为方程组（4.4）的解，即 $\boldsymbol{A\eta}_1=\boldsymbol{b}$，$\boldsymbol{A\eta}_2=\boldsymbol{b}$，所以 $\boldsymbol{A}(\boldsymbol{\eta}_1-\boldsymbol{\eta}_2)=\boldsymbol{A\eta}_1-\boldsymbol{A\eta}_2=\boldsymbol{b}-\boldsymbol{b}=\boldsymbol{0}$. 即 $\boldsymbol{x}=\boldsymbol{\eta}_1-\boldsymbol{\eta}_2$ 是方程组 $\boldsymbol{Ax}=\boldsymbol{0}$ 的解.

**性质 5**　若 $\boldsymbol{x}=\boldsymbol{\eta}$ 是方程组（4.9）的解，$\boldsymbol{x}=\boldsymbol{\xi}$ 为 $\boldsymbol{Ax}=\boldsymbol{0}$ 的解，则 $\boldsymbol{x}=\boldsymbol{\xi}+\boldsymbol{\eta}$ 仍是（4.9）的解.

**证明**　$\boldsymbol{A}(\boldsymbol{\xi}+\boldsymbol{\eta})=\boldsymbol{A\xi}+\boldsymbol{A\eta}=\boldsymbol{0}+\boldsymbol{b}=\boldsymbol{b}$，命题得证.

### 4.4.4　非齐次线性方程组解的结构

**定理 4.9**　如果 $\boldsymbol{\eta}$ 是非齐次线性方程组 $\boldsymbol{Ax}=\boldsymbol{b}$ 的一个解，$\boldsymbol{\xi}$ 为对应的齐次线性方程组 $\boldsymbol{Ax}=0$ 的通解，则 $\boldsymbol{x}=\boldsymbol{\xi}+\boldsymbol{\eta}$ 是非齐次线性方程组的通解.

**证明**　由性质 2 可知 $\boldsymbol{x}=\boldsymbol{\xi}+\boldsymbol{\eta}$ 一定是非齐次线性方程组的解，而解向量组 $\boldsymbol{\xi}$ 是齐次方程组 $\boldsymbol{Ax}=\boldsymbol{0}$ 的通解，由性质 1 可得，非齐次线性方程组的任意一个解 $\boldsymbol{x}'$ 一定是 $\boldsymbol{\eta}$ 与解向量组 $\boldsymbol{\xi}$ 的某一个解向量 $\boldsymbol{\xi}'$ 的和，即 $\boldsymbol{x}'=\boldsymbol{\xi}'+\boldsymbol{\eta}$.

所以 $\boldsymbol{x}=\boldsymbol{\xi}+\boldsymbol{\eta}$ 是非齐次线性方程组的通解.

以上定理说明，非齐次线性方程组（4.9）的通解形式为

$$\boldsymbol{x}=k_1\boldsymbol{\xi}_1+k_2\boldsymbol{\xi}_2+\cdots+k_{n-r}\boldsymbol{\xi}_{n-r}+\boldsymbol{\eta}\ (k_1,k_2,\cdots,k_{n-r}\text{ 为任意常数})$$

其中，$\boldsymbol{\xi}_1$，$\boldsymbol{\xi}_2$，…，$\boldsymbol{\xi}_{n-r}$是对应齐次线性方程组 $\boldsymbol{Ax}=\boldsymbol{0}$ 的基础解系.

**例 17**　求解方程组.

$$\begin{cases}x_1+x_2-3x_3-x_4=1\\3x_1-x_2-3x_3+4x_4=4\\x_1+5x_2-9x_3-8x_4=0\end{cases}$$

**解**　对方程组的增广矩阵$\widetilde{\boldsymbol{A}}$进行初等行变换，有

$$\widetilde{\boldsymbol{A}}=\begin{pmatrix}1&1&-3&-1&1\\3&-1&-3&4&4\\1&5&-9&-8&0\end{pmatrix}\to\begin{pmatrix}1&1&-3&-1&1\\0&-4&6&7&1\\0&4&-6&-7&-1\end{pmatrix}$$

$$\rightarrow\begin{pmatrix}1 & 1 & -3 & -1 & 1\\0 & -4 & 6 & 7 & 1\\0 & 0 & 0 & 0 & 0\end{pmatrix}\rightarrow\begin{pmatrix}1 & 0 & -\frac{3}{2} & \frac{3}{4} & \frac{5}{4}\\0 & 1 & -\frac{3}{2} & -\frac{7}{4} & -\frac{1}{4}\\0 & 0 & 0 & 0 & 0\end{pmatrix}$$

显然有 $R(\boldsymbol{A})=R(\widetilde{\boldsymbol{A}})=2$，故方程组有解，且

$$\begin{cases}x_1=\frac{3}{2}x_3-\frac{3}{4}x_4+\frac{5}{4}\\x_2=\frac{3}{2}x_3+\frac{7}{4}x_4-\frac{1}{4}\end{cases}$$

可取 $x_3=x_4=0$，则 $x_1=\frac{5}{4}$，$x_2=-\frac{1}{4}$，可得方程组的一个解

$$\boldsymbol{\eta}=\begin{pmatrix}\frac{5}{4}\\-\frac{1}{4}\\0\\0\end{pmatrix}$$

另外，由于 $x_3$，$x_4$ 为自由未知量，令自由未知量$\begin{pmatrix}x_3\\x_4\end{pmatrix}$分别取$\begin{pmatrix}1\\0\end{pmatrix}$，$\begin{pmatrix}0\\1\end{pmatrix}$，可得原方程组对应的齐次线性方程组的基础解系为

$$\boldsymbol{\xi}_1=\begin{pmatrix}\frac{3}{2}\\\frac{3}{2}\\1\\0\end{pmatrix},\boldsymbol{\xi}_2=\begin{pmatrix}-\frac{3}{4}\\\frac{7}{4}\\0\\1\end{pmatrix}$$

因此所求方程组的通解为

$$\boldsymbol{x}=k_1\begin{pmatrix}\frac{3}{2}\\\frac{3}{2}\\1\\0\end{pmatrix}+k_2\begin{pmatrix}-\frac{3}{4}\\\frac{7}{4}\\0\\1\end{pmatrix}+\begin{pmatrix}\frac{5}{4}\\-\frac{1}{4}\\0\\0\end{pmatrix}$$，其中 $k_1$，$k_2$ 为任意常数

## 习题 4.4

1. 求下列齐次线性方程组的一个基础解系.

(1) $\begin{cases} x_1+x_2+2x_3-x_4=0 \\ 2x_1+x_2+x_3-x_4=0 \\ 2x_1+2x_2+x_3+2x_4=0 \end{cases}$

(2) $\begin{cases} x_1+2x_2+x_3-x_4=0 \\ 3x_1+6x_2-x_3-3x_4=0 \\ 5x_1+10x_2+x_3-5x_4=0 \end{cases}$

(3) $\begin{cases} 2x_1+3x_2-x_3+5x_4=0 \\ 3x_1+x_2+2x_3-7x_4=0 \\ 4x_1+x_2-3x_3+6x_4=0 \\ x_1-2x_2+4x_3-7x_4=0 \end{cases}$

(4) $\begin{cases} 3x_1+4x_2-5x_3+7x_4=0 \\ 2x_1-3x_2+3x_3-2x_4=0 \\ 4x_1+11x_2-13x_3+16x_4=0 \\ 7x_1-2x_2+x_3+3x_4=0 \end{cases}$

2. 求解下列非齐次线性方程组.

(1) $\begin{cases} x_1+x_2=5 \\ 2x_1+x_2+x_3+2x_4=1 \\ 5x_1+3x_2+2x_3+2x_4=3 \end{cases}$　　(2) $\begin{cases} x_1-5x_2+2x_3-3x_4=11 \\ 5x_1+3x_2+6x_3-x_4=-1 \\ 2x_1+4x_2+2x_3+x_4=-6 \end{cases}$

3. 方程组$\begin{cases} -2x_1+x_2+x_3=-2 \\ x_1-2x_2+x_3=\lambda \\ x_1+x_2-2x_3=\lambda^2 \end{cases}$，$\lambda$ 取何值时有解？并求出它的全部解.

4. 设四元非齐次线性方程组的系数矩阵的秩为 3，已知 $\boldsymbol{\eta}_1$，$\boldsymbol{\eta}_2$，$\boldsymbol{\eta}_3$ 是它的三个解向量，且

$$\boldsymbol{\eta}_1=\begin{pmatrix}2\\3\\4\\5\end{pmatrix},\ \boldsymbol{\eta}_2+\boldsymbol{\eta}_3=\begin{pmatrix}1\\2\\3\\4\end{pmatrix}$$

求该方程组的通解.

5. 设 $\boldsymbol{A}$，$\boldsymbol{B}$ 都是 $n$ 阶方阵，且 $\boldsymbol{AB}=\boldsymbol{O}$，证明：$R(\boldsymbol{A})+R(\boldsymbol{B})\leqslant n$.

6. 设 $\boldsymbol{\eta}_1$，$\boldsymbol{\eta}_2$，…，$\boldsymbol{\eta}_s$ 是非齐次线性方程组 $\boldsymbol{Ax}=\boldsymbol{b}$ 的 $s$ 个解，$k_1$，$k_2$，…，$k_s$ 为实数，满足 $k_1+k_2+\cdots+k_s=1$，证明：

$$\boldsymbol{x}=k_1\boldsymbol{\eta}_1+k_2\boldsymbol{\eta}_2+\cdots+k_s\boldsymbol{\eta}_s$$

也是它的解.

7. 已知平面上三条互异直线 $ax+by+c=0$，$bx+cy+a=0$，$cx+ay+b=0$ 交于一点，试证明：$a+b+c=0$.

# 第 5 章　相似矩阵与二次型

这一章我们将讨论相似矩阵问题与二次型．主要内容包括向量的内积，向量组的正交化，方阵的特征值、特征向量的概念及求法，相似矩阵的概念及基本性质，矩阵相似于对角矩阵的条件，化实对称矩阵为对角矩阵的具体方法，$n$ 元二次型的概念，正定二次型的概念，运用配方法和正交变换法化二次型为标准型的方法以及正定二次型的判别方法等.

本章所讨论的矩阵均为方阵，矩阵中的元素都是实数.

## 5.1　向量的内积

### 5.1.1　向量的内积

**定义 5.1**　设有两个 $n$ 维向量

$$\boldsymbol{\alpha}=\begin{pmatrix}a_1\\a_2\\\vdots\\a_n\end{pmatrix},\boldsymbol{\beta}=\begin{pmatrix}b_1\\b_2\\\vdots\\b_n\end{pmatrix}$$

令

$$(\boldsymbol{\alpha},\boldsymbol{\beta})=a_1b_1+a_2b_2+\cdots+a_nb_n$$

称 $(\boldsymbol{\alpha},\boldsymbol{\beta})$ 为向量 $\boldsymbol{\alpha}$ 与 $\boldsymbol{\beta}$ 的**内积**.

内积是向量的一种运算，如果用矩阵乘法表示，向量的内积还可写成

$$(\boldsymbol{\alpha},\boldsymbol{\beta})=\boldsymbol{\alpha}^{\mathrm{T}}\boldsymbol{\beta}=(a_1\quad a_2\quad\cdots\quad a_n)\begin{pmatrix}b_1\\b_2\\\vdots\\b_n\end{pmatrix}$$

内积满足下列运算规律（其中 $\boldsymbol{\alpha}$，$\boldsymbol{\beta}$，$\boldsymbol{\gamma}$ 为 $n$ 维向量，$\lambda$ 为实数）:

(1) $(\boldsymbol{\alpha},\boldsymbol{\beta})=(\boldsymbol{\beta},\boldsymbol{\alpha})$

(2) $(\lambda\boldsymbol{\alpha},\boldsymbol{\beta})=\lambda(\boldsymbol{\alpha},\boldsymbol{\beta})$

(3) $(\boldsymbol{\alpha}+\boldsymbol{\beta},\boldsymbol{\gamma})=(\boldsymbol{\alpha},\boldsymbol{\gamma})+(\boldsymbol{\beta},\boldsymbol{\gamma})$

**定义 5.2**　令

$$\|\boldsymbol{\alpha}\|=\sqrt{(\boldsymbol{\alpha},\boldsymbol{\alpha})}=\sqrt{a_1^2+a_2^2+\cdots+a_n^2}$$

称 $\|\boldsymbol{\alpha}\|$ 为 $n$ 维向量 $\boldsymbol{\alpha}$ 的**长度**（**或范数**）.

当 $\|\boldsymbol{\alpha}\|=1$ 时，称 $\boldsymbol{\alpha}$ 为**单位向量**.

对任何非零向量 $\boldsymbol{\alpha}$，$\dfrac{1}{\|\boldsymbol{\alpha}\|}\boldsymbol{\alpha}$ 称为向量 $\boldsymbol{\alpha}$ 的单位化向量.

向量的长度具有下述性质：

(1) 非负性：当 $\boldsymbol{\alpha}\neq\mathbf{0}$ 时，$\|\boldsymbol{\alpha}\|>0$；当 $\boldsymbol{\alpha}=\mathbf{0}$ 时，$\|\boldsymbol{\alpha}\|=0$.

(2) 齐次性：$\|\lambda\boldsymbol{\alpha}\|=|\lambda|\cdot\|\boldsymbol{\alpha}\|$ （$\lambda$ 为实数）.

(3) 三角不等式：$\|\boldsymbol{\alpha}+\boldsymbol{\beta}\|\leqslant\|\boldsymbol{\alpha}\|+\|\boldsymbol{\beta}\|$.

### 5.1.2　正交向量组

**定义 5.3**　当 $(\boldsymbol{\alpha},\boldsymbol{\beta})=0$ 时，称向量 $\boldsymbol{\alpha}$ 与 $\boldsymbol{\beta}$ 正交.

例如
$$\boldsymbol{\alpha}=\begin{pmatrix}-2\\1\\0\\3\end{pmatrix},\boldsymbol{\beta}=\begin{pmatrix}4\\-7\\9\\5\end{pmatrix}$$

因为 $(\boldsymbol{\alpha},\boldsymbol{\beta})=-2\times4+1\times(-7)+0\times9+3\times5=0$，所以向量 $\boldsymbol{\alpha}$ 与 $\boldsymbol{\beta}$ 是正交的.

**定义 5.4**　若非零向量组 $\boldsymbol{\alpha}_1,\boldsymbol{\alpha}_2,\cdots,\boldsymbol{\alpha}_s$ 中的任意两个向量都是正交的，则称这个向量组为**正交向量组**.

例如，$n$ 维单位向量组 $\boldsymbol{e}_1=(1,0,\cdots,0)^{\mathrm{T}}$，$\boldsymbol{e}_2=(0,1,\cdots,0)^{\mathrm{T}}$，…，$\boldsymbol{e}_n=(0,0,\cdots,1)^{\mathrm{T}}$ 是正交向量组，因为
$$(\boldsymbol{e}_i,\boldsymbol{e}_j)=\begin{cases}1 & i=j\\0 & i\neq j\end{cases}\quad(i,j=1,2,\cdots,n)$$

**定理 5.1**　若 $n$ 维向量组 $\boldsymbol{\alpha}_1,\boldsymbol{\alpha}_2,\cdots,\boldsymbol{\alpha}_s$ 是正交向量组，则 $\boldsymbol{\alpha}_1,\boldsymbol{\alpha}_2,\cdots,\boldsymbol{\alpha}_s$ 线性无关.

**证明**　设有一组数 $\lambda_1,\lambda_2,\cdots,\lambda_s$，使得
$$\lambda_1\boldsymbol{\alpha}_1+\lambda_2\boldsymbol{\alpha}_2+\cdots+\lambda_s\boldsymbol{\alpha}_s=\mathbf{0}$$
上式两端左乘 $\boldsymbol{\alpha}_1^{\mathrm{T}}$，得
$$\lambda_1\boldsymbol{\alpha}_1^{\mathrm{T}}\boldsymbol{\alpha}_1=0$$

因为 $\boldsymbol{\alpha}_1\neq\mathbf{0}$，故 $\boldsymbol{\alpha}_1^{\mathrm{T}}\boldsymbol{\alpha}_1=\|\boldsymbol{\alpha}_1\|^2\neq0$，从而必有 $\lambda_1=0$，类似可证 $\lambda_2=0$，…，$\lambda_s=0$. 所以，向量组 $\boldsymbol{\alpha}_1,\boldsymbol{\alpha}_2,\cdots,\boldsymbol{\alpha}_s$ 线性无关.

### 5.1.3　向量组的正交单位化

线性无关的向量组 $\boldsymbol{\alpha}_1,\boldsymbol{\alpha}_2,\cdots,\boldsymbol{\alpha}_s$ 不一定是正交向量组，不过总可以找到一组两两正交的单位向量组 $\boldsymbol{\gamma}_1,\boldsymbol{\gamma}_2,\cdots,\boldsymbol{\gamma}_s$ 与 $\boldsymbol{\alpha}_1,\boldsymbol{\alpha}_2,\cdots,\boldsymbol{\alpha}_s$ 等价. 这个过程称为将向量组 $\boldsymbol{\alpha}_1,\boldsymbol{\alpha}_2,\cdots,\boldsymbol{\alpha}_s$ 正交单位化.

下面首先介绍将线性无关的向量组 $\boldsymbol{\alpha}_1,\boldsymbol{\alpha}_2,\cdots,\boldsymbol{\alpha}_s$ 正交单位化的施密特(Schmidt) 正交化方法.

设 $\boldsymbol{\alpha}_1,\boldsymbol{\alpha}_2,\cdots,\boldsymbol{\alpha}_s$ 线性无关，取

$\boldsymbol{\beta}_1=\boldsymbol{\alpha}_1$

$$\boldsymbol{\beta}_2 = \boldsymbol{\alpha}_2 - \frac{(\boldsymbol{\alpha}_2, \boldsymbol{\beta}_1)}{(\boldsymbol{\beta}_1, \boldsymbol{\beta}_1)}\boldsymbol{\beta}_1$$

$$\boldsymbol{\beta}_3 = \boldsymbol{\alpha}_3 - \frac{(\boldsymbol{\alpha}_3, \boldsymbol{\beta}_1)}{(\boldsymbol{\beta}_1, \boldsymbol{\beta}_1)}\boldsymbol{\beta}_1 - \frac{(\boldsymbol{\alpha}_3, \boldsymbol{\beta}_2)}{(\boldsymbol{\beta}_2, \boldsymbol{\beta}_2)}\boldsymbol{\beta}_2$$

$$\vdots$$

$$\boldsymbol{\beta}_s = \boldsymbol{\alpha}_s - \frac{(\boldsymbol{\alpha}_s, \boldsymbol{\beta}_1)}{(\boldsymbol{\beta}_1, \boldsymbol{\beta}_1)}\boldsymbol{\beta}_1 - \frac{(\boldsymbol{\alpha}_s, \boldsymbol{\beta}_2)}{(\boldsymbol{\beta}_2, \boldsymbol{\beta}_2)}\boldsymbol{\beta}_2 - \cdots - \frac{(\boldsymbol{\alpha}_s, \boldsymbol{\beta}_{s-1})}{(\boldsymbol{\beta}_{s-1}, \boldsymbol{\beta}_{s-1})}\boldsymbol{\beta}_{s-1}$$

容易验证，$\boldsymbol{\beta}_1$，$\boldsymbol{\beta}_2$，…，$\boldsymbol{\beta}_s$ 两两正交，且与 $\boldsymbol{\alpha}_1$，$\boldsymbol{\alpha}_2$，…，$\boldsymbol{\alpha}_s$ 等价. 下面将 $\boldsymbol{\beta}_1$，$\boldsymbol{\beta}_2$，…，$\boldsymbol{\beta}_s$ 单位化.

取 $\boldsymbol{\gamma}_1 = \dfrac{\boldsymbol{\beta}_1}{\|\boldsymbol{\beta}_1\|}$，$\boldsymbol{\gamma}_2 = \dfrac{\boldsymbol{\beta}_2}{\|\boldsymbol{\beta}_2\|}$，…，$\boldsymbol{\gamma}_s = \dfrac{\boldsymbol{\beta}_s}{\|\boldsymbol{\beta}_s\|}$，于是 $\boldsymbol{\gamma}_1$，$\boldsymbol{\gamma}_2$，…，$\boldsymbol{\gamma}_s$ 就是与线性无关向量组 $\boldsymbol{\alpha}_1$，$\boldsymbol{\alpha}_2$，…，$\boldsymbol{\alpha}_s$ 等价的正交单位向量组.

**例 1** 将向量组 $\boldsymbol{\alpha}_1 = \begin{pmatrix} 1 \\ 2 \\ -2 \end{pmatrix}$，$\boldsymbol{\alpha}_2 = \begin{pmatrix} 1 \\ 0 \\ -2 \end{pmatrix}$，$\boldsymbol{\alpha}_3 = \begin{pmatrix} 4 \\ -1 \\ 2 \end{pmatrix}$正交单位化.

**解** $\boldsymbol{\beta}_1 = \boldsymbol{\alpha}_1$

$$\boldsymbol{\beta}_2 = \boldsymbol{\alpha}_2 - \frac{(\boldsymbol{\alpha}_2, \boldsymbol{\beta}_1)}{(\boldsymbol{\beta}_1, \boldsymbol{\beta}_1)}\boldsymbol{\beta}_1 = \begin{pmatrix} 1 \\ 0 \\ -2 \end{pmatrix} - \frac{5}{9}\begin{pmatrix} 1 \\ 2 \\ -2 \end{pmatrix} = \begin{pmatrix} \frac{4}{9} \\ -\frac{10}{9} \\ -\frac{8}{9} \end{pmatrix}$$

$$\boldsymbol{\beta}_3 = \boldsymbol{\alpha}_3 - \frac{(\boldsymbol{\alpha}_3, \boldsymbol{\beta}_1)}{(\boldsymbol{\beta}_1, \boldsymbol{\beta}_1)}\boldsymbol{\beta}_1 - \frac{(\boldsymbol{\alpha}_3, \boldsymbol{\beta}_2)}{(\boldsymbol{\beta}_2, \boldsymbol{\beta}_2)}\boldsymbol{\beta}_2 = \begin{pmatrix} 4 \\ -1 \\ 2 \end{pmatrix} - \frac{-2}{9}\begin{pmatrix} 1 \\ 2 \\ -2 \end{pmatrix} - \frac{\frac{10}{9}}{\frac{20}{9}}\begin{pmatrix} \frac{4}{9} \\ -\frac{10}{9} \\ -\frac{8}{9} \end{pmatrix} = \begin{pmatrix} 4 \\ 0 \\ 2 \end{pmatrix}$$

然后将 $\boldsymbol{\beta}_1$，$\boldsymbol{\beta}_2$，$\boldsymbol{\beta}_3$ 单位化，取

$$\boldsymbol{\gamma}_1 = \frac{\boldsymbol{\beta}_1}{\|\boldsymbol{\beta}_1\|} = \begin{pmatrix} \frac{1}{3} \\ \frac{2}{3} \\ -\frac{2}{3} \end{pmatrix}, \boldsymbol{\gamma}_2 = \frac{\boldsymbol{\beta}_2}{\|\boldsymbol{\beta}_2\|} = \begin{pmatrix} \frac{2\sqrt{5}}{15} \\ -\frac{\sqrt{5}}{3} \\ -\frac{4\sqrt{5}}{15} \end{pmatrix}, \boldsymbol{\gamma}_3 = \frac{\boldsymbol{\beta}_3}{\|\boldsymbol{\beta}_3\|} = \begin{pmatrix} \frac{2\sqrt{5}}{5} \\ 0 \\ \frac{\sqrt{5}}{5} \end{pmatrix}$$

则 $\boldsymbol{\gamma}_1$，$\boldsymbol{\gamma}_2$，$\boldsymbol{\gamma}_3$ 即为所求.

**例 2**　已知$\boldsymbol{\beta}_1=\begin{pmatrix}1\\2\\3\end{pmatrix}$，求非零向量$\boldsymbol{\beta}_2$，$\boldsymbol{\beta}_3$，使$\boldsymbol{\beta}_1$，$\boldsymbol{\beta}_2$，$\boldsymbol{\beta}_3$成为正交向量组.

**解**　所求的$\boldsymbol{\beta}_2$，$\boldsymbol{\beta}_3$，应满足$\boldsymbol{\beta}_1^{\mathrm{T}}\boldsymbol{x}=0$，其中$\boldsymbol{x}=\begin{pmatrix}x_1\\x_2\\x_3\end{pmatrix}$，即满足$x_1+2x_2+3x_3=0$，取其基础解系得

$$\boldsymbol{\alpha}_1=\begin{pmatrix}2\\-1\\0\end{pmatrix},\ \boldsymbol{\alpha}_2=\begin{pmatrix}3\\0\\-1\end{pmatrix}$$

将$\boldsymbol{\alpha}_1$，$\boldsymbol{\alpha}_2$正交化，即

$$\boldsymbol{\beta}_2=\boldsymbol{\alpha}_1=\begin{pmatrix}2\\-1\\0\end{pmatrix}$$

$$\boldsymbol{\beta}_3=\boldsymbol{\alpha}_2-\frac{(\boldsymbol{\alpha}_2,\ \boldsymbol{\beta}_2)}{(\boldsymbol{\beta}_2,\ \boldsymbol{\beta}_2)}\boldsymbol{\beta}_2=\begin{pmatrix}3\\0\\-1\end{pmatrix}-\frac{6}{5}\begin{pmatrix}2\\-1\\0\end{pmatrix}=\begin{pmatrix}\frac{3}{5}\\\frac{6}{5}\\-1\end{pmatrix}$$

则$\boldsymbol{\beta}_2$，$\boldsymbol{\beta}_3$即为所求.

## 习题　5.1

1. 计算向量$\boldsymbol{\alpha}$与$\boldsymbol{\beta}$的内积.

(1) $\boldsymbol{\alpha}=(1,-2,2)^{\mathrm{T}},\boldsymbol{\beta}=(2,2,-1)^{\mathrm{T}}$

(2) $\boldsymbol{\alpha}=\left(\frac{\sqrt{2}}{2},-\frac{1}{2},\frac{\sqrt{2}}{4},-1\right)^{\mathrm{T}},\boldsymbol{\beta}=\left(-\frac{\sqrt{2}}{2},-2,\sqrt{2},\frac{1}{2}\right)^{\mathrm{T}}$

2. 将下列线性无关的向量组正交化.

(1) $\boldsymbol{\alpha}_1=(1,\ -2,\ 2)^{\mathrm{T}}$，$\boldsymbol{\alpha}_2=(-1,\ 0,\ -1)^{\mathrm{T}}$，$\boldsymbol{\alpha}_3=(5,\ -3,\ -7)^{\mathrm{T}}$

(2) $\boldsymbol{\alpha}_1=(1,\ 2,\ 2,\ -1)^{\mathrm{T}}$，$\boldsymbol{\alpha}_2=(1,\ 1,\ -5,\ 3)^{\mathrm{T}}$，$\boldsymbol{\alpha}_3=(3,\ 2,\ 8,\ -7)^{\mathrm{T}}$

# 5.2　方阵的特征值与特征向量

### 5.2.1　特征值与特征向量

**定义 5.5**　设$\boldsymbol{A}$为$n$阶方阵，若存在常数$\lambda$和非零的$n$维向量$\boldsymbol{x}$，使得

$$\boldsymbol{A}\boldsymbol{x}=\lambda\boldsymbol{x}\tag{5.1}$$

则称$\lambda$为方阵$\boldsymbol{A}$的**特征值**，$\boldsymbol{x}$称为方阵$\boldsymbol{A}$对应于特征值$\lambda$的**特征向量**.

若将式（5.1）改写成

$$(\boldsymbol{A}-\lambda\boldsymbol{E})\boldsymbol{x}=\boldsymbol{0} \tag{5.2}$$

则式（5.2）为一个齐次线性方程组，它有非零解的充分必要条件为

$$|\boldsymbol{A}-\lambda\boldsymbol{E}|=0 \tag{5.3}$$

即

$$|\boldsymbol{A}-\lambda\boldsymbol{E}|=\begin{vmatrix} a_{11}-\lambda & a_{12} & \cdots & a_{1n} \\ a_{21} & a_{22}-\lambda & \cdots & a_{2n} \\ \vdots & \vdots & \vdots & \vdots \\ a_{n1} & a_{n2} & \cdots & a_{nn}-\lambda \end{vmatrix}=0$$

方程（5.3）称为方阵 $\boldsymbol{A}$ 的**特征方程**. 方程（5.3）的左端 $|\boldsymbol{A}-\lambda\boldsymbol{E}|$ 为 $\lambda$ 的 $n$ 次多项式，称为方阵 $\boldsymbol{A}$ 的**特征多项式**. 显然方阵 $\boldsymbol{A}$ 的特征值就是特征方程（5.3）的根，而与特征值 $\lambda$ 对应的特征向量便是齐次线性方程组（5.2）的非零解向量.

### 5.2.2 特征值与特征向量的求法

根据以上讨论，可得到求 $n$ 阶方阵 $\boldsymbol{A}$ 的特征值与特征向量的步骤：

（1）写出特征方程 $|\boldsymbol{A}-\lambda\boldsymbol{E}|=0$，并求出它的全部根，即是 $\boldsymbol{A}$ 的全部特征值.

（2）对于 $\boldsymbol{A}$ 的每一个特征值 $\lambda_i$，求出齐次线性方程组 $(\boldsymbol{A}-\lambda_i\boldsymbol{E})\boldsymbol{x}=\boldsymbol{0}$ 的一个基础解系 $\boldsymbol{\alpha}_1, \boldsymbol{\alpha}_2, \cdots, \boldsymbol{\alpha}_t$，则对于不全为零的任意常数 $k_1, k_2, \cdots, k_t$，$k_1\boldsymbol{\alpha}_1+k_2\boldsymbol{\alpha}_2+\cdots+k_t\boldsymbol{\alpha}_t$ 为 $\boldsymbol{A}$ 对应于特征值 $\lambda_i$ 的全部特征向量.

**例3** 求 $\boldsymbol{A}=\begin{pmatrix} 3 & -1 \\ -1 & 3 \end{pmatrix}$ 的特征值和特征向量.

**解** $\boldsymbol{A}$ 的特征方程为

$$\begin{vmatrix} 3-\lambda & -1 \\ -1 & 3-\lambda \end{vmatrix}=(\lambda-4)(\lambda-2)$$

所以，$\boldsymbol{A}$ 的特征值为 $\lambda_1=2$，$\lambda_2=4$.

当 $\lambda_1=2$ 时，对应的特征向量应满足

$$\begin{pmatrix} 3-2 & -1 \\ -1 & 3-2 \end{pmatrix}\begin{pmatrix} x_1 \\ x_2 \end{pmatrix}=\begin{pmatrix} 0 \\ 0 \end{pmatrix} \quad 即 \quad \begin{cases} x_1-x_2=0 \\ -x_1+x_2=0 \end{cases}$$

解得 $x_1=x_2$，对应的特征向量可取为

$$\boldsymbol{p}_1=\begin{pmatrix} 1 \\ 1 \end{pmatrix}$$

所以，对应于 $\lambda_1=2$ 的全部特征向量为 $k_1\boldsymbol{p}_1$ $(k_1\neq 0)$.

当 $\lambda_2=4$ 时，它对应的特征向量应满足

$$\begin{pmatrix} 3-4 & -1 \\ -1 & 3-4 \end{pmatrix}\begin{pmatrix} x_1 \\ x_2 \end{pmatrix}=\begin{pmatrix} 0 \\ 0 \end{pmatrix} \quad 即 \quad \begin{cases} -x_1-x_2=0 \\ -x_1-x_2=0 \end{cases}$$

解得 $x_1=-x_2$，对应的特征向量可取为

$$p_2=\begin{pmatrix}1\\-1\end{pmatrix}$$

所以，对应于 $\lambda_2=4$ 的全部特征向量为 $k_2p_2$ （$k_2\neq0$）.

**例 4**　求矩阵 $A=\begin{pmatrix}-2&1&1\\0&2&0\\-4&1&3\end{pmatrix}$的特征值与特征向量.

**解**　$|A-\lambda E|=\begin{vmatrix}-2-\lambda&1&1\\0&2-\lambda&0\\-4&1&3-\lambda\end{vmatrix}=-(\lambda+1)(\lambda-2)^2=0$

所以 $A$ 的特征值为 $\lambda_1=-1$，$\lambda_2=\lambda_3=2$.

当 $\lambda_1=-1$ 时，解方程组 $(A+E)x=0$，由

$$A+E=\begin{pmatrix}-1&1&1\\0&3&0\\-4&1&4\end{pmatrix}\to\begin{pmatrix}-1&0&1\\0&1&0\\0&0&0\end{pmatrix}$$

得基础解系

$$p_1=\begin{pmatrix}1\\0\\1\end{pmatrix}$$

所以，对应于 $\lambda_1=-1$ 的全部特征向量为 $k_1p_1$ （$k_1\neq0$）.

当 $\lambda_2=\lambda_3=2$ 时，解方程组 （$A-2E$） $x=0$，由

$$A-2E=\begin{pmatrix}-4&1&1\\0&0&0\\-4&1&1\end{pmatrix}\to\begin{pmatrix}-4&1&1\\0&0&0\\0&0&0\end{pmatrix}$$

得基础解系

$$p_2=\begin{pmatrix}0\\1\\-1\end{pmatrix},\ p_3=\begin{pmatrix}1\\0\\4\end{pmatrix}$$

所以，对应于 $\lambda_2=\lambda_3=2$ 的全部特征向量为 $k_2p_2+k_3p_3$ （$k_2$，$k_3$ 不同时为 0）.

**例 5**　设 $\lambda$ 是方阵 $A$ 的特征值，证明：$\lambda^2$ 是 $A^2$ 的特征值.

**证明**　因为 $\lambda$ 是方阵 $A$ 的特征值，故有非零向量 $p$，使 $Ap=\lambda p$，于是有

$$A^2p=A(Ap)=A(\lambda p)=\lambda(Ap)=\lambda^2p$$

所以 $\lambda^2$ 是 $A^2$ 的特征值.

依此类推，不难证明：若 $\lambda$ 是方阵 $A$ 的特征值，则 $\lambda^k$ 是 $A^k$ 的特征值；$f(\lambda)$是$f(A)$的特征值(其中$f(\lambda)=a_0+a_1\lambda+\cdots+a_m\lambda^m$,$f(A)=a_0E+a_1A+\cdots+a_mA^m$).

**定理 5.2　属于不同特征值的特征向量是线性无关的.**

**证明**　对特征值的个数作数学归纳法. 由于特征向量是非零向量，所以，单

个的特征向量必然线性无关. 现在设分别属于 $k$ 个不同特征值的特征向量线性无关.

下证分别属于 $k+1$ 个不同特征值 $\boldsymbol{\lambda}_1$, $\boldsymbol{\lambda}_2$, …, $\boldsymbol{\lambda}_{k+1}$ 的特征向量 $\boldsymbol{\xi}_1$, $\boldsymbol{\xi}_2$, …, $\boldsymbol{\xi}_{k+1}$ 也线性无关.

假设有关系式

$$a_1\boldsymbol{\xi}_1 + a_2\boldsymbol{\xi}_2 + \cdots + a_k\boldsymbol{\xi}_k + a_{k+1}\boldsymbol{\xi}_{k+1} = \mathbf{0} \tag{5.4}$$

成立, 式 (5.4) 两端乘以 $\boldsymbol{\lambda}_{k+1}$, 得

$$a_1\boldsymbol{\lambda}_{k+1}\boldsymbol{\xi}_1 + a_2\boldsymbol{\lambda}_{k+1}\boldsymbol{\xi}_2 + \cdots + a_k\boldsymbol{\lambda}_{k+1}\boldsymbol{\xi}_k + a_{k+1}\boldsymbol{\lambda}_{k+1}\boldsymbol{\xi}_{k+1} = \mathbf{0} \tag{5.5}$$

式 (5.4) 两端同时左乘方阵 $\boldsymbol{A}$, 由特征向量定义有

$$a_1\boldsymbol{\lambda}_1\boldsymbol{\xi}_1 + a_2\boldsymbol{\lambda}_2\boldsymbol{\xi}_2 + \cdots + a_k\boldsymbol{\lambda}_k\boldsymbol{\xi}_k + a_{k+1}\boldsymbol{\lambda}_{k+1}\boldsymbol{\xi}_{k+1} = \mathbf{0} \tag{5.6}$$

式 (5.6) 减去式 (5.5) 得到

$$a_1(\boldsymbol{\lambda}_1 - \boldsymbol{\lambda}_{k+1})\boldsymbol{\xi}_1 + a_2(\boldsymbol{\lambda}_2 - \boldsymbol{\lambda}_{k+1})\boldsymbol{\xi}_2 + \cdots + a_k(\boldsymbol{\lambda}_k - \boldsymbol{\lambda}_{k+1})\boldsymbol{\xi}_k = \mathbf{0}$$

根据归纳法假设, $\boldsymbol{\xi}_1$, $\boldsymbol{\xi}_2$, …, $\boldsymbol{\xi}_k$ 线性无关, 于是

$$a_i(\boldsymbol{\lambda}_i - \boldsymbol{\lambda}_{k+1}) = 0,\ i = 1, 2, \cdots, k$$

但 $\boldsymbol{\lambda}_i - \boldsymbol{\lambda}_{k+1} \neq 0$ ($i = 1, 2, \cdots, k$), 所以 $a_i = 0$ ($i = 1, 2, \cdots, k$), 这时式 (5.4) 变成 $a_{k+1}\boldsymbol{\xi}_{k+1} = \mathbf{0}$, 又因为 $\boldsymbol{\xi}_{k+1} \neq \mathbf{0}$, 所以只有 $a_{k+1} = 0$, 这就证明了 $\boldsymbol{\xi}_1$, $\boldsymbol{\xi}_2$, …, $\boldsymbol{\xi}_{k+1}$ 线性无关.

**定理 5.3 如果 $\boldsymbol{\lambda}_1$, $\boldsymbol{\lambda}_2$, …, $\boldsymbol{\lambda}_k$ 是方阵 $\boldsymbol{A}$ 的不同的特征值, 而 $\boldsymbol{a}_{i1}$, …, $\boldsymbol{a}_{ir_i}$ 是属于特征值 $\lambda_i$ 的线性无关的特征向量** ($i = 1, \cdots, k$), **那么向量组 $\boldsymbol{a}_{11}$, …, $\boldsymbol{a}_{1r_1}$, …, $\boldsymbol{a}_{k1}$, …, $\boldsymbol{a}_{kr_k}$ 也线性无关.**

这个定理的证明与定理 5.2 证明相仿, 也是对 $k$ 作数学归纳法, 留给读者证明.

## 习题 5.2

1. 求下列矩阵的特征值与特征向量.

(1) $\begin{pmatrix} 1 & 2 \\ 2 & 1 \end{pmatrix}$ (2) $\begin{pmatrix} 6 & 2 & 4 \\ 2 & 3 & 2 \\ 4 & 2 & 6 \end{pmatrix}$ (3) $\begin{pmatrix} 2 & -1 & 2 \\ 5 & -3 & 3 \\ -1 & 0 & -2 \end{pmatrix}$

2. $n$ 阶矩阵 $\boldsymbol{A}$ 满足 $\boldsymbol{A}^2 = \boldsymbol{A}$, 试证: $\boldsymbol{A}$ 的特征值只有 1 和 0.

3. 已知 $n$ 阶矩阵 $\boldsymbol{A}$ 的特征值为 $\lambda_0$,

(1) 求 $k\boldsymbol{A}$ 的特征值 ($k$ 为任意常数);

(2) 若 $\boldsymbol{A}$ 可逆, 求 $\boldsymbol{A}^{-1}$ 的特征值;

(3) 求 $\boldsymbol{E} + \boldsymbol{A}$ 的特征值.

# 5.3 $n$ 阶方阵的相似矩阵

本节讨论相似矩阵的概念与性质, 以及方阵相似于对角矩阵的条件.

**引例**　社会调查表明，某地劳动力从业转移情况是：在从农人员中每年有 $\frac{3}{4}$ 改为从事非农工作，在非农从业人员中每年有 $\frac{1}{20}$ 改为从农工作。到2000年底该地从农工作和从事非农工作人员各占全部劳动力的 $\frac{1}{5}$ 和 $\frac{4}{5}$，记成向量 $\begin{pmatrix} x_0 \\ y_0 \end{pmatrix} = \begin{pmatrix} \frac{1}{5} \\ \frac{4}{5} \end{pmatrix}$，设 $n$ 年后从农工作和从事非农工作人员占劳动力的百分比分别为 $x_n$ 和 $y_n$，记成向量 $\begin{pmatrix} x_n \\ y_n \end{pmatrix}$.

（1）求 $\begin{pmatrix} x_n \\ y_n \end{pmatrix}$ 与 $\begin{pmatrix} x_{n-1} \\ y_{n-1} \end{pmatrix}$ 的关系式，并写出矩阵形式：$\begin{pmatrix} x_n \\ y_n \end{pmatrix} = \boldsymbol{A}\begin{pmatrix} x_{n-1} \\ y_{n-1} \end{pmatrix}$.

（2）求 $\begin{pmatrix} x_n \\ y_n \end{pmatrix}$，并预测经过多年之后该地劳动力从业情况的发展趋势.

**解**　（1）由题意得

$$\begin{cases} x_n = \frac{1}{4}x_{n-1} + \frac{1}{20}y_{n-1} \\ y_n = \frac{3}{4}x_{n-1} + \frac{19}{20}y_{n-1} \end{cases}$$

用矩阵表示为

$$\begin{pmatrix} x_n \\ y_n \end{pmatrix} = \begin{pmatrix} \frac{1}{4} & \frac{1}{20} \\ \frac{3}{4} & \frac{19}{20} \end{pmatrix}\begin{pmatrix} x_{n-1} \\ y_{n-1} \end{pmatrix}$$

所以

$$\boldsymbol{A} = \begin{pmatrix} \frac{1}{4} & \frac{1}{20} \\ \frac{3}{4} & \frac{19}{20} \end{pmatrix}$$

（2）$\begin{pmatrix} x_n \\ y_n \end{pmatrix} = \boldsymbol{A}\begin{pmatrix} x_{n-1} \\ y_{n-1} \end{pmatrix} = \boldsymbol{A}^2\begin{pmatrix} x_{n-2} \\ y_{n-2} \end{pmatrix} = \cdots = \boldsymbol{A}^n\begin{pmatrix} x_0 \\ y_0 \end{pmatrix} = \boldsymbol{A}^n\begin{pmatrix} \frac{1}{5} \\ \frac{4}{5} \end{pmatrix}$

因此，求 $\boldsymbol{A}^n$ 就是解决问题的关键，这显然不是容易计算的. 如果有可逆矩阵 $\boldsymbol{P}$，使 $\boldsymbol{P}^{-1}\boldsymbol{A}\boldsymbol{P} = \boldsymbol{\Lambda}$ 为对角阵，那么

$$\boldsymbol{A}^n = (\boldsymbol{P}\boldsymbol{\Lambda}\boldsymbol{P}^{-1})^n = (\boldsymbol{P}\boldsymbol{\Lambda}\boldsymbol{P}^{-1})(\boldsymbol{P}\boldsymbol{\Lambda}\boldsymbol{P}^{-1})\cdots(\boldsymbol{P}\boldsymbol{\Lambda}\boldsymbol{P}^{-1}) = \boldsymbol{P}\boldsymbol{\Lambda}^n\boldsymbol{P}^{-1}$$

而$\boldsymbol{A}^n$容易计算，于是就可方便的计算$\boldsymbol{A}^n$，这是我们研究矩阵的相似对角化问题的原因之一. 下面先来研究形如$\boldsymbol{P}^{-1}\boldsymbol{A}\boldsymbol{P}$的矩阵.

### 5.3.1 相似矩阵

**定义 5.6** 设$\boldsymbol{A}$与$\boldsymbol{B}$都是$n$阶方阵，若存在可逆方阵$\boldsymbol{P}$，使

$$\boldsymbol{P}^{-1}\boldsymbol{A}\boldsymbol{P}=\boldsymbol{B}$$

则称$\boldsymbol{B}$是$\boldsymbol{A}$的相似矩阵，或说矩阵$\boldsymbol{A}$与$\boldsymbol{B}$**相似**，记作$\boldsymbol{A}\sim\boldsymbol{B}$. 运算$\boldsymbol{P}^{-1}\boldsymbol{A}\boldsymbol{P}$称为对$\boldsymbol{A}$进行**相似变换**，可逆方阵$\boldsymbol{P}$称为把$\boldsymbol{A}$变成$\boldsymbol{B}$的**相似变换矩阵**.

根据相似矩阵的定义，容易证明，相似矩阵有以下性质：

（1）反身性　$\boldsymbol{A}$与$\boldsymbol{A}$相似；

（2）对称性　若$\boldsymbol{A}$与$\boldsymbol{B}$相似，则$\boldsymbol{B}$与$\boldsymbol{A}$也相似；

（3）传递性　若$\boldsymbol{A}$与$\boldsymbol{B}$相似，$\boldsymbol{B}$与$\boldsymbol{C}$相似，则$\boldsymbol{A}$与$\boldsymbol{C}$相似.

利用定义5.6，还可以证明相似矩阵有下述性质：

（4）相似矩阵有相同的秩；

（5）相似矩阵的行列式的值相等；

（6）相似矩阵或都可逆，或都不可逆. 当它们可逆时，它们的逆矩阵也相似.

**定理 5.4　相似矩阵有相同的特征多项式和特征值.**

**证明**　设$\boldsymbol{A}\sim\boldsymbol{B}$，即有可逆方阵$\boldsymbol{P}$，使得$\boldsymbol{P}^{-1}\boldsymbol{A}\boldsymbol{P}=\boldsymbol{B}$，故

$$\begin{aligned}|\boldsymbol{B}-\lambda\boldsymbol{E}| &= |\boldsymbol{P}^{-1}\boldsymbol{A}\boldsymbol{P}-\boldsymbol{P}^{-1}\lambda\boldsymbol{E}\boldsymbol{P}| = |\boldsymbol{P}^{-1}(\boldsymbol{A}-\lambda\boldsymbol{E})\boldsymbol{P}| \\ &= |\boldsymbol{P}^{-1}||\boldsymbol{A}-\lambda\boldsymbol{E}||\boldsymbol{P}| = |\boldsymbol{A}-\lambda\boldsymbol{E}|\end{aligned}$$

所以矩阵$\boldsymbol{A}$与$\boldsymbol{B}$有相同的特征多项式，从而特征值也相同.

**推论　若$n$阶方阵$\boldsymbol{A}$与对角矩阵**

$$\boldsymbol{\Lambda}=\begin{pmatrix}\lambda_1 & & & \\ & \lambda_2 & & \\ & & \ddots & \\ & & & \lambda_n\end{pmatrix}$$

**相似，则$\lambda_1, \lambda_2, \cdots, \lambda_n$就是$\boldsymbol{A}$的$n$个特征值.**

### 5.3.2 $n$阶方阵与对角矩阵相似的条件

相似的矩阵具有许多共同的性质，因此，对于$n$阶矩阵$\boldsymbol{A}$，我们希望在与$\boldsymbol{A}$相似的矩阵中寻找一个最简单的矩阵，在研究$\boldsymbol{A}$的性质时，只需研究这一较简单矩阵的同类性质. 因此，考虑$n$阶矩阵是否与一个对角矩阵相似的问题.

**定理 5.5　$n$阶方阵$\boldsymbol{A}$与对角矩阵$\boldsymbol{\Lambda}$相似的充分必要条件是$\boldsymbol{A}$有$n$个线性无关的特征向量.**

**证明**　必要性：假设$\boldsymbol{A}$与对角矩阵

$$\boldsymbol{\Lambda}=\begin{pmatrix}\lambda_1 & & & \\ & \lambda_2 & & \\ & & \ddots & \\ & & & \lambda_n\end{pmatrix}$$

相似，即有可逆阵 $\boldsymbol{P}$，使 $\boldsymbol{P}^{-1}\boldsymbol{AP}=\boldsymbol{\Lambda}$，两边左乘 $\boldsymbol{P}$，得

$$\boldsymbol{AP}=\boldsymbol{P\Lambda}$$

将 $\boldsymbol{P}$ 写成列向量形式，$\boldsymbol{P}=(\boldsymbol{p}_1, \boldsymbol{p}_2, \cdots, \boldsymbol{p}_n)$，则有

$$\boldsymbol{A}(\boldsymbol{p}_1, \boldsymbol{p}_2, \cdots, \boldsymbol{p}_n)=(\boldsymbol{p}_1, \boldsymbol{p}_2, \cdots, \boldsymbol{p}_n)\begin{pmatrix}\lambda_1 & & & \\ & \lambda_2 & & \\ & & \ddots & \\ & & & \lambda_n\end{pmatrix}$$

$$(\boldsymbol{Ap}_1, \boldsymbol{Ap}_2, \cdots, \boldsymbol{Ap}_n)=(\lambda_1\boldsymbol{p}_1, \boldsymbol{\lambda}_2\boldsymbol{p}_2, \cdots, \boldsymbol{\lambda}_n\boldsymbol{p}_n)$$

于是得

$$\boldsymbol{Ap}_i=\lambda_i\boldsymbol{p}_i \quad (i=1, 2, \cdots, n)$$

即 $\boldsymbol{\lambda}_i$ 是 $\boldsymbol{A}$ 的特征值，$\boldsymbol{p}_i$ 是对应于 $\lambda_i$ 的特征向量.

又因为 $\boldsymbol{P}$ 是可逆矩阵，故 $\boldsymbol{p}_1$，$\boldsymbol{p}_2$，…，$\boldsymbol{p}_n$ 线性无关，所以 $\boldsymbol{p}_1$，$\boldsymbol{p}_2$，…，$\boldsymbol{P}_n$ 即是 $\boldsymbol{A}$ 的 $n$ 个线性无关的特征向量.

充分性：设 $n$ 阶方阵 $\boldsymbol{A}$ 有 $n$ 个线性无关的特征向量. 即

$$\boldsymbol{Ap}_i=\lambda_i\boldsymbol{p}_i \quad (i=1, 2, \cdots, n)$$

这里 $\boldsymbol{p}_1, \boldsymbol{p}_2, \cdots, \boldsymbol{p}_n$ 线性无关，令

$$\boldsymbol{P}=(\boldsymbol{p}_1, \boldsymbol{p}_2, \cdots, \boldsymbol{p}_n)$$

则 $\boldsymbol{AP}=\boldsymbol{A}(\boldsymbol{p}_1, \boldsymbol{p}_2, \cdots, \boldsymbol{p}_n)=(\boldsymbol{Ap}_1, \boldsymbol{Ap}_2, \cdots, \boldsymbol{Ap}_n)=(\lambda_1\boldsymbol{p}_1, \lambda_2\boldsymbol{p}_2, \cdots, \lambda_n\boldsymbol{p}_n)$

$$=(\boldsymbol{p}_1, \boldsymbol{p}_2, \cdots, \boldsymbol{p}_n)\begin{pmatrix}\lambda_1 & & & \\ & \lambda_2 & & \\ & & \ddots & \\ & & & \lambda_n\end{pmatrix}=\boldsymbol{P\Lambda}$$

故 $\boldsymbol{P}^{-1}\boldsymbol{AP}=\boldsymbol{\Lambda}$.

**推论 1　若 $n$ 阶矩阵 $A$ 有 $n$ 个不同的特征值，则 $A$ 与对角矩阵相似.**

**推论 2　如果 $n$ 阶矩阵 $A$ 的每一个特征值 $\lambda_i$ 所对应的线性无关的特征向量个数都与 $\lambda_i$ 的重数相同，则 $A$ 与对角矩阵相似.**

例如，5.2 节中例 4 有个两重根 $\lambda=2$，对应两个线性无关的特征向量，故例 4 的方阵 $\boldsymbol{A}$ 与对角矩阵相似.

**推论 3　如果 $A$ 有一个特征值 $\lambda_i$ 所对应的线性无关的特征向量的个数少于 $\lambda_i$ 的重数，那么 $A$ 不与对角矩阵相似.**

**例6** 试问矩阵 $A=\begin{pmatrix}1&1\\0&1\end{pmatrix}$ 是否与对角矩阵相似？

**解** $|A-\lambda E|=\begin{vmatrix}1-\lambda&1\\0&1-\lambda\end{vmatrix}=(1-\lambda)^2$

所以 $A$ 的特征值为 $\lambda_1=\lambda_2=1$（二重），把 $\lambda=1$ 代入 $(A-\lambda E)x=0$ 得

$$\begin{pmatrix}0&1\\0&0\end{pmatrix}\begin{pmatrix}x_1\\x_2\end{pmatrix}=\begin{pmatrix}0\\0\end{pmatrix}$$

基础解系为
$$p_1=\begin{pmatrix}1\\0\end{pmatrix}$$

即与 $\lambda_1=\lambda_2=1$ 对应的线性无关的特征向量只有一个，根据推论3，$A$ 不与对角矩阵相似.

**例7** 试问矩阵 $A=\begin{pmatrix}4&6&0\\-3&-5&0\\-3&-6&1\end{pmatrix}$ 是否与对角矩阵相似.

**解** $|A-\lambda E|=\begin{vmatrix}4-\lambda&6&0\\-3&-5-\lambda&0\\-3&-6&1-\lambda\end{vmatrix}=-(\lambda+2)(\lambda-1)^2=0$

所以 $A$ 的特征值为：$\lambda_1=-2$，$\lambda_2=\lambda_3=1$（二重）.

把 $\lambda_1=-2$ 代入 $(A-\lambda E)x=0$，得

$$\begin{pmatrix}6&6&0\\-3&-3&0\\-3&-6&3\end{pmatrix}\begin{pmatrix}x_1\\x_2\\x_3\end{pmatrix}=\begin{pmatrix}0\\0\\0\end{pmatrix}$$

基础解系为
$$p_1=\begin{pmatrix}-1\\1\\1\end{pmatrix}$$

$p_1$ 即为 $\lambda_1=-2$ 所对应的特征向量.

把 $\lambda_2=\lambda_3=1$ 代入 $(A-\lambda E)x=0$，得

$$\begin{pmatrix}3&6&0\\-3&-6&0\\-3&-6&0\end{pmatrix}\begin{pmatrix}x_1\\x_2\\x_3\end{pmatrix}=\begin{pmatrix}0\\0\\0\end{pmatrix}$$

基础解系为

$$p_2=\begin{pmatrix}-2\\1\\0\end{pmatrix},\ p_3=\begin{pmatrix}0\\0\\1\end{pmatrix}$$

$\boldsymbol{p}_2$，$\boldsymbol{p}_3$ 即为 $\lambda_2=\lambda_3=1$（二重）对应的特征向量.

由于每个特征值所对应的线性无关的特征向量的个数，都与其重数相同，由推论 2 知，$\boldsymbol{A}$ 与对角矩阵相似.

本节引例的求解：

**解**　为求 $\boldsymbol{A}^n$，需将 $\boldsymbol{A}$ 相似对角化. 由

$$|\boldsymbol{A}-\lambda\boldsymbol{E}|=\begin{vmatrix}\frac{1}{4}-\lambda & \frac{1}{20}\\ \frac{3}{4} & \frac{19}{20}-\lambda\end{vmatrix}=\frac{1}{5}(5\lambda-1)(\lambda-1)=0$$

得 $\boldsymbol{A}$ 的特征值为：$\lambda_1=\frac{1}{5}$，$\lambda_2=1$. 由推论 1，$\boldsymbol{A}$ 能对角化.

把 $\lambda_1=\frac{1}{5}$ 代入 $(\boldsymbol{A}-\lambda\boldsymbol{E})\boldsymbol{x}=\boldsymbol{0}$，得

$$\begin{pmatrix}\frac{1}{20} & \frac{1}{20}\\ \frac{3}{4} & \frac{3}{4}\end{pmatrix}\begin{pmatrix}x_1\\ x_2\end{pmatrix}=\begin{pmatrix}0\\ 0\end{pmatrix}$$

基础解系为 $\boldsymbol{p}_1=\begin{pmatrix}1\\ -1\end{pmatrix}$. $\boldsymbol{p}_1$ 即为 $\lambda_1=\frac{1}{5}$ 所对应的特征向量.

把 $\lambda_2=1$ 代入 $(\boldsymbol{A}-\lambda\boldsymbol{E})\boldsymbol{x}=\boldsymbol{0}$，得

$$\begin{pmatrix}-\frac{3}{4} & \frac{1}{20}\\ \frac{3}{4} & -\frac{1}{20}\end{pmatrix}\begin{pmatrix}x_1\\ x_2\end{pmatrix}=\begin{pmatrix}0\\ 0\end{pmatrix}$$

基础解系为 $\boldsymbol{p}_2=\begin{pmatrix}1\\ 15\end{pmatrix}$. $\boldsymbol{p}_2$ 即为 $\lambda_2=1$ 所对应的特征向量.

记 $\boldsymbol{P}=\begin{pmatrix}1 & 1\\ -1 & 15\end{pmatrix}$，则 $\boldsymbol{P}^{-1}=\frac{1}{16}\begin{pmatrix}15 & -1\\ 1 & 1\end{pmatrix}$，因此

$$\begin{aligned}\boldsymbol{A}^n=\boldsymbol{P}\boldsymbol{\Lambda}^n\boldsymbol{P}^{-1}&=\begin{pmatrix}1 & 1\\ -1 & 15\end{pmatrix}\begin{pmatrix}\frac{1}{5^n} & 0\\ 0 & 1\end{pmatrix}\frac{1}{16}\begin{pmatrix}15 & -1\\ 1 & 1\end{pmatrix}\\ &=\frac{1}{16}\begin{pmatrix}1+\frac{15}{5^n} & 1-\frac{1}{5^n}\\ 15\left(1-\frac{1}{5^n}\right) & 15+\frac{1}{5^n}\end{pmatrix}\end{aligned}$$

所以

$$\begin{pmatrix} x_n \\ y_n \end{pmatrix} = \frac{1}{16}\begin{pmatrix} 1+\dfrac{15}{5^n} & 1-\dfrac{1}{5^n} \\ 15\left(1-\dfrac{1}{5^n}\right) & 15+\dfrac{1}{5^n} \end{pmatrix}\begin{pmatrix} \dfrac{1}{5} \\ \dfrac{4}{5} \end{pmatrix} = \frac{1}{16}\begin{pmatrix} 1+\dfrac{11}{5^{n+1}} \\ 15-\dfrac{11}{5^{n+1}} \end{pmatrix}$$

当 $n \to \infty$ 时，$\begin{pmatrix} x_n \\ y_n \end{pmatrix} \to \begin{pmatrix} \dfrac{1}{16} \\ \dfrac{15}{16} \end{pmatrix} \approx \begin{pmatrix} 6\% \\ 94\% \end{pmatrix}$.

按此规律发展，多年之后最终该地从农工作和从事非农工作人员约各占全部劳动力的6% 和94% .

## 习题　5.3

1. 判断下列矩阵是否相似于对角矩阵.

(1) $\begin{pmatrix} 2 & 1 \\ 1 & 2 \end{pmatrix}$　　(2) $\begin{pmatrix} -1 & 4 & -2 \\ -3 & 4 & 0 \\ -3 & 1 & 3 \end{pmatrix}$　　(3) $\begin{pmatrix} -1 & 1 & 0 \\ -4 & 3 & 0 \\ 1 & 0 & 2 \end{pmatrix}$

2. 设 $\boldsymbol{A}$，$\boldsymbol{B}$ 为两个 $n$ 阶矩阵，如果 $\boldsymbol{A}$ 可逆，试证：矩阵 $\boldsymbol{AB}$ 与 $\boldsymbol{BA}$ 相似.

# 5.4　实对称矩阵的相似矩阵

上一节讨论了一个 $n$ 阶方阵能否对角化的问题，本节专门讨论实对称矩阵，主要结论是对任意一个实对称矩阵 $\boldsymbol{A}$，总可以找到正交矩阵 $\boldsymbol{P}$，使得 $\boldsymbol{P}^{-1}\boldsymbol{AP}$ 是对角矩阵，即实对称矩阵总与对角矩阵相似.

## 5.4.1　正交矩阵

**定义 5.7**　如果 $n$ 阶矩阵 $\boldsymbol{A}$ 满足 $\boldsymbol{AA}^{\mathrm{T}}=\boldsymbol{E}$（即 $\boldsymbol{A}^{-1}=\boldsymbol{A}^{\mathrm{T}}$），则称 $\boldsymbol{A}$ 为正交矩阵.

设 $\boldsymbol{A}=\begin{pmatrix} a_{11} & a_{12} & \cdots & a_{1n} \\ a_{21} & a_{22} & \cdots & a_{2n} \\ \vdots & \vdots & & \vdots \\ a_{n1} & a_{n2} & \cdots & a_{nn} \end{pmatrix}$ 为正交矩阵，则 $\boldsymbol{AA}^{\mathrm{T}}=\boldsymbol{E}$，即

$$\begin{pmatrix} a_{11} & a_{12} & \cdots & a_{1n} \\ a_{21} & a_{22} & \cdots & a_{2n} \\ \vdots & \vdots & & \vdots \\ a_{n1} & a_{n2} & \cdots & a_{nn} \end{pmatrix}\begin{pmatrix} a_{11} & a_{21} & \cdots & a_{n1} \\ a_{12} & a_{22} & \cdots & a_{n2} \\ \vdots & \vdots & & \vdots \\ a_{1n} & a_{2n} & \cdots & a_{nn} \end{pmatrix} = \begin{pmatrix} 1 & & & \\ & 1 & & \\ & & \ddots & \\ & & & 1 \end{pmatrix}$$

显然 $a_{i1}a_{j1}+a_{i2}a_{j2}+\cdots+a_{in}a_{jn}=\begin{cases} 0 & i\neq j \\ 1 & i=j \end{cases}$　$(i,j=1,2,\cdots,n)$

这说明，方阵 $\boldsymbol{A}$ 为正交矩阵的充要条件是 $\boldsymbol{A}$ 的行向量构成正交单位向量组（此结论对 $\boldsymbol{A}$ 的列向量也成立）.

### 5.4.2　实对称矩阵的相似矩阵

对于 $n$ 阶实对称矩阵来说，通常 $n$ 阶方阵有关特征值、特征向量的性质它都具备，并且它还有如下特殊的性质：

（1）实对称矩阵的特征值都是实数.

（2）实对称矩阵 $\boldsymbol{A}$ 的不同特征值 $\lambda_1$，$\lambda_2$ 所对应的特征向量 $\boldsymbol{p}_1$，$\boldsymbol{p}_2$ 是正交的.

（3）若 $\lambda$ 是实对称矩阵 $\boldsymbol{A}$ 的 $k$ 重特征值，则必有 $k$ 个线性无关的特征向量与其对应.

下面给出性质（2）的证明：

**证明**　$\lambda_1\boldsymbol{p}_1=\boldsymbol{A}\boldsymbol{p}_1$，$\lambda_2\boldsymbol{p}_2=\boldsymbol{A}\boldsymbol{p}_2$，$\lambda_1\neq\lambda_2$

因 $\boldsymbol{A}$ 对称，故 $\lambda_1\boldsymbol{p}_1^{\mathrm{T}}=(\lambda_1\boldsymbol{p}_1)^{\mathrm{T}}=(\boldsymbol{A}\boldsymbol{p}_1)^{\mathrm{T}}=\boldsymbol{p}_1^{\mathrm{T}}\boldsymbol{A}^{\mathrm{T}}=\boldsymbol{p}_1^{\mathrm{T}}\boldsymbol{A}$，于是

$$\lambda_1\boldsymbol{p}_1^{\mathrm{T}}\boldsymbol{p}_2=\boldsymbol{p}_1^{\mathrm{T}}\boldsymbol{A}\boldsymbol{p}_2=\boldsymbol{p}_1^{\mathrm{T}}(\lambda_2\boldsymbol{p}_2)=\lambda_2\boldsymbol{p}_1^{\mathrm{T}}\boldsymbol{p}_2$$

即

$$(\lambda_1-\lambda_2)\ \boldsymbol{p}_1^{\mathrm{T}}\boldsymbol{p}_2=0$$

但 $\lambda_1\neq\lambda_2$，故 $\boldsymbol{p}_1^{\mathrm{T}}\boldsymbol{p}_2=0$，即 $\boldsymbol{p}_1$ 与 $\boldsymbol{p}_2$ 正交.

性质（1）、（3）留给读者自己证明.

**定理 5.6　设 $\boldsymbol{A}$ 为 $n$ 阶实对称矩阵，则必有正交矩阵 $\boldsymbol{P}$，使**

$$\boldsymbol{P}^{-1}\boldsymbol{A}\boldsymbol{P}=\begin{pmatrix}\lambda_1 & & & \\ & \lambda_2 & & \\ & & \ddots & \\ & & & \lambda_n\end{pmatrix}$$

**其中，$\lambda_1$，$\lambda_2$，…，$\lambda_n$ 是 $\boldsymbol{A}$ 的特征值.**

**证明**　设 $\boldsymbol{A}$ 的互不相等的特征值为 $\lambda_1$，$\lambda_2$，…，$\lambda_s$，它们的重数依次为 $r_1$，$r_2$，…，$r_s$，且 $r_1+r_2+\cdots+r_s=n$.

由实对称矩阵性质（1）、（3）知，对于特征值 $\lambda_i$（$i=1,2,\cdots,s$），恰有 $r_i$ 个线性无关的特征向量与之对应，把它们正交单位化，即得到 $r_i$ 个单位正交的特征向量，且共有 $n$ 个.

由实对称矩阵性质（2）知，对应于不同特征值的特征向量正交，故这 $n$ 个单位特征向量两两正交，以它们为列向量构成正交矩阵 $\boldsymbol{P}$，有

$$\boldsymbol{P}^{-1}\boldsymbol{A}\boldsymbol{P}=\boldsymbol{\Lambda}$$

其中对角矩阵 $\boldsymbol{\Lambda}$ 的对角元素含 $r_1$ 个 $\lambda_1$，$r_2$ 个 $\lambda_2$，…，$r_s$ 个 $\lambda_s$，恰是 $\boldsymbol{A}$ 的 $n$ 个特征值（重根按重数计算）.

### 5.4.3　化实对称矩阵为对角矩阵

将实对称矩阵化为对角矩阵的步骤如下：

（1）求出 $\boldsymbol{A}$ 的全部特征值 $\lambda_1, \lambda_2, \cdots, \lambda_n$；

（2）将每个特征值分别代入 $(\boldsymbol{A}-\lambda\boldsymbol{E})\boldsymbol{x}=\boldsymbol{0}$ 求出对应的特征向量，若某个特征值是特征方程的重根，再将此特征值对应的特征向量正交化；

（3）将 $\boldsymbol{A}$ 的所有两两正交的特征向量单位化；

（4）用正交单位化后的特征向量为列向量构成正交矩阵 $\boldsymbol{P}$，即有 $\boldsymbol{P}^{-1}\boldsymbol{A}\boldsymbol{P}=\boldsymbol{\Lambda}$.

**例 8** 设实对称矩阵

$$\boldsymbol{A}=\begin{pmatrix} 2 & 2 & -2 \\ 2 & 5 & -4 \\ -2 & -4 & 5 \end{pmatrix}$$

求正交矩阵 $\boldsymbol{P}$，使 $\boldsymbol{P}^{-1}\boldsymbol{A}\boldsymbol{P}$ 为对角矩阵.

**解** $$|\boldsymbol{A}-\lambda\boldsymbol{E}|=\begin{vmatrix} 2-\lambda & 2 & -2 \\ 2 & 5-\lambda & -4 \\ -2 & -4 & 5-\lambda \end{vmatrix}=(\lambda-1)^2(10-\lambda)=0$$

所以 $\boldsymbol{A}$ 的特征值为 $\lambda_1=\lambda_2=1$，$\lambda_3=10$.

把 $\lambda_1=\lambda_2=1$ 代入 $(\boldsymbol{A}-\lambda\boldsymbol{E})\boldsymbol{x}=\boldsymbol{0}$，得其基础解系

$$\boldsymbol{p}_1=\begin{pmatrix} -2 \\ 1 \\ 0 \end{pmatrix}, \boldsymbol{p}_2=\begin{pmatrix} 2 \\ 0 \\ 1 \end{pmatrix}$$

利用施密特正交化方法，将 $\boldsymbol{p}_1$，$\boldsymbol{p}_2$ 正交化：

$$\overline{\boldsymbol{p}_1}=\boldsymbol{p}_1$$

$$\overline{\boldsymbol{p}_2}=\boldsymbol{p}_2-\frac{(\boldsymbol{p}_2, \boldsymbol{p}_1)}{(\boldsymbol{p}_1, \boldsymbol{p}_1)}\boldsymbol{p}_1=\begin{pmatrix} \frac{2}{5} \\ \frac{4}{5} \\ 1 \end{pmatrix}$$

把 $\lambda_3=10$ 代入 $(\boldsymbol{A}-\lambda\boldsymbol{E})\boldsymbol{x}=\boldsymbol{0}$，得其基础解系

$$\boldsymbol{p}_3=\begin{pmatrix} 1 \\ 2 \\ -2 \end{pmatrix}$$

将 $\overline{\boldsymbol{p}_1}$，$\overline{\boldsymbol{p}_2}$，$\boldsymbol{p}_3$ 单位化得

$$\boldsymbol{\eta}_1=\frac{\overline{\boldsymbol{p}_1}}{\|\overline{\boldsymbol{p}_1}\|}=\frac{1}{\sqrt{5}}\begin{pmatrix} -2 \\ 1 \\ 0 \end{pmatrix} \qquad \boldsymbol{\eta}_2=\frac{\overline{\boldsymbol{p}_2}}{\|\overline{\boldsymbol{p}_2}\|}=\frac{\sqrt{5}}{3}\begin{pmatrix} \frac{2}{5} \\ \frac{4}{5} \\ 1 \end{pmatrix}$$

$$\boldsymbol{\eta}_3 = \frac{\boldsymbol{p}_3}{\|\boldsymbol{p}_3\|} = \frac{1}{3}\begin{pmatrix} 1 \\ 2 \\ -2 \end{pmatrix}$$

令 $\boldsymbol{P} = (\boldsymbol{\eta}_1, \boldsymbol{\eta}_2, \boldsymbol{\eta}_3) = \begin{pmatrix} \frac{-2\sqrt{5}}{5} & \frac{2\sqrt{5}}{15} & \frac{1}{3} \\ \frac{\sqrt{5}}{5} & \frac{4\sqrt{5}}{15} & \frac{2}{3} \\ 0 & \frac{\sqrt{5}}{3} & \frac{-2}{3} \end{pmatrix}$

则有
$$\boldsymbol{P}^{-1}\boldsymbol{AP} = \begin{pmatrix} 1 & 0 & 0 \\ 0 & 1 & 0 \\ 0 & 0 & 10 \end{pmatrix}$$

注：由于对应于同一特征值的线性无关的特征向量取法不唯一，故正交矩阵 $\boldsymbol{P}$ 不唯一.

### 习题　5.4

1. 下列矩阵是不是正交矩阵.

（1）$\begin{pmatrix} 1 & -\frac{1}{2} & \frac{1}{3} \\ -\frac{1}{2} & 1 & \frac{1}{2} \\ \frac{1}{3} & \frac{1}{2} & -1 \end{pmatrix}$　　（2）$\begin{pmatrix} \frac{1}{9} & -\frac{8}{9} & -\frac{4}{9} \\ -\frac{8}{9} & \frac{1}{9} & -\frac{4}{9} \\ -\frac{4}{9} & -\frac{4}{9} & \frac{7}{9} \end{pmatrix}$

2. 设 $\boldsymbol{A}$ 与 $\boldsymbol{B}$ 都是 $n$ 阶正交矩阵，证明：$\boldsymbol{AB}$ 也是正交矩阵.

3. 设三阶矩阵 $\boldsymbol{A}$ 的特征值为 $\lambda_1 = 1$，$\lambda_2 = 0$，$\lambda_3 = -1$，对应的特征向量依次为：

$$\boldsymbol{p}_1 = \begin{pmatrix} 1 \\ 2 \\ 2 \end{pmatrix}, \ \boldsymbol{p}_2 = \begin{pmatrix} 2 \\ -2 \\ 1 \end{pmatrix}, \ \boldsymbol{p}_3 = \begin{pmatrix} -2 \\ -1 \\ 2 \end{pmatrix}$$ 求 $\boldsymbol{A}$.

4. 试求一个正交的相似变换矩阵 $\boldsymbol{P}$，将下列实对称矩阵 $\boldsymbol{A}$ 化为对角矩阵.

（1）$\boldsymbol{A} = \begin{pmatrix} 0 & 0 & 1 \\ 0 & -1 & 0 \\ 1 & 0 & 0 \end{pmatrix}$　　（2）$\boldsymbol{A} = \begin{pmatrix} 2 & -2 & 0 \\ -2 & 1 & -2 \\ 0 & -2 & 0 \end{pmatrix}$

## 5.5　二次型及其标准形

二次型就是二次齐次多项式，它的理论起源于解析几何中化二次曲线与二次曲面的方程为标准形，它在线性系统理论、概率统计和工程技术等诸多领域中有着广泛的应用.

例如，为了便于研究二次曲线

$$ax^2+bxy+cy^2=1$$

的几何性质，我们可以选择适当的坐标旋转变换

$$\begin{cases}x=x'\cos\theta-y'\sin\theta\\ y=x'\sin\theta+y'\cos\theta\end{cases}$$

把方程化为标准形

$$mx'^2+ny'^2=1$$

从代数学的观点看，化标准形的过程就是通过变量的线性变换化简一个二次齐次多项式，使它只含有平方项. 这样的问题在许多理论或实际应用中常会遇到。现在我们把这类问题一般化，讨论 $n$ 个变量的二次齐次多项式的化简问题.

### 5.5.1　二次型的概念

**定义 5.8**　含有 $n$ 个变量 $x_1, x_2, \cdots, x_n$ 的二次齐次多项式

$$\begin{aligned}f(x_1,x_2,\cdots,x_n)=&a_{11}x_1^2+2a_{12}x_1x_2+\cdots+2a_{1n}x_1x_n+\\&a_{22}x_2^2+2a_{23}x_2x_3+\cdots+2a_{2n}x_2x_n+\cdots+a_{nn}x_n^2\end{aligned}\tag{5.7}$$

称为 ***n* 元二次型**，简称**二次型**. 若 $a_{ij}$（$i, j=1, 2, \cdots, n$）都是实数，则称式（5.7）为**实二次型**. 本书只讨论实二次型.

取 $a_{ij}=a_{ji}$，于是 $2a_{ij}x_ix_j=a_{ij}x_ix_j+a_{ji}x_jx_i$，则式（5.7）可写成：

$$\begin{aligned}f(x_1,x_2,\cdots,x_n)=&a_{11}x_1^2+a_{12}x_1x_2+\cdots+a_{1n}x_1x_n+\\&a_{21}x_2x_1+a_{22}x_2^2+\cdots+a_{2n}x_2x_n+\\&\cdots+a_{n1}x_nx_1+a_{n2}x_nx_2+\cdots+a_{nn}x_n^2\\=&\sum_{i,j=1}^{n}a_{ij}x_ix_j\end{aligned}\tag{5.8}$$

利用矩阵的乘法，二次型（5.8）可表示为

$$f(x_1,x_2,\cdots,x_n)=(x_1,x_2,\cdots,x_n)\begin{pmatrix}a_{11}&a_{12}&\cdots&a_{1n}\\a_{21}&a_{22}&\cdots&a_{2n}\\\vdots&\vdots&&\vdots\\a_{n1}&a_{n2}&\cdots&a_{nn}\end{pmatrix}\begin{pmatrix}x_1\\x_2\\\vdots\\x_n\end{pmatrix}$$

记

$$\boldsymbol{A}=\begin{pmatrix}a_{11}&a_{12}&\cdots&a_{1n}\\a_{21}&a_{22}&\cdots&a_{2n}\\\vdots&\vdots&&\vdots\\a_{n1}&a_{n2}&\cdots&a_{nn}\end{pmatrix},\ \boldsymbol{x}=\begin{pmatrix}x_1\\x_2\\\vdots\\x_n\end{pmatrix}$$

则有

$$f=\boldsymbol{x}^{\mathrm{T}}\boldsymbol{A}\boldsymbol{x}\tag{5.9}$$

其中，$\boldsymbol{A}$ 是一个实对称矩阵，式（5.9）称为二次型 $f$ 的矩阵表达式. 由此可见二次型与实对称矩阵之间存在一一对应关系，对称矩阵 $\boldsymbol{A}$ 称为**二次型 $f$ 的矩阵**，

$f$ 称为**对称矩阵 $A$ 的二次型**.

**例 9**　写出二次型 $f(x_1, x_2, x_3)=x_1^2+x_1x_2+x_1x_3+2x_2^2-6x_2x_3+x_3^2$ 的矩阵 $A$.

**解**　$$f(x_1, x_2, x_3)=\left(x_1^2+\frac{1}{2}x_1x_2+\frac{1}{2}x_1x_3\right)+\left(\frac{1}{2}x_2x_1+2x_2^2-3x_2x_3\right)+\left(\frac{1}{2}x_3x_1-3x_3x_2+x_3^2\right)$$

$$A=\begin{pmatrix} 1 & \frac{1}{2} & \frac{1}{2} \\ \frac{1}{2} & 2 & -3 \\ \frac{1}{2} & -3 & 1 \end{pmatrix}$$

### 5.5.2　二次型的标准型

对于实二次型（5.8），我们讨论的主要问题是寻求可逆的线性变换

$$\begin{cases} x_1=c_{11}y_1+c_{12}y_2+\cdots+c_{1n}y_n \\ x_2=c_{21}y_1+c_{22}y_2+\cdots+c_{2n}y_n \\ \quad\vdots \\ x_n=c_{n1}y_1+c_{n2}y_2+\cdots+c_{nn}y_n \end{cases} \tag{5.10}$$

把二次型 $f$ 变换成

$$f=\lambda_1y_1^2+\lambda_2y_2^2+\cdots+\lambda_ny_n^2 \tag{5.11}$$

这种仅含平方项的二次型，称为二次型 $f$ 的**标准形**，若把可逆变换（5.10）写成矩阵形式为

$$x=Cy$$

其中

$$C=\begin{pmatrix} c_{11} & c_{12} & \cdots & c_{1n} \\ c_{21} & c_{22} & \cdots & c_{2n} \\ \vdots & \vdots & & \vdots \\ c_{n1} & c_{n2} & \cdots & c_{nn} \end{pmatrix} \qquad |C|\neq 0$$

称 $C$ 为变换（5.10）的矩阵，于是二次型通过线性变换（5.10）化为标准形（5.11），用矩阵表示即为

$$f=x^{\mathrm T}Ax=(Cy)^{\mathrm T}A(Cy)=y^{\mathrm T}(C^{\mathrm T}AC)y$$

$$=(y_1, y_2, \cdots, y_n)\begin{pmatrix} \lambda_1 & & & \\ & \lambda_2 & & \\ & & \ddots & \\ & & & \lambda_n \end{pmatrix}\begin{pmatrix} y_1 \\ y_2 \\ \vdots \\ y_n \end{pmatrix}$$

根据实对称矩阵与二次型之间的一一对应关系，将二次型化为标准形，即是寻求可逆矩阵 $\boldsymbol{C}$，使 $\boldsymbol{C}^{\mathrm{T}}\boldsymbol{A}\boldsymbol{C}$ 成为对角矩阵.

### 5.5.3 用正交变换将二次型化为标准形

由于实二次型 $f$ 的矩阵 $\boldsymbol{A}$ 是实对称矩阵，因此存在正交矩阵 $\boldsymbol{P}$，使

$$\boldsymbol{P}^{-1}\boldsymbol{A}\boldsymbol{P}=\begin{pmatrix}\lambda_1 & & & \\ & \lambda_2 & & \\ & & \ddots & \\ & & & \lambda_n\end{pmatrix}$$

其中，$\lambda_1$，$\lambda_2$，…，$\lambda_n$ 是 $\boldsymbol{A}$ 的所有特征值.

因为 $\boldsymbol{P}$ 是正交矩阵，所以 $\boldsymbol{P}^{\mathrm{T}}=\boldsymbol{P}^{-1}$，上式可改为

$$\boldsymbol{P}^{\mathrm{T}}\boldsymbol{A}\boldsymbol{P}=\begin{pmatrix}\lambda_1 & & & \\ & \lambda_2 & & \\ & & \ddots & \\ & & & \lambda_n\end{pmatrix}$$

从而对二次型 $f=\boldsymbol{x}^{\mathrm{T}}\boldsymbol{A}\boldsymbol{x}$，我们找到线性变换

$$\boldsymbol{x}=\boldsymbol{P}\boldsymbol{y}$$

使

$$f=\lambda_1y_1^2+\lambda_2y_2^2+\cdots+\lambda_ny_n^2$$

因为 $\boldsymbol{P}$ 为正交矩阵，所以称 $\boldsymbol{x}=\boldsymbol{P}\boldsymbol{y}$ 为**正交变换**，于是有下面定理.

**定理 5.7 任意实二次型**

$$f=\sum_{i,j=1}^{n}a_{ij}x_ix_j\qquad(a_{ij}=a_{ji})$$

**总存在正交变换 $\boldsymbol{x}=\boldsymbol{P}\boldsymbol{y}$，将 $f$ 化为标准形**

$$f=\lambda_1y_1^2+\lambda_2y_2^2+\cdots+\lambda_ny_n^2$$

**其中，$\lambda_1$，$\lambda_2$，…，$\lambda_n$ 是 $f$ 的矩阵 $\boldsymbol{A}$ 的所有特征值.**

**例 10** 用正交变换化二次型

$$f=2x_1x_2+2x_1x_3-2x_1x_4-2x_2x_3+2x_2x_4+2x_3x_4$$

为标准形，并求出其正交变换矩阵.

**解** $f$ 的矩阵

$$\boldsymbol{A}=\begin{pmatrix}0 & 1 & 1 & -1\\ 1 & 0 & -1 & 1\\ 1 & -1 & 0 & 1\\ -1 & 1 & 1 & 0\end{pmatrix}$$

的特征方程为 $|A-\lambda E|=\begin{vmatrix}-\lambda & 1 & 1 & -1\\ 1 & -\lambda & -1 & 1\\ 1 & -1 & -\lambda & 1\\ -1 & 1 & 1 & -\lambda\end{vmatrix}=(\lambda-1)^3(\lambda+3)=0$

$\boldsymbol{A}$ 的特征值为 $\lambda_1=\lambda_2=\lambda_3=1$，$\lambda_4=-3$.

对于特征值 $\lambda_1=\lambda_2=\lambda_3=1$，解齐次线性方程组

$$(\boldsymbol{A}-\boldsymbol{E})\boldsymbol{x}=\boldsymbol{0}$$

得基础解系

$$\boldsymbol{p}_1=\begin{pmatrix}1\\1\\0\\0\end{pmatrix},\ \boldsymbol{p}_2=\begin{pmatrix}1\\0\\1\\0\end{pmatrix},\ \boldsymbol{p}_3=\begin{pmatrix}-1\\0\\0\\1\end{pmatrix}$$

再把它们正交单位化，得

$$\boldsymbol{\eta}_1=\begin{pmatrix}\frac{1}{\sqrt{2}}\\ \frac{1}{\sqrt{2}}\\ 0\\ 0\end{pmatrix},\ \boldsymbol{\eta}_2=\begin{pmatrix}\frac{1}{\sqrt{6}}\\ -\frac{1}{\sqrt{6}}\\ \frac{2}{\sqrt{6}}\\ 0\end{pmatrix},\ \boldsymbol{\eta}_3=\begin{pmatrix}-\frac{\sqrt{3}}{6}\\ \frac{\sqrt{3}}{6}\\ \frac{\sqrt{3}}{6}\\ \frac{\sqrt{3}}{2}\end{pmatrix}$$

对于 $\lambda_4=-3$，解齐次线性方程组

$$(\boldsymbol{A}+3\boldsymbol{E})\boldsymbol{x}=\boldsymbol{0}$$

得基础解系

$$\boldsymbol{p}_4=\begin{pmatrix}1\\-1\\-1\\1\end{pmatrix}$$

把 $\boldsymbol{p}_4$ 单位化，得

$$\boldsymbol{\eta}_4=\begin{pmatrix}\frac{1}{2}\\ -\frac{1}{2}\\ -\frac{1}{2}\\ \frac{1}{2}\end{pmatrix}$$

所以$f=y_1^2+y_2^2+y_3^2-3y_4^2$，所用的正交变换矩阵为

$$P=\begin{pmatrix} \frac{1}{\sqrt{2}} & \frac{1}{\sqrt{6}} & -\frac{\sqrt{3}}{6} & \frac{1}{2} \\ \frac{1}{\sqrt{2}} & -\frac{1}{\sqrt{6}} & \frac{\sqrt{3}}{6} & -\frac{1}{2} \\ 0 & \frac{2}{\sqrt{6}} & \frac{\sqrt{3}}{6} & -\frac{1}{2} \\ 0 & 0 & \frac{\sqrt{3}}{2} & \frac{1}{2} \end{pmatrix}$$

### 5.5.4 用配方法化二次型为标准形

配方法也是一种用可逆线性变换化二次型为标准形的方法，下面举例介绍化二次型为标准形的另一种方法——拉格朗日配方法.

**例 11** 化二次型

$$f=x_1^2+x_2^2-2x_3^2-2x_1x_3+4x_2x_3$$

为标准形，并写出所用的变换矩阵.

**解** 由于$f$中含有变量$x_1$的平方项和交叉项，故先针对$x_1$配方，得

$$\begin{aligned} f &= x_1^2-2x_1x_3+x_3^2-x_3^2+x_2^2-2x_3^2+4x_2x_3 \\ &= (x_1-x_3)^2+x_2^2-3x_3^2+4x_2x_3 \end{aligned}$$

再把在余下的项中所有含$x_2$的项，配方得

$$f=(x_1-x_3)^2+(x_2+2x_3)^2-7x_3^2$$

令

$$\begin{cases} y_1=x_1-x_3 \\ y_2=x_2+2x_3 \\ y_3=x_3 \end{cases}，即 \begin{cases} x_1=y_1+y_3 \\ x_2=y_2-2y_3 \\ x_3=y_3 \end{cases}$$

于是$f$的标准型为$f=y_1^2+y_2^2-7y_3^2$，所用的变换矩阵为

$$C=\begin{pmatrix} 1 & 0 & 1 \\ 0 & 1 & -2 \\ 0 & 0 & 1 \end{pmatrix} \qquad (|C|\neq 0)$$

**例 12** 化二次型

$$f=x_1x_2+x_1x_3-3x_2x_3$$

为标准形，并求所用的变换矩阵.

**解** 在$f$中不含平方项，由于有$x_1x_2$乘积项，故令

$$\begin{cases} x_1=y_1+y_2 \\ x_2=y_1-y_2 \\ x_3=y_3 \end{cases}$$

代入$f$，得　$$f=y_1^2-2y_1y_3-y_2^2+4y_2y_3$$

再用例 11 的方法，配方得

$$f=(y_1-y_3)^2-(y_2-2y_3)^2+3y_3^2$$

令 $$\begin{cases}z_1=y_1-y_3\\z_2=y_2-2y_3,\\z_3=y_3\end{cases}\quad 即\quad \begin{cases}y_1=z_1+z_3\\y_2=z_2+2z_3\\y_3=z_3\end{cases}$$

于是$f$成为标准形$f=z_1^2-z_2^2+3z_3^2$，所用变换矩阵为

$$\boldsymbol{C}=\begin{pmatrix}1&1&0\\1&-1&0\\0&0&1\end{pmatrix}\begin{pmatrix}1&0&1\\0&1&2\\0&0&1\end{pmatrix}=\begin{pmatrix}1&1&3\\1&-1&-1\\0&0&1\end{pmatrix}\qquad(|\boldsymbol{C}|=-2\neq 0)$$

## 习题　5.5

1. 写出下列二次型的矩阵．

(1) $f(x_1,x_2,x_3)=x_1^2+2x_1x_2+x_1x_3+2x_2^2+x_2x_3+x_3^2$

(2) $f(x_1,x_2,x_3)=3x_1^2-x_2^2+2x_3^2-2x_1x_2+x_1x_3+x_2x_3$

2. 用正交变换化下列二次型为标准形，并写出所作的正交变换．

(1) $f(x_1,x_2,x_3)=2x_1x_3+x_2^2$

(2) $f(x_1,x_2,x_3)=x_1^2+2x_2^2+3x_3^2-4x_1x_2-4x_2x_3$

3. 用配方法化下列二次型为标准形，并求所用的变换矩阵．

(1) $f(x_1,x_2,x_3)=2x_1^2+2x_2^2+x_3^2+8x_1x_3-x_2x_3$

(2) $f(x_1,x_2,x_3)=x_1x_2+x_1x_3+x_2x_3$

# 5.6　正定二次型

### 5.6.1　正定二次型定义

一般来讲，实二次型的标准形不是唯一的，与所选用的线性变换有关，同一个实二次型通过两个不同的可逆线性变换可以化为两个不同形式的标准形．但是这两个标准形中所含的项数是相同的（这个项数称为二次型的秩），记为$r$．不仅如此，标准形中正系数的个数是不变的，从而负系数的个数也是不变的．

**定理 5.8　（惯性定理）设有实二次型$f=\boldsymbol{x}^{\mathrm{T}}\boldsymbol{A}\boldsymbol{x}$，它的秩为$r$，并有两个实的可逆变换**

$$\boldsymbol{x}=\boldsymbol{C}\boldsymbol{y}\qquad 及\qquad \boldsymbol{x}=\boldsymbol{P}\boldsymbol{z}$$

**使**　$$f=k_1y_1^2+k_2y_2^2+\cdots+k_ry_r^2\qquad(k_i\neq 0)$$

**及**　$$f=\lambda_1z_1^2+\lambda_2z_2^2+\cdots+\lambda_rz_r^2\qquad(\lambda_i\neq 0)$$

**则$k_1$，$k_2$，…，$k_r$中正数的个数与$\lambda_1$，$\lambda_2$，…，$\lambda_r$中正数的个数相等**（证明从

略).

**定义 5.9** 设有实二次型 $f(\boldsymbol{x})=\boldsymbol{x}^{\mathrm{T}}\boldsymbol{A}\boldsymbol{x}$，若对任何 $\boldsymbol{x}\neq\boldsymbol{0}$，都有二次型 $f(\boldsymbol{x})>0$，则称 $f$ 为**正定二次型**，并称对称矩阵 $\boldsymbol{A}$ 为**正定矩阵**；若对任何 $\boldsymbol{x}\neq\boldsymbol{0}$，都有二次型 $f(\boldsymbol{x})<0$，则称 $f$ 为**负定二次型**，并称对称矩阵 $\boldsymbol{A}$ 为**负定矩阵**.

例如，$f(x_1, x_2)=x_1^2+2x_2^2$ 是一个正定二次型. $f(x_1, x_2)=-x_1^2-2x_2^2$ 是一个负定二次型.

### 5.6.2 正定二次型的判别

利用二次型的标准形来判别实二次型是否为正定、负定，我们有下面的定理：

**定理 5.9 实二次型为正定（负定）的充分必要条件是：它的标准形的 $n$ 个系数全为正（负）.**

由于实二次型也可以通过正交变换化为标准形，于是由定理 5.9 得：

**推论 实二次型 $f=\boldsymbol{x}^{\mathrm{T}}\boldsymbol{A}\boldsymbol{x}$ 为正定（负定）的充分必要条件是二次型矩阵 $\boldsymbol{A}$ 的所有特征值都大于（小于）零.**

**例 13** 试判别二次型 $f(x_1, x_2)=2x_1^2+2x_1x_2+x_2^2$ 是否正定.

**解** $f$ 的矩阵是
$$\boldsymbol{A}=\begin{pmatrix}2 & 1\\ 1 & 1\end{pmatrix}$$

$\boldsymbol{A}$ 的特征方程是
$$|\boldsymbol{A}-\lambda\boldsymbol{E}|=\begin{vmatrix}2-\lambda & 1\\ 1 & 1-\lambda\end{vmatrix}=\lambda^2-3\lambda+1=0$$

于是，$\boldsymbol{A}$ 的特征值为 $\lambda_1=\dfrac{3+\sqrt{5}}{2}>0$，$\lambda_2=\dfrac{3-\sqrt{5}}{2}>0$，故 $f$ 是正定的.

上面给出的判断一个二次型是否正定或负定的两种方法是比较麻烦的. 下面介绍一种直接由实二次型的矩阵 $\boldsymbol{A}$ 来判断它是否正定或负定的方法. 为此，先引入顺序主子式的概念.

**定义 5.10** 设 $\boldsymbol{A}$ 是 $n$ 阶方阵
$$\boldsymbol{A}=\begin{pmatrix}a_{11} & a_{12} & \cdots & a_{1n}\\ a_{21} & a_{22} & \cdots & a_{2n}\\ \vdots & \vdots & & \vdots\\ a_{n1} & a_{n2} & \cdots & a_{nn}\end{pmatrix}$$

则 $\boldsymbol{A}$ 的左上角的各阶子式，即
$$|\boldsymbol{A}_1|=a_{11}$$
$$|\boldsymbol{A}_2|=\begin{vmatrix}a_{11} & a_{12}\\ a_{21} & a_{22}\end{vmatrix}$$

$$\vdots$$

$$|A_n| = |A| = \begin{vmatrix} a_{11} & a_{12} & \cdots & a_{1n} \\ a_{21} & a_{22} & \cdots & a_{2n} \\ \vdots & \vdots & & \vdots \\ a_{n1} & a_{n2} & \cdots & a_{nn} \end{vmatrix}$$

称为 $A$ 的顺序主子式.

**定理 5.10　实二次型 $f=x^{\mathrm{T}}Ax$ 为正定的充要条件是二次型矩阵 $A$ 的各阶顺序主子式都大于零.**

**二次型 $f$ 为负定的充要条件是：奇数阶主子式为负，而偶数阶主子式为正.**

**例 14**　判断下列二次型是正定还是负定.

(1) $f=-x_1^2-2x_2^2-2x_3^2+2x_1x_2+2x_2x_3$

(2) $f=x_1^2+4x_2^2+2x_3^2+2x_1x_2+2x_1x_3$

**解**　(1) $f$ 的矩阵是

$$A=\begin{pmatrix} -1 & 1 & 0 \\ 1 & -2 & 1 \\ 0 & 1 & -2 \end{pmatrix}$$

因为 $|a_{11}|=-1<0$，$\begin{vmatrix} a_{11} & a_{12} \\ a_{21} & a_{22} \end{vmatrix}=\begin{vmatrix} -1 & 1 \\ 1 & -2 \end{vmatrix}=1>0$，$|A|=-1<0$，所以 $f$ 是负定的.

(2) $f$ 的矩阵是

$$A=\begin{pmatrix} 1 & 1 & 1 \\ 1 & 4 & 0 \\ 1 & 0 & 2 \end{pmatrix}$$

因为 $|a_{11}|=1>0$，$\begin{vmatrix} a_{11} & a_{12} \\ a_{21} & a_{22} \end{vmatrix}=\begin{vmatrix} 1 & 1 \\ 1 & 4 \end{vmatrix}=3>0$，$|A|=2>0$，所以 $f$ 是正定的.

## 习题　5.6

1. 判定下列二次型是否是正定二次型.

(1) $f(x_1, x_2, x_3)=2x_1^2+4x_2^2+5x_3^2-4x_1x_3$

(2) $f(x_1, x_2, x_3)=x_1^2+2x_2^2+4x_3^2+2x_1x_2-4x_2x_3$

2. 求 $a$ 的值，使二次型正定.

(1) $f(x_1, x_2, x_3)=x_1^2+x_2^2+5x_3^2+2ax_1x_2-2x_1x_3+4x_2x_3$

(2) $f(x_1, x_2, x_3)=5x_1^2+x_2^2+ax_3^2+4x_1x_2-2x_1x_3-2x_2x_3$

# 第 6 章　线性经济模型简介

前面的章节中已经介绍了线性代数的有关知识，本章将介绍线性代数知识在国民经济计划、生产和管理中的应用，即投入产出模型和线性规划模型.

## 6.1　投入产出模型

投入产出分析是线性方程组理论在经济分析与管理中的一个重要应用. 从数学模型看，它是从数量方面考察国民经济各部门之间生产与分配关系的一种线性模型.

### 6.1.1　价值型投入产出模型

国民经济是由许多经济部门组成的一个有机总体，每个经济部门的活动，可以分为两个方面：一方面，作为消耗部门，为了完成其经济活动，需要供给它所需要的物质，叫作投入；另一方面，作为生产部门，把它的产品分配给各部门，作为生产资料或提供社会消费和留作积累，叫作产出.

我们把一个经济系统分成 $n$ 个物质生产部门，将这 $n$ 个部门同时作为生产（产出）部门和消耗（投入）部门，按一定顺序列出一张表称为投入产出表. 将按统一的价值单位（即：货币）编制的投入产出表，称为价值型投入产出表. 将投入产出表及由此得出的平衡方程组，统称为投入产出模型.

投入产出表的一般结构见表 6-1.

表　6-1

<table>
<tr><th colspan="2" rowspan="2">产出<br>投入</th><th colspan="4">消耗部门</th><th colspan="4">最终产品</th><th rowspan="2">总产品</th></tr>
<tr><th>1</th><th>2</th><th>⋯</th><th>n</th><th>消费</th><th>积累</th><th>出口</th><th>小计</th></tr>
<tr><td rowspan="4">生产部门</td><td>1</td><td>$x_{11}$</td><td>$x_{12}$</td><td>⋯</td><td>$x_{1n}$</td><td></td><td></td><td></td><td>$y_1$</td><td>$x_1$</td></tr>
<tr><td>2</td><td>$x_{21}$</td><td>$x_{22}$</td><td>⋯</td><td>$x_{2n}$</td><td></td><td></td><td></td><td>$y_2$</td><td>$x_2$</td></tr>
<tr><td>⋮</td><td>⋮</td><td>⋮</td><td></td><td>⋮</td><td></td><td></td><td></td><td>⋮</td><td>⋮</td></tr>
<tr><td>$n$</td><td>$x_{n1}$</td><td>$x_{n2}$</td><td>⋯</td><td>$x_{nn}$</td><td></td><td></td><td></td><td>$y_n$</td><td>$x_n$</td></tr>
<tr><td rowspan="3">新创造价值</td><td>工资</td><td>$v_1$</td><td>$v_2$</td><td>⋯</td><td>$v_n$</td><td></td><td></td><td></td><td></td><td></td></tr>
<tr><td>纯收入</td><td>$m_1$</td><td>$m_2$</td><td>⋯</td><td>$m_n$</td><td></td><td></td><td></td><td></td><td></td></tr>
<tr><td>合计</td><td>$z_1$</td><td>$z_2$</td><td>⋯</td><td>$z_n$</td><td></td><td></td><td></td><td></td><td></td></tr>
<tr><td colspan="2">总产品价值</td><td>$x_1$</td><td>$x_2$</td><td>⋯</td><td>$x_n$</td><td></td><td></td><td></td><td></td><td></td></tr>
</table>

注：$x_i$（$i=1, 2, \cdots, n$）表示第 $i$ 个生产部门的总产品或相应消耗部门的总产品价值.

在表 6-1 中，由双线将表分成四部分，左上角（Ⅰ）部分由 $n$ 个部门交叉组成. 其中 $x_{ij}$称为部门间的流量，它表示第 $j$ 个部门所消耗第 $i$ 个部门的产品数量，也是第 $i$ 个部门分配给第 $j$ 个部门的产品量，这部分反映了各部门之间的生产技术联系，它是部门间平衡表的最基本部分.

表中右上角（Ⅱ）部分反映各生产部门从总产品中扣除生产消耗后的余量（即最终产品）的分配情况，其中 $x_i$ 表示第 $i$ 个部门的最终产品.

表中左下角（Ⅲ）部分反映各部门的净产值，它包括工资、利润等，其中 $v_j$，$m_j$，$z_j$ 分别表示第 $j$ 个部门的工资报酬数量、纯收入数量和净产值.

$$z_j = v_j + m_j \quad (j = 1, 2, \cdots, n) \tag{6.1}$$

表中右下角（Ⅳ）部分反映国民收入的再分配情况，如非生产部门工作者的工资、非生产性事业和组织的收入等.

表 6-1 中（Ⅰ）、（Ⅱ）部分的每一行有一个等式，即每一个生产部门分配给各部门的生产性消耗加上该部门的最终产品应等于它的总产品，可用方程组

$$\begin{cases} x_1 = x_{11} + x_{12} + \cdots + x_{1n} + y_1 \\ x_2 = x_{21} + x_{22} + \cdots + x_{2n} + y_2 \\ \quad\vdots \\ x_n = x_{n1} + x_{n2} + \cdots + x_{nn} + y_n \end{cases} \tag{6.2}$$

表示，或简写为

$$x_i = \sum_{j=1}^{n} x_{ij} + y_i \quad (i = 1, 2, \cdots, n) \tag{6.3}$$

称式（6.2）为分配平衡方程组.

表 6-1 中，（Ⅰ）、（Ⅲ）部分的每一列也有一个等式，即每一个消耗部门对各部门的生产消耗加上该部门新创造的价值等于它的总产品价值，可用方程组

$$\begin{cases} x_1 = x_{11} + x_{21} + \cdots + x_{n1} + z_1 \\ x_2 = x_{12} + x_{22} + \cdots + x_{n2} + z_2 \\ \quad\vdots \\ x_n = x_{1n} + x_{2n} + \cdots + x_{nn} + z_n \end{cases} \tag{6.4}$$

表示，或简写成

$$x_j = \sum_{i=1}^{n} x_{ij} + z_j \quad (j = 1, 2, \cdots, n) \tag{6.5}$$

称式（6.4）为消耗平衡方程组.

显然

$$\sum_{j=1}^{n} x_{kj} + y_k = \sum_{i=1}^{n} x_{ik} + z_k \quad (k = 1, 2, \cdots, n) \tag{6.6}$$

即第 $k$ 部门的总产出等于第 $k$ 部门的总投入.

注：一般地

$$\sum_{j=1}^{n} x_{kj} \neq \sum_{i=1}^{n} x_{ik} \quad (k=1,2,\cdots,n)$$

$$y_k \neq z_k \qquad (k=1,2,\cdots,n)$$

**例1**　设三个部门某年的生产与分配情况如表6-2所示.

表 6-2　　（单位：万元）

| 投入＼产出 | | 消耗部门 I | 消耗部门 II | 消耗部门 III | 最终产品 | 总产品 |
|---|---|---|---|---|---|---|
| 生产部门 | I | 40 | 40 | 60 | 40 | $x_1$ |
| | II | 30 | 50 | 20 | 40 | $x_2$ |
| | III | 60 | 40 | 80 | 20 | $x_3$ |
| 新创造价值 | | $z_1$ | $z_2$ | $z_3$ | | |
| 总产值 | | $x_1$ | $x_2$ | $x_3$ | | |

求：（1）各部门的总产品　$x_1$，$x_2$，$x_3$.

（2）各部门新创造价值　$z_1$，$z_2$，$z_3$.

**解**　（1）将 $x_{ij}$，$y_i$ 的值代入表6-2的分配平衡方程组

$$x_i = \sum_{j=1}^{3} x_{ij} + y_i \qquad (i=1,2,3)$$

得

$$\begin{cases} x_1 = [(40+40+60)+40]\text{万元} = 180\text{ 万元} \\ x_2 = [(30+50+20)+40]\text{万元} = 140\text{ 万元} \\ x_3 = [(60+40+80)+20]\text{万元} = 200\text{ 万元} \end{cases}$$

即三个部门的总产品分别为180万元、140万元、200万元.

（2）将 $x_{ij}$，$x_j$ 的值代入表6-2的消耗平衡方程组

$$x_j = \sum_{i=1}^{3} x_{ij} + z_j \qquad (j=1,2,3)$$

得

$$\begin{cases} z_1 = [180-(40+30+60)]\text{万元} = 50\text{ 万元} \\ z_2 = [140-(40+50+40)]\text{万元} = 10\text{ 万元} \\ z_3 = [200-(60+20+80)]\text{万元} = 40\text{ 万元} \end{cases}$$

即三个部门新创造的价值分别为50万元、10万元、40万元.

### 6.1.2　投入产出系数（直接消耗系数）

为了确定各部门间在生产技术上的数量依存关系，我们引入直接消耗系数的概念.

**定义 6.1**　第 $j$ 部门生产单位产品直接消耗第 $i$ 部门的产品量，称为第 $j$ 部门对第 $i$ 部门的**直接消耗系数**，记作 $a_{ij}$，即

$$a_{ij}=\frac{x_{ij}}{x_j}\quad (i,\ j=1,\ 2,\ \cdots,\ n) \tag{6.7}$$

直接计算可求得例 1 中第 Ⅰ 部门每生产一个单位产品要消耗第 Ⅲ 个部门的产品数为

$$a_{31}=\frac{x_{31}}{x_1}=\frac{60}{180}\approx 0.333$$

同理可求得

$$a_{11}=\frac{x_{11}}{x_1}=\frac{40}{180}\approx 0.222 \qquad a_{21}=\frac{x_{21}}{x_1}=\frac{30}{180}\approx 0.167$$

$$a_{12}=\frac{x_{12}}{x_2}=\frac{40}{140}\approx 0.286 \qquad a_{22}=\frac{x_{22}}{x_2}=\frac{50}{140}\approx 0.357$$

$$a_{13}=\frac{x_{13}}{x_3}=\frac{60}{200}=0.300 \qquad a_{23}=\frac{x_{23}}{x_3}=\frac{20}{200}=0.100$$

$$a_{32}=\frac{x_{32}}{x_2}=\frac{40}{140}\approx 0.286 \qquad a_{33}=\frac{x_{33}}{x_3}=\frac{80}{200}=0.400$$

直接消耗系数是以生产技术性联系为基础的，因而是相对稳定的，通常也叫技术系数. 各部门之间的直接消耗系数构成的 $n$ 阶矩阵

$$\boldsymbol{A}=\begin{pmatrix} a_{11} & a_{12} & \cdots & a_{1n} \\ a_{21} & a_{22} & \cdots & a_{2n} \\ \vdots & \vdots & & \vdots \\ a_{n1} & a_{n2} & \cdots & a_{nn} \end{pmatrix}$$

称为**直接消耗系数矩阵**.

经上述计算可知例 1 中所示系统的直接消耗系数矩阵为

$$\boldsymbol{A}=\begin{pmatrix} 0.222 & 0.286 & 0.300 \\ 0.167 & 0.357 & 0.100 \\ 0.333 & 0.286 & 0.400 \end{pmatrix}$$

直接消耗系数 $a_{ij}$具有下列性质：

**性质 1**　$$0\leqslant a_{ij}<1\quad (i,\ j=1,\ 2,\ \cdots,\ n) \tag{6.8}$$

**性质 2**　$$\sum_{i=1}^{n}|a_{ij}|<1\quad (j=1,\ 2,\ \cdots,\ n) \tag{6.9}$$

这是因为根据消耗平衡方程组（6.5）

$$x_j=\sum_{i=1}^{n}a_{ij}x_j+z_j\qquad (j=1,\ 2,\ \cdots,\ n)$$

整理后得

$$\left(1-\sum_{i=1}^{n}a_{ij}\right)x_j=z_j$$

因为 $$x_j>0,\ z_j>0$$

那么 $$1-\sum_{i=1}^{n}a_{ij}>0$$

因此 $$\sum_{i=1}^{n}a_{ij}<1$$

由式（6.8），上式可写成

$$\sum_{i=1}^{n}|a_{ij}|<1\quad (j=1,2,\cdots,n)$$

### 6.1.3 投入产出分析

#### 1. 分配平衡方程组的解

将 $x_{ij}=a_{ij}x_j$（$i,\ j=1,\ 2,\ \cdots,\ n$）代入分配平衡方程组（6.3）

得 $$x_i=\sum_{j=1}^{n}a_{ij}x_j+y_j\quad (i=1,\ 2,\ \cdots,\ n) \tag{6.10}$$

设 $$\boldsymbol{X}=\begin{pmatrix}x_1\\x_2\\\vdots\\x_n\end{pmatrix},\qquad \boldsymbol{Y}=\begin{pmatrix}y_1\\y_2\\\vdots\\y_n\end{pmatrix}$$

则方程组（6.10）可写成矩阵形式

$$\boldsymbol{X}=\boldsymbol{AX}+\boldsymbol{Y}$$

或 $$(\boldsymbol{E}-\boldsymbol{A})\boldsymbol{X}=\boldsymbol{Y} \tag{6.11}$$

其中，$\boldsymbol{A}$ 为直接消耗系数矩阵.

**定理 6.1 如果 $n$ 阶方阵 $\boldsymbol{A}=(a_{ij})$ 具有以下性质：$0\leqslant a_{ij}<1\quad (i,j=1,2,\cdots,n)$ 及 $\sum_{i=1}^{n}|a_{ij}|<1\quad (j=1,2,\cdots,n)$，那么，方程 $(\boldsymbol{E}-\boldsymbol{A})\boldsymbol{X}=\boldsymbol{Y}$，当 $\boldsymbol{Y}$ 为已知且为非负时，$\boldsymbol{X}$ 存在非负解**

$$\boldsymbol{X}=(\boldsymbol{E}-\boldsymbol{A})^{-1}\boldsymbol{Y} \tag{6.12}$$

根据定理 6.1，若已知关系式（6.11）中 $\boldsymbol{X}$，$\boldsymbol{Y}$ 中的某一个，就可以求出另外一个，即式（6.11）建立了分配平衡方程组总产量 $\boldsymbol{X}$ 与最终产品 $\boldsymbol{Y}$ 之间的关系. 我们可以利用式（6.11）由总产量 $\boldsymbol{X}$ 预测最终产品 $\boldsymbol{Y}$，也可以由最终产量 $\boldsymbol{Y}$ 计算总产量 $\boldsymbol{X}$.

**例 2** 已知三个部门在某一生产周期内，直接消耗系数矩阵为

$$\boldsymbol{A}=\begin{pmatrix}0.25&0.10&0.10\\0.20&0.20&0.10\\0.10&0.10&0.20\end{pmatrix}$$

（1）已知三个部门的总产值分别是 400，250，300，求各部门的最终产品；

（2）已知各部门的最终产品分别是 235，125，210，求各部门的总产值.

**解**　（1）已知 $\boldsymbol{X}=(400,\ 250,\ 300)^{\mathrm{T}}$，将 $\boldsymbol{A}$，$\boldsymbol{X}$ 代入

$$(\boldsymbol{E}-\boldsymbol{A})\boldsymbol{X}=\boldsymbol{Y}$$

得

$$\begin{pmatrix} y_1 \\ y_2 \\ y_3 \end{pmatrix}=\begin{pmatrix} 0.75 & -0.10 & -0.10 \\ -0.20 & 0.80 & -0.10 \\ -0.10 & -0.10 & 0.80 \end{pmatrix}\begin{pmatrix} 400 \\ 250 \\ 300 \end{pmatrix}=\begin{pmatrix} 245 \\ 90 \\ 175 \end{pmatrix}$$

（2）$\boldsymbol{Y}=(235,\ 125,\ 210)^{\mathrm{T}}$，将 $\boldsymbol{A}$，$\boldsymbol{Y}$ 代入

$$(\boldsymbol{E}-\boldsymbol{A})\boldsymbol{X}=\boldsymbol{Y}$$

得方程组

$$\begin{cases} 0.75x_1-0.1x_2-0.1x_3=235 \\ -0.2x_1+0.8x_2-0.1x_3=125 \\ -0.1x_1-0.1x_2+0.8x_3=210 \end{cases}$$

利用消元法解方程组

$$\tilde{\boldsymbol{A}}=\begin{pmatrix} 0.75 & -0.1 & -0.1 & 235 \\ -0.2 & 0.8 & -0.1 & 125 \\ -0.1 & -0.1 & 0.8 & 210 \end{pmatrix}$$

$$\rightarrow\begin{pmatrix} 1 & 1 & -8 & -2100 \\ 0 & 1 & -1.7 & -295 \\ 0 & -0.85 & 5.9 & 1810 \end{pmatrix}$$

$$\rightarrow\begin{pmatrix} 1 & 1 & -8 & -2100 \\ 0 & 1 & -1.7 & -295 \\ 0 & 0 & 4.455 & 1559.25 \end{pmatrix}$$

$$\rightarrow\begin{pmatrix} 1 & 1 & 0 & 700 \\ 0 & 1 & 0 & 300 \\ 0 & 0 & 1 & 350 \end{pmatrix}\rightarrow\begin{pmatrix} 1 & 0 & 0 & 400 \\ 0 & 1 & 0 & 300 \\ 0 & 0 & 1 & 350 \end{pmatrix}$$

所以方程组解为 $x_1=400$，$x_2=300$，$x_3=350$.

注：亦可以由 $\boldsymbol{X}=(\boldsymbol{E}-\boldsymbol{A})^{-1}\boldsymbol{Y}$ 求解.

**2. 完全消耗系数**

国民经济各部门之间的生产与消耗，除了直接消耗外，还有间接消耗关系. 如炼铁要消耗煤，采煤和运煤也需要消耗煤. 依此类推，各部门的消耗形成了一个连环. 我们把第 $j$ 部门生产产品时，通过其他部门间接消耗第 $i$ 部门的产品，称为第 $j$ 部门对第 $i$ 部门的间接消耗. 直接消耗与间接消耗之和称为完全消耗.

由　$X=(E-A)^{-1}Y$

令　$(E-A)^{-1}=B=(b_{ij})\quad(i,\ j=1,\ 2,\ \cdots,\ n)$

则　$X=(E-A)^{-1}Y=BY$，可写成

$$\begin{cases}x_1=b_{11}y_1+b_{12}y_2+\cdots+b_{1n}y_n\\ x_2=b_{21}y_1+b_{22}y_2+\cdots+b_{2n}y_n\\ \qquad\vdots\\ x_n=b_{n1}y_1+b_{n2}y_2+\cdots+b_{nn}y_n\end{cases}\tag{6.13}$$

由式（6.13）可以看出，当 $y_1$ 增加一个单位产品时，$x_1$，$x_2$，…，$x_n$ 相应增加 $b_{11}$，$b_{21}$，…$b_{n1}$个单位产品. 由于 $b_{11}$ 为当 $y_1$ 增加一个单位产品时第一部门相应增加的单位产品，所以第一部门实际增加的消耗为 $b_{11}-1$ 个单位产品，同理，当 $y_2$ 增加一个单位产品时，$x_1$，$x_2$，…，$x_n$ 相应增加 $b_{12}$，$b_{22}$，…，$b_{n2}$个单位产品，第二部门实际增加的消耗为 $b_{22}-1$，其余类推. 我们把矩阵

$$\begin{pmatrix}b_{11}-1 & b_{12} & b_{13} & \cdots & b_{1n}\\ b_{21} & b_{22}-1 & b_{23} & \cdots & b_{2n}\\ \vdots & \vdots & \vdots & & \vdots\\ b_{n1} & b_{n2} & b_{n3} & \cdots & b_{nn}-1\end{pmatrix}$$

称为**完全消耗矩阵**，记作 $C$，矩阵中的元素叫作**完全消耗系数**.

由
$$(E-A)^{-1}=B$$
知
$$C=(E-A)^{-1}-E\tag{6.14}$$

完全消耗系数全面地反映了各部门之间相互依存、相互制约的关系. 利用完全消耗系数可以分析最终产品 $Y$ 与总产品 $X$ 的关系.

根据关系式

$$C=(E-A)^{-1}-E$$
$$(E-A)^{-1}=C+E$$

那么分配平衡方程组的解

$$\begin{aligned}X&=(E-A)^{-1}Y\\ &=(C+E)Y\end{aligned}\tag{6.15}$$

若已知报告期的完全消耗系数及计划期的各部门最终产品，可由式（6.15）求出各部门的总产品.

**例3**　一个经济系统有三个部门，下一个生产周期的最终产品为：Ⅰ部门60个单位，Ⅱ部门70单位，Ⅲ部门60单位，该系统的完全消耗系数矩阵为

$$C=\begin{pmatrix}0.30 & 0.25 & 0.075\\ 0.46 & 0.88 & 0.68\\ 0.21 & 0.22 & 0.20\end{pmatrix}$$

问各部门的总产品要达到多少才能完成计划？

**解**　因为

$$C+E=\begin{pmatrix}1.30 & 0.25 & 0.075\\0.46 & 1.88 & 0.68\\0.21 & 0.22 & 1.20\end{pmatrix}$$

由式（6.15）

$$\begin{aligned}X&=(C+E)Y\\&=\begin{pmatrix}1.30 & 0.25 & 0.075\\0.46 & 1.88 & 0.68\\0.21 & 0.22 & 1.20\end{pmatrix}\begin{pmatrix}60\\70\\60\end{pmatrix}=\begin{pmatrix}100\\200\\100\end{pmatrix}\end{aligned}$$

即第Ⅰ、Ⅱ、Ⅲ部门应完成的总产品分别为 100、200 和 100 单位.

## 习题　6.1

1. 某工厂有三个车间，各车间的生产情况如下表所示：

（单位：万元）

| 投入＼产出 | | 车间 Ⅰ | 车间 Ⅱ | 车间 Ⅲ | 出厂产量 | 总产量 |
|---|---|---|---|---|---|---|
| 车间 | Ⅰ | 0 | 15 | 0 | $y_1$ | 100 |
| | Ⅱ | 30 | 0 | 63 | $y_2$ | 150 |
| | Ⅲ | 30 | 22.5 | 0 | $y_3$ | 90 |
| 新创造价值 | | $z_1$ | $z_2$ | $z_3$ | | |
| 总产值 | | 100 | 150 | 90 | | |

求：（1）各车间的出厂产量 $y_1$，$y_2$，$y_3$.

（2）各车间的新创造价值 $z_1$，$z_2$，$z_3$.

（3）直接消耗系数矩阵 $\boldsymbol{A}$.

2. 设某一经济系统在所考察期内部门间投入产出情况如下表所示：

（单位：万元）

| 投入＼产出 | | 消耗部门 Ⅰ | 消耗部门 Ⅱ | 消耗部门 Ⅲ | 最终产品 | 总产品 |
|---|---|---|---|---|---|---|
| 生产部门 | Ⅰ | 50 | 110 | 100 | 240 | 500 |
| | Ⅱ | 20 | 15 | 40 | 175 | 250 |
| | Ⅲ | 10 | 15 | 80 | 195 | 300 |
| 新创造价值 | | 420 | 110 | 80 | | |
| 总产值 | | 500 | 250 | 300 | | |

（1）计算直接消耗系数矩阵 $\boldsymbol{A}$.

（2）求完全消耗系数矩阵 $\boldsymbol{C}$.

3. 已知某经济系统在一个生产周期内直接消耗系数矩阵 $\boldsymbol{A}$ 和最终产品 $\boldsymbol{Y}$ 分别为

$$\boldsymbol{A}=\begin{pmatrix}0.2&0.1&0.2\\0.1&0.2&0.2\\0.1&0.1&0.1\end{pmatrix},\quad \boldsymbol{Y}=\begin{pmatrix}75\\120\\225\end{pmatrix}$$

试求各部门的总产品 $\boldsymbol{X}$.

## 6.2 线性规划问题

线性规划问题是运筹学中理论比较成熟、应用比较广泛的一个重要分支. 它主要研究二类问题：一是在一定的资源（人力、物力、财力）条件下，如何合理安排，使其取得最大经济效益；二是在给定任务条件下，如何统筹安排，使得消耗的资源最少. 这实质上就是在一定的条件下，寻求整个问题某个指标的最优化. 线性规划就是解决这类问题的一类方法.

### 6.2.1 线性规划问题的数学模型

数学模型是描述实际问题共性的抽象的数学形式. 下面通过对几个具体问题的分析来介绍线性规划问题及数学模型.

**例 4** （资源最优利用问题）某工厂生产甲、乙两种产品，已知生产 1t 甲种产品需要消耗煤 9t，耗电 4kWh，劳动力 3 个. 生产 1t 乙种产品需要消耗煤 4t，耗电 5kWh，劳动力 10 个. 而 1t 甲种产品的价格为 70 元，1t 乙种产品的价格为 120 元. 现在该工厂有煤 360t、电 200kWh、劳动力 300 个. 在现有条件下应生产甲、乙两种产品各多少时，才能使所获总利润最大?

**解** 首先将问题的条件列成表格形式，见表 6-3.

设甲、乙两种产品的产量分别为 $x_1$，$x_2$，显然 $x_1 \geqslant 0$，$x_2 \geqslant 0$. 设 $S$ 表示总利润，问题中的目标是总利润函数

$$S=70x_1+120x_2$$

达到最大值.

**表 6-3**

| 消耗定额 / 产品 / 资源 | 甲 | 乙 | 现有资源数 |
|---|---|---|---|
| 煤/t | 9 | 4 | 360 |
| 电力/kWh | 4 | 5 | 200 |
| 劳动力/个 | 3 | 10 | 300 |
| 价格/(元/t) | 70 | 120 | |

问题中的消耗资源数量不能超过现有资源数量，根据问题所给的条件对原料煤有

$$9x_1+4x_2\leqslant 360$$

同理对原料电力有

$$4x_1+5x_2\leqslant 200$$

对劳动力有

$$3x_1+10x_2\leqslant 300$$

综上所述，该问题的数学模型为

$$\max S=70x_1+120x_2$$

$$\begin{cases}9x_1+4x_2\leqslant 360\\4x_1+5x_2\leqslant 200\\3x_1+10x_2\leqslant 300\\x_1\geqslant 0,\ x_2\geqslant 0\end{cases}$$

**例 5**　(物质最佳调运问题) 设有某种物质从 $A_1$，$A_2$ 两个产地调往 $B_1$，$B_2$，$B_3$ 三个销地．已知 $A_1$，$A_2$ 的产量为 90t 和 70t，$B_1$，$B_2$，$B_3$ 的需要量分别为 36t，60t 和 64t，各产地到各销地的距离见表 6-4 所示．

**表　6-4**

| 距离 \ 销地 \ 产地 | $B_1$ | $B_2$ | $B_3$ | 产量/t |
|---|---|---|---|---|
| $A_1$ | 11 | 9 | 6 | 90 |
| $A_2$ | 5 | 8 | 12 | 70 |
| 销量/t | 36 | 60 | 64 | |

问如何调运才能使总运费最低？

**解**　设 $x_{ij}$ 表示 $A_i$ 运往 $B_j$ 的货运量 ($i=1,2$；$j=1,2,3$)，显然 $x_{ij}\geqslant 0$，又设 $S$ 表示总运费．

由 $A_1$ 发往 $B_1$，$B_2$，$B_3$ 三地的总销量应等于 $A_1$ 的产量，即

$$x_{11}+x_{12}+x_{13}=90$$

同理可得

$$x_{21}+x_{22}+x_{23}=70$$

又 $A_1$，$A_2$ 发往 $B_1$ 的产品数量应等于 $B_1$ 的需用量，即

$$x_{11}+x_{21}=36$$

同理

$$x_{12}+x_{22}=60$$

$$x_{13}+x_{23}=64$$

目标是总运输量

$$S = 11x_{11} + 9x_{12} + 6x_{13} + 5x_{21} + 8x_{22} + 12x_{23}$$

达到最小值.

综上所述，该问题的数学模型为

$$\min S = 11x_{11} + 9x_{12} + 6x_{13} + 5x_{21} + 8x_{22} + 12x_{23}$$

$$\begin{cases} x_{11} + x_{12} + x_{13} = 90 \\ x_{21} + x_{22} + x_{23} = 70 \\ x_{11} + x_{21} = 36 \\ x_{12} + x_{22} = 60 \\ x_{13} + x_{23} = 64 \\ x_{ij} \geqslant 0 \ (i=1,\ 2;\ j=1,\ 2,\ 3) \end{cases}$$

**例6** （合理下料问题）用长300cm的钢管，截成长度为72cm和38cm的两种毛坯，要求共截出72cm的毛坯200根，38cm的毛坯250根. 怎样截才能使所用的原料最少？

**解** 该问题可能的下料方案见表6-5.

**表 6-5**

| 零件名称 \ 零件个数 \ 下料方式 | Ⅰ | Ⅱ | Ⅲ | Ⅳ | Ⅴ |
|---|---|---|---|---|---|
| 72cm 钢管 | 4 | 3 | 2 | 1 | 0 |
| 38cm 钢管 | 0 | 1 | 4 | 6 | 7 |

设上述五种方案的下料数为 $x_j$ 根，$x_j \geqslant 0$ $(j=1,\ 2,\ 3,\ 4,\ 5)$，所用钢管的总数为 $S$，则各方式下的零件总数应不少于要求，即

$$4x_1 + 3x_2 + 2x_3 + x_4 \geqslant 200$$

$$x_2 + 4x_3 + 6x_4 + 7x_5 \geqslant 250$$

目标是所用钢管总数

$$S = x_1 + x_2 + x_3 + x_4 + x_5$$

达到最小值.

综上所述，该问题的数学模型为

$$\min S = x_1 + x_2 + x_3 + x_4 + x_5$$

$$\begin{cases} 4x_1 + 3x_2 + 2x_3 + x_4 \geqslant 200 \\ x_2 + 4x_3 + 6x_4 + 7x_5 \geqslant 250 \\ x_j \geqslant 0 \ (j=1,\ 2,\ 3,\ 4,\ 5) \end{cases}$$

**例 7**　（资金分配问题）某商店拥有 100 万元资金，准备经营 $A$，$B$，$C$ 三种商品，其中 $A$ 商品有 $A_1$，$A_2$ 两种型号，$B$ 商品有 $B_1$，$B_2$ 两种型号，每种商品的利润率如表 6-6 所示.

**表 6-6**

| 商　品 | $A$ | | $B$ | | $C$ |
|---|---|---|---|---|---|
| | $A_1$ | $A_2$ | $B_1$ | $B_2$ | |
| 利润率（%） | 7.3 | 10.3 | 6.4 | 7.5 | 4.5 |

在经营中有以下限制：

（1）经营 $A$ 或 $B$ 的资金各自都不能超过总资金的 50%；

（2）经营 $C$ 的资金不能少于经营 $B$ 的资金的 25%；

（3）经营 $A_2$ 的资金不能超过经营 $A$ 的总资金的 60%.

问怎样分配资金才能使所获利润最大?

**解**　设经营 $A_1$，$A_2$，$B_1$，$B_2$，$C$ 的资金分别为 $x_1$，$x_2$，$x_3$，$x_4$，$x_5$（万元），总利润为 $S$，则这一问题的数学模型为

$$\max S = 0.073x_1 + 0.103x_2 + 0.064x_3 + 0.075x_4 + 0.045x_5$$

$$\begin{cases} x_1 + x_2 + x_3 + x_4 + x_5 = 100 \\ x_1 + x_2 \leqslant 50 \\ x_3 + x_4 \leqslant 50 \\ 0.25x_3 + 0.25x_4 - x_5 \leqslant 0 \\ 0.6x_1 - 0.4x_2 \geqslant 0 \\ x_j \geqslant 0 \ (j = 1, 2, 3, 4, 5) \end{cases}$$

以上建立了几个常见的实际经济问题的数学模型，其余的问题还有：最佳配料问题、合理布局问题、生产组织和计划安排问题、库存问题等. 这些实际问题虽然各不相同，但它们具有以下共同特征：

（1）问题中有待确定的未知变量（称为决策变量），决策变量一般取非负值；

（2）存在一定的限制条件（称为约束条件），这些约束条件都可以用决策变量的线性等式或线性不等式表示；

（3）有明确的目标，这一目标可以通过求决策变量的线性函数（称为目标函数）的最大值或最小值来实现.

具有这类特征的数学问题称为**线性规划问题**. 线性规划问题数学模型的一般形式为

$$\max(\text{或 }\min)S = c_1x_1 + c_2x_2 + \cdots + c_nx_n \tag{6.16}$$

$$\begin{cases} a_{11}x_1 + a_{12}x_2 + \cdots + a_{1n}x_n \leqslant (\text{或}\geqslant,\ =)\ b_1 \\ a_{21}x_1 + a_{22}x_2 + \cdots + a_{2n}x_n \leqslant (\text{或}\geqslant,\ =)\ b_2 \\ \qquad\vdots \\ a_{m1}x_1 + a_{m2}x_2 + \cdots + a_{mn}x_n \leqslant (\text{或}\geqslant,\ =)\ b_m \\ x_j \geqslant 0\ (j=1,2,\cdots,n) \end{cases} \tag{6.17}$$

其中，$a_{ij}$，$b_i$，$c_j$（$i=1, 2, \cdots, m$；$j=1, 2, \cdots, n$）为常数. $x_j$（$j=1, 2, \cdots, n$）称为**决策变量**，式（6.17）称为**约束条件**.

满足约束条件（6.17）的一组变量的值称为**可行解**，使目标函数（6.16）取得最大（或最小）的可行解称为**最优解**. 此时，目标函数的值称为**最优值**.

### 6.2.2 线性规划问题的标准形

为了确定线性规划问题的一般解法，规定其标准形为

$$\min S = c_1x_1 + c_2x_2 + \cdots + c_nx_n$$

$$\begin{cases} a_{11}x_1 + a_{12}x_2 + \cdots + a_{1n}x_n = b_1 \\ a_{21}x_1 + a_{22}x_2 + \cdots + a_{2n}x_n = b_2 \\ \qquad\vdots \\ a_{m1}x_1 + a_{m2}x_2 + \cdots + a_{mn}x_n = b_m \\ x_j \geqslant 0\ (j=1,2,\cdots,n) \end{cases} \tag{6.18}$$

其中，$b_j \geqslant 0$（$j=1, 2, \cdots, m$）.

令 $\boldsymbol{X} = \begin{pmatrix} x_1 \\ x_2 \\ \vdots \\ x_n \end{pmatrix}$，$\boldsymbol{A} = \begin{pmatrix} a_{11} & a_{12} & \cdots & a_{1n} \\ a_{21} & a_{22} & \cdots & a_{2n} \\ \vdots & \vdots & & \vdots \\ a_{m1} & a_{m2} & \cdots & a_{mn} \end{pmatrix}$，$\boldsymbol{b} = \begin{pmatrix} b_1 \\ b_2 \\ \vdots \\ b_m \end{pmatrix}$，$\boldsymbol{C} = (c_1, c_2, \cdots, c_n)$

则线性规划问题的标准形可用矩阵表示为

$$\min S = \boldsymbol{CX}$$

$$\begin{cases} \boldsymbol{AX} = \boldsymbol{b} \\ \boldsymbol{X} \geqslant \boldsymbol{O} \end{cases} \tag{6.19}$$

$\boldsymbol{AX} = \boldsymbol{b}$ 称为线性规划问题的约束方程组.

标准形的特征如下：

（1）求目标函数的最小值；

（2）所有决策变量都是非负的；

（3）所有约束条件（除非负限制 $x_j \geqslant 0$（$j=1, 2, \cdots, n$））外均为等式；

（4）约束方程的常数项是非负的.

化线性规划问题的一般形式为标准形的一般方法如下：

（1）若某常数 $b_j<0$，则在第 $j$ 式两边同乘以 $-1$，使 $-b_j>0$.

（2）若对目标函数求最大值，由于 $\max S=-\min(-S)$，令 $S'=-S$，则问题化为求 $S'$的最小值.

（3）若约束条件含约束不等式，如第 $i$ 个式子为

$$a_{i1}x_1+a_{i2}x_2+\cdots+a_{in}x_n\leqslant b_i$$

则在上式中加上新变量 $x_{n+i}\geqslant 0$（称为松弛变量），使之变为

$$a_{i1}x_1+a_{i2}x_2+\cdots+a_{in}x_n+x_{n+i}=b_i$$

若第 $j$ 个式子为

$$a_{j1}x_1+a_{j2}x_2+\cdots+a_{jn}x_n\geqslant b_j$$

则在上式中加上新变量 $x_{n+j}\geqslant 0$（称为松弛变量），使之变为

$$a_{j1}x_1+a_{j2}x_2+\cdots+a_{jn}x_n-x_{n+j}=b_j$$

松弛变量在目标函数中的系数为零.

（4）若某变量 $x_j$ 没有非负限制，则引入新变量 $x_j'\geqslant 0$，$x_j''\geqslant 0$，令 $x_j=x_j'-x_j''$代入约束条件和目标函数中，即可使全部变量满足非负限制.

**例 8**　化线性规划问题为标准形.

$$\max S=3x_1+4x_2$$

$$\begin{cases}x_1+x_2\leqslant 6\\ x_1+2x_2\leqslant 8\\ x_2\leqslant 3\\ x_1\geqslant 0,\ x_2\geqslant 0\end{cases}$$

**解**　令 $S'=-S$，将目标函数化为

$$\min S'=-3x_1-4x_2$$

引入松弛变量 $x_3$，$x_4$，$x_5$，将第一、第二、第三个约束不等式化为

$$x_1+x_2+x_3=6,\ x_1+2x_2+x_4=8,\ x_2+x_5=3$$

于是，得到所求线性规划问题的标准形

$$\min S'=-3x_1-4x_2$$

$$\begin{cases}x_1+x_2+x_3=6\\ x_1+2x_2+x_4=8\\ x_2+x_5=3\\ x_j\geqslant 0\ (j=1,2,\cdots,5)\end{cases}$$

**例9** 化线性规划问题为标准形.

$$\max S = x_1 - 2x_2$$

$$\begin{cases} x_1 - x_2 \leqslant -2 \\ x_1 + 2x_2 \geqslant 6 \\ x_1 \geqslant 0,\ x_2 \text{ 无非负限制} \end{cases}$$

**解** 引入松弛变量 $x_3$，$x_4$，将第一、第二个约束不等式化为

$$x_1 - x_2 + x_3 = -2,\ x_1 + 2x_2 - x_4 = 6$$

在 $x_1 - x_2 + x_3 = -2$ 两边乘以 $-1$，得

$$-x_1 + x_2 - x_3 = 2$$

因 $x_2$ 无非负限制，设 $x'_2 \geqslant 0$，$x''_2 \geqslant 0$，令 $x_2 = x'_2 - x''_2$，代入约束条件和目标函数. 令 $S' = -S$，则得到所求线性规划问题的标准形

$$\min S' = -x_1 + 2x'_2 - 2x''_2$$

$$\begin{cases} -x_1 + x'_2 - x''_2 - x_3 = 2 \\ x_1 + 2x'_2 - 2x''_2 - x_4 = 6 \\ x_j \geqslant 0\ (j=1,\ 3,\ 4),\ x'_2 \geqslant 0,\ x''_2 \geqslant 0 \end{cases}$$

## 习题 6.2

1. 写出下列问题的数学模型.

（1）有 $A_1$，$A_2$ 两个工厂生产同一种产品，其月产量分别为 30t 和 20t，这些产品要销往 $B_1$，$B_2$，$B_3$ 三个用户，其月需求量分别为 10t，15t 和 25t，已知各工厂到各用户的运价如下：

（单位：元）

| 工厂＼用户 | $B_1$ | $B_2$ | $B_3$ |
|---|---|---|---|
| $A_1$ | 100 | 140 | 110 |
| $A_2$ | 160 | 150 | 190 |

问如何调配产品才能使运费最省？

（2）某车间生产甲、乙两种产品，已知制造一件甲种产品要 $A$ 种元件 5 个，$B$ 种元件 3 个；制造一件乙种产品要 $A$ 种元件 2 个，$B$ 种元件 3 个. 现因条件限制，只有 $A$ 种元件 180 个，$B$ 种元件 135 个；每件甲种产品可获利润 20 元，每件乙种产品可获利润 15 元. 试问这种条件下，应生产甲、乙产品各多少件才能得到最大利润？

（3）设有 $A_1$，$A_2$ 两种原料，从它们中分别可提取 $B_1$，$B_2$，$B_3$ 三种元素. 下表是每千克原料可提取的各元素数量（单位：g），工厂对各元素的最低需要量（单位：g），及这两种原料的价格（单位：元/kg）. 应采购 $A_1$，$A_2$ 原料各多少，才能保证生产需要而使成本最低？

| 每千克原料提取元素数量/g 原料 / 元素 | $A_1$ | $A_2$ | 最低需要量/g |
|---|---|---|---|
| $B_1$ | 30 | 20 | 60 |
| $B_2$ | 20 | 40 | 100 |
| $B_3$ | 0 | 50 | 50 |
| 原料的价格/（元/kg） | 10 | 80 | |

（4）现有 300cm 长的钢管 500 根，需截成 70cm 和 80cm 长的两种规格，每套由 70cm 长 3 根、80cm 长 2 根组成，可供参考的较经济的截法见下表，求使余料最少的最优下料方案.

| 方　案 | A | B | C | D |
|---|---|---|---|---|
| 截成长为 70cm 的根数 | 4 | 3 | 2 | 0 |
| 截成长为 80cm 的根数 | 0 | 1 | 2 | 3 |
| 余　料/cm | 20 | 10 | 0 | 60 |

（5）某木器厂生产圆桌和衣柜两种产品. 现有两种木料，第一种有 $72\mathrm{m}^3$，第二种有 $56\mathrm{m}^3$. 假设生产每种产品都需要用两种木料. 生产一只圆桌和一个衣柜所需木料见下表. 每生产一只圆桌可获利润 6 元；生产一个衣柜可获利润 10 元. 木器厂在现有木料条件下，生产多少圆桌和衣柜才能使获得的利润最多?

（单位：$\mathrm{m}^3$）

| 产品 | 木料 | |
|---|---|---|
| | 第一种 | 第二种 |
| 圆桌 | 0.18 | 0.08 |
| 衣柜 | 0.09 | 0.28 |

（6）某工厂要制造 A 种电子装置 45 台，B 种电子装置 55 台. 为了给每台装置一个外壳，要从两种不同规格的薄钢板上截取. 已知甲种薄钢板每张 $2\mathrm{m}^2$，可做 A 的外壳 3 个和 B 的外壳 5 个，乙种薄钢板每张 $3\mathrm{m}^2$，可做 A 和 B 的外壳 6 个，各用这两种薄钢板多少张，才能使总的用料面积最小?

2. 将下列线性规划问题的数学模型化为标准形.

（1）$\max S = x_1 + 2x_2 + 3x_3$

$$\begin{cases} 2x_1 - x_2 \leqslant -3 \\ -x_1 + x_2 = 4 \\ 2x_1 + x_2 - 4x_3 \geqslant 2 \\ x_j \geqslant 0 \ (j = 1, 2, 3) \end{cases}$$

（2）$\min S = 3x_1 - 3x_2 - 7x_3$

$$\begin{cases} x_1 + x_2 + 3x_3 \leqslant 40 \\ x_1 + 9x_2 - 7x_3 \geqslant 50 \\ 5x_1 - 9x_2 = -20 \\ x_j \geqslant 0 \ (j = 1, 2),\ x_3 \text{ 无非负限制} \end{cases}$$

(3) $\min S = -2x_1 + 3x_2 + 4x_3$

$$\begin{cases} 9x_1 + 5x_2 - 14 \leqslant 0 \\ x_1 + 3x_2 - 2x_3 = 2 \\ 8x_1 - x_2 + 4x_3 \geqslant 0 \\ x_j \geqslant 0 \ (j = 1, 2, 3) \end{cases}$$

## 6.3 图解法与线性规划问题解的性质

### 6.3.1 两个变量的线性规划问题的图解法

图解法是解两个变量的线性规划问题的一种简单而又直观的方法，并且有助于理解一般线性规划问题求解的基本原理.

**例 10** 求解线性规划问题.

$$\max S = x_1 + 2x_2$$

$$\begin{cases} x_1 - x_2 \leqslant 3 \\ x_1 + x_2 \leqslant 5 \\ x_1 + x_2 \geqslant 1 \\ x_1 \geqslant 0, \ x_2 \geqslant 0 \end{cases}$$

**解** (1) 作出可行域

建立直角坐标系 $Ox_1x_2$. 因为满足约束条件中的每一个不等式的点集是个半平面，从而满足约束条件的点集是五个半平面的交集，即图 6-1 中的多边形 $ABCDE$ 中的所有点（包括边界点），记为 $H$. 因为 $H$ 中任意点的坐标都是这个线性规划问题的可行解，称可行解组成的区域为可行域，所以 $H$ 为可行域.

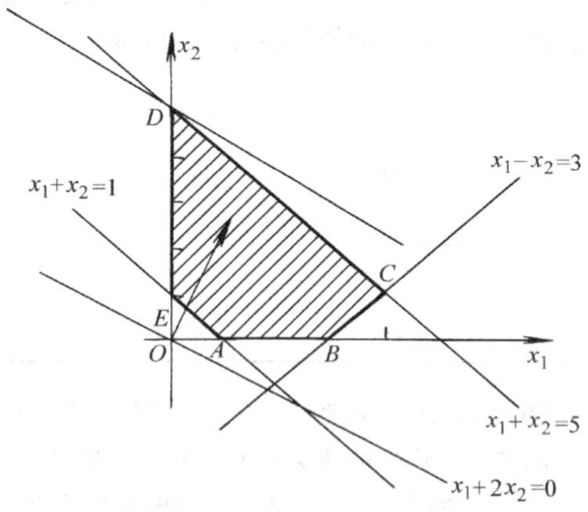


图 6-1

(2) 在可行域上寻找最优解

目标函数 $S = x_1 + 2x_2$ 中的 $S$ 可以看作是一个参数. 当 $S$ 取定值 $S_0$ 时，确定了 $Ox_1x_2$ 平面上一条直线：$x_1 + 2x_2 = S_0$. 由于这条直线上的所有点都具有相同的目标值 $S_0$，所以称它为目标函数的等值线. 当 $S$ 取不同的值时，可以得到一簇平行的等值线.

由于等值线可以看作是由直线 $x_1 + 2x_2 = 0$（零等值线）作平行移动生成的，故可先作出直线 $x_1 + 2x_2 = 0$，再将直线 $S = x_1 + 2x_2$（与可行域相交的任一条等值线）沿目标函数增大的方向平行移动（对于目标函数 $S=c_1x_1+c_2x_2$，可以作出点 $k(c_1, c_2)$，则当 $S$ 沿原点指向点 $k(c_1, c_2)$ 的方向平行移动时目标函数值增大，反向移动目标函数值减少），即自原点引向点 $k(1, 2)$ 的方向平行移动，当直线通过点 $D(0, 5)$ 时，再移动就与可行域无交点了，所以点 $D$ 的坐标使目标函数取得最大值. 故当 $x_1=0$，$x_2=5$ 时目标函数取最大值 $S=10$.

**例 11**　在例 10 中将 $\max S=x_1+2x_2$ 换成 $\min S=x_1+2x_2$，求其最优解.

**解**　由例 10 可知，当直线 $S=x_1+2x_2$ 沿自原点指向点 $k(1, 2)$ 的方向反向平行移动时，目标函数值将变小，移至可行域的顶点 $A(1, 0)$ 处（见图 6-2）时，再移动就与可行域无交点了，所以点 $A$ 的坐标使目标函数取得最小值. 故当 $x_1=1$、$x_2=0$ 时目标函数取最小值 $S=1$.

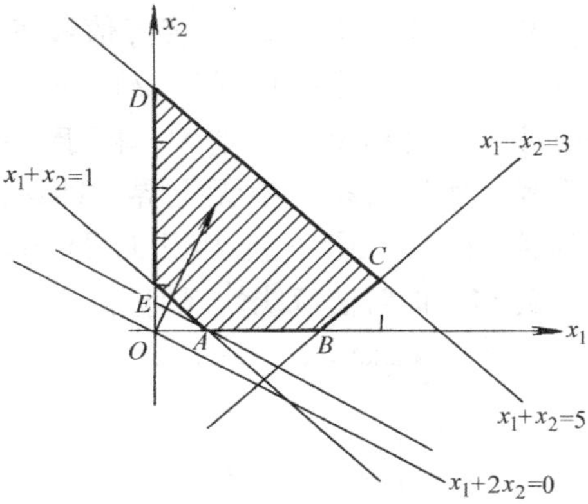


图　6-2

**例 12**　将例 10 中的 $\max S=x_1+2x_2$ 换成 $\min S=x_1+x_2$，求其最优解.

**解**　如图 6-3 所示，作出目标函数零等值线 $x_1+x_2=0$，取点 $k(1, 1)$，则当直线 $S=x_1+x_2$ 沿原点指向点 $k(1, 1)$ 的方向反向平行移动时目标函数值将变小，移至与直线 $x_1+x_2=1$ 重合时，$S$ 取得最小值，即线段 $AE$ 上每点的坐标都是该问题的最优解，最优值 $S=1$.

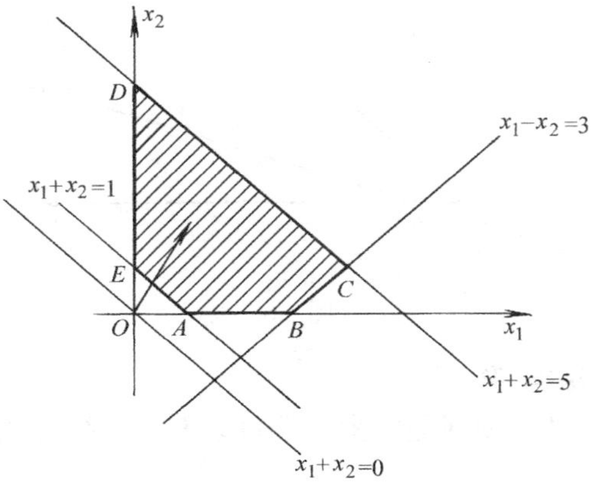


图　6-3

**例 13**　图解法解线性规划问题.

$$\max S=3x_1+2x_2$$

$$\begin{cases} x_1+2x_2\geqslant 4 \\ x_1-x_2\geqslant 1 \\ x_1\geqslant 0,\ x_2\geqslant 0 \end{cases}$$

**解**　作出可行域如图6-4所示，是无界凸区域*ABCD*. 作出零等值线 $3x_1+2x_2=0$，标出点（3，2），将等值线 $S=3x_1+2x_2$ 沿原点指向点（3，2）的方向平行移动，目标函数值增大，由于可行域无界，所以目标函数无上界. 即该问题的目标函数无最大值，因此无最优解.

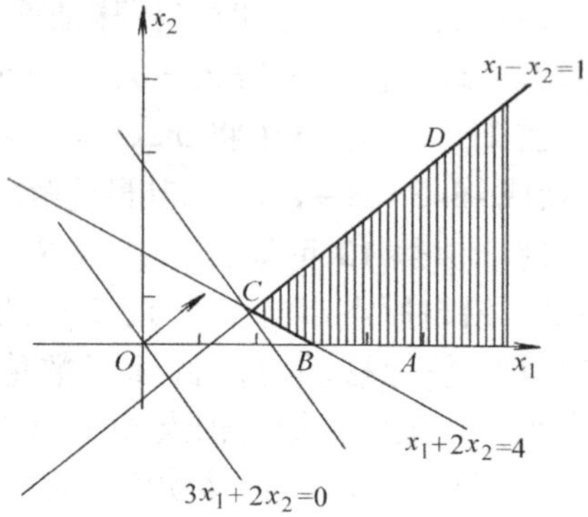


图　6-4

**例14**　图解法解线性规划问题.

$$\max S=3x_1+4x_2$$

$$\begin{cases} x_2-x_1\geqslant 1 \\ 4x_2-x_1\leqslant 0 \\ x_1\geqslant 0,\ x_2\geqslant 0 \end{cases}$$

**解**　如图6-5所示，同时满足四个约束条件的点是不存在的，即该线性规划问题的可行域为空集，所以该线性规划问题无可行解，当然也无最优解.

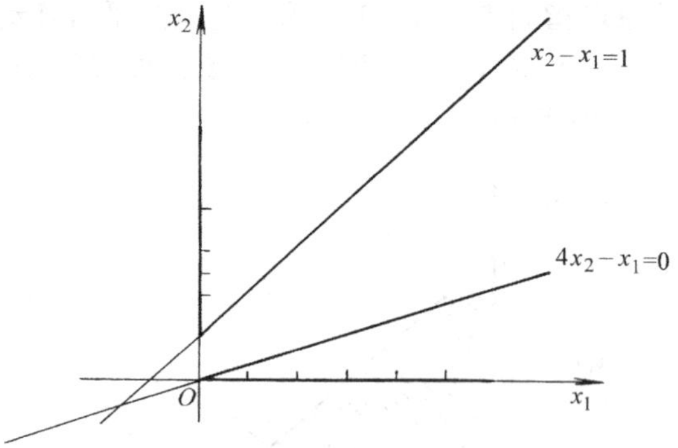


图　6-5

## 6.3.2　线性规划问题解的性质

从两个变量的线性规划问题的图解法可以看到，线性规划问题的解可以归结为

$$\begin{cases} \text{有可行解}\begin{cases} \text{有最优解}\begin{cases} \text{最优解唯一} \\ \text{最优解无穷多个} \end{cases} \\ \text{无最优解} \end{cases} \\ \text{无可行解}\rightarrow\text{无最优解} \end{cases}$$

一般的线性规划问题的解的性质如下：

（1）线性规划问题的可行域是凸集（即连接其内任意两点的线段仍在其内）.

（2）可行域的顶点（即凸集的极点，该点不能成为凸集中任何线段的内点）是有限的.

（3）若线性规划问题有最优解，则最优值一定可以在可行域的顶点（即凸集的极点）取到.

## 习题　6.3

用图解法解下列线性规划问题.

1. $\min S=-x_1+x_2$

$$\begin{cases}-2x_1+x_2\leqslant 2\\ x_1-2x_2\leqslant 2\\ x_1+x_2\leqslant 5\\ x_1,\ x_2\geqslant 0\end{cases}$$

2. $\max S=-x_1+2x_2$

$$\begin{cases}x_1-x_2\geqslant -2\\ x_1+2x_2\leqslant 6\\ x_1+x_2\leqslant 5\\ x_1,\ x_2\geqslant 0\end{cases}$$

3. $\max S=3x_1+6x_2$

$$\begin{cases}x_1-x_2\geqslant -2\\ x_1+2x_2\leqslant 6\\ x_1,\ x_2\geqslant 0\end{cases}$$

4. $\max S=-2x_1+x_2$

$$\begin{cases}x_1+x_2\geqslant 1\\ x_1-3x_2\geqslant -3\\ x_1,\ x_2\geqslant 0\end{cases}$$

# 6.4　单纯形法

含有两个变量的线性规划问题的图解法，是一种简单易行的求解方法. 但是当变量的个数多于两个或约束条件的方程个数较多时，图解法就不能适用. 本节将介绍关于一般线性规划问题普遍有效的解法——单纯形法.

### 6.4.1　单纯形法的引入

1. 基本概念

设线性规划问题

$$\min S=\boldsymbol{CX}$$

$$\begin{cases}\boldsymbol{AX}=\boldsymbol{b} & (\boldsymbol{b}\geqslant\boldsymbol{0})\\ \boldsymbol{X}\geqslant 0\end{cases}$$

设约束方程组 $\boldsymbol{AX}=\boldsymbol{b}$ 的系数矩阵 $\boldsymbol{A}$ 的秩为 $m$，称 $\boldsymbol{A}$ 的任一 $m$ 阶非奇异方阵 $\boldsymbol{B}$（即 $|\boldsymbol{B}|\neq 0$）为此线性规划问题的一个**基**. 与基的列向量对应的变量称为**基变量**，其余变量称为**非基变量**.

在约束方程组 $\boldsymbol{AX}=\boldsymbol{b}$ 中令所有非基变量取值为零，可求出相应的 $m$ 个基变量的值，这样得到的约束方程组的解称为线性规划问题的**基解**.

满足非负约束的基解称为**基可行解**，并称基 $\boldsymbol{B}$ 为**可行基**. 若基可行解使目标函数取得最小值，则称它为**基最优解**，对应的基称为**最优基**.

2. 单纯形法的引入

**例 15** 解线性规划问题.

$$\max S=3x_1+4x_2$$
$$\begin{cases}2x_1+2x_2\leqslant 80\\2x_1+4x_2\leqslant 120\\x_1\geqslant 0,\ x_2\geqslant 0\end{cases}\tag{6.20}$$

**解** 引入松弛变量 $x_3$, $x_4\geqslant 0$，化问题为标准形

$$\min S'=-3x_1-4x_2$$
$$\begin{cases}2x_1+2x_2+x_3=80\\2x_1+4x_2+x_4=120\\x_j\geqslant 0\ (j=1,\ 2,\ 3,\ 4)\end{cases}\tag{6.21}$$

其中，约束方程组的系数矩阵

$$\boldsymbol{A}=\begin{pmatrix}2&2&1&0\\2&4&0&1\end{pmatrix}$$

显然，矩阵 $\boldsymbol{A}$ 中的子矩阵

$$\boldsymbol{B}_0=\begin{pmatrix}1&0\\0&1\end{pmatrix},\ \boldsymbol{B}_1=\begin{pmatrix}2&0\\4&1\end{pmatrix},\ \boldsymbol{B}_2=\begin{pmatrix}2&2\\2&4\end{pmatrix}$$

都是该线性规划问题的基，对应于基 $\boldsymbol{B}_0$，$x_3$，$x_4$ 是基变量，$x_1$，$x_2$ 是非基变量. 用非基变量表示基变量，则可得约束方程组的同解方程组

$$\begin{cases}x_3=80-2x_1-2x_2\\x_4=120-2x_1-4x_2\end{cases}\tag{6.22}$$

令非基变量 $x_1$，$x_2$ 取值为零，可得约束方程组（6.22）的一个解

$$\boldsymbol{X}_0=(0,\ 0,\ 80,\ 120)^{\mathrm{T}}$$

由于 $\boldsymbol{X}_0\geqslant\boldsymbol{0}$，所以是该问题的一个基可行解，相应的目标函数值

$$S'_0=-3\times 0-4\times 0=0$$

由目标函数 $S'=-3x_1-4x_2$ 可以看出：若 $x_1$，$x_2$ 不取零而增大它们的值时，$S'$将减少，故所得基可行解 $S'_0$ 不是最优解.

对应于基 $\boldsymbol{B}_1$，$x_2$，$x_4$ 是基变量，$x_1$，$x_3$ 是非基变量. 用非基变量表示基变量，则可得约束方程组的同解方程组

$$\begin{cases}x_2=40-x_1-\dfrac{1}{2}x_3\\x_4=-40+2x_1+2x_3\end{cases}\tag{6.23}$$

令非基变量 $x_1$，$x_3$ 取值为零，则可得式（6.23）的一个解

$$\boldsymbol{X}_1=(0, 40, 0, -40)^{\mathrm{T}}$$

由于 $\boldsymbol{X}_1$ 不满足非负条件，故不是可行解，$\boldsymbol{B}_1$ 也不是可行基.

对应于基 $\boldsymbol{B}_2$，$x_1$，$x_2$ 是基变量，$x_3$，$x_4$ 是非基变量. 用非基变量表示基变量，则可得约束方程组的同解方程组

$$\begin{cases} x_1=20-x_3+\dfrac{1}{2}x_4 \\ x_2=20+\dfrac{1}{2}x_3-\dfrac{1}{2}x_4 \end{cases} \tag{6.24}$$

令非基变量 $x_3$，$x_4$ 取值为零，则可得式（6.24）的一个解

$$\boldsymbol{X}_2=(20, 20, 0, 0)^{\mathrm{T}}$$

由于 $\boldsymbol{X}_2\geqslant\boldsymbol{0}$，所以 $\boldsymbol{B}_2$ 是该问题的一个基可行解，此时目标函数

$$\begin{aligned} S' &= -3\left(20-x_3+\frac{1}{2}x_4\right)-4\left(20+\frac{1}{2}x_3-\frac{1}{2}x_4\right) \\ &= -140+x_3+\frac{1}{2}x_4 \end{aligned}$$

相应的目标函数值 $S'_2=-140$.

由于此时目标函数中的非基变量 $x_3$，$x_4$ 的系数均为正值，若 $x_3$，$x_4$ 不取零而取正值，目标函数将增大，说明此时目标函数已不能再减少，即已达到最小值. 因此 $\boldsymbol{B}_2$ 为最优基，即原规划问题当 $x_1=20$，$x_2=20$ 时取最大值 $\max S=-\min S'=140$.

可以证明基可行解就是可行域的极点，而极点的个数是有限的，因此线性规划问题若有最优解则一定可以在基可行解中找到.

单纯形法的思路是：从它的一个基可行解出发，换基迭代到另一个基可行解，且使目标函数值得到改善，经有限次换基迭代，直到当目标函数用非基变量表示后，其非基变量系数均为非负时，对应的目标函数值最优.

### 6.4.2　单纯形法

1. 对应于基 $\boldsymbol{B}$ 单纯形表

将约束方程组和目标函数合写成一个线性方程组

$$\begin{cases} a_{11}x_1+a_{12}x_2+\cdots+a_{1n}x_n=b_1 \\ a_{21}x_1+a_{22}x_2+\cdots+a_{2n}x_n=b_2 \\ \qquad\qquad\vdots \\ a_{m1}x_1+a_{m2}x_2+\cdots+a_{mn}x_n=b_m \\ -S+c_1x_1+c_2x_2+\cdots+c_nx_n=0 \end{cases} \tag{6.25}$$

设 $R(\boldsymbol{A})=m$，$\boldsymbol{B}$ 为线性规划问题的一个基. 不妨设

$$\boldsymbol{B}=(\boldsymbol{P}_1,\boldsymbol{P}_2,\cdots,\boldsymbol{P}_m)=\begin{pmatrix} a_{11} & a_{12} & \cdots & a_{1m} \\ a_{21} & a_{22} & \cdots & a_{2m} \\ \vdots & \vdots & & \vdots \\ a_{m1} & a_{m2} & \cdots & a_{mm} \end{pmatrix}$$

对式（6.25）的方程组的增广矩阵进行初等行变换，可化为

$$\begin{pmatrix} 0 & 1 & 0 & \cdots & 0 & b_{1,m+1} & b_{1,m+2} & \cdots & b_{1,n} & b_{10} \\ 0 & 0 & 1 & \cdots & 0 & b_{2,m+1} & b_{2,m+2} & \cdots & b_{2,n} & b_{20} \\ \vdots & \vdots & \vdots & & \vdots & \vdots & \vdots & & \vdots & \vdots \\ 0 & 0 & 0 & \cdots & 1 & b_{m,m+1} & b_{m,m+2} & \cdots & b_{m,n} & b_{m0} \\ -1 & 0 & 0 & \cdots & 0 & \lambda_{m+1} & \lambda_{m+2} & \cdots & \lambda_n & -S_0 \end{pmatrix}$$

对于上矩阵设计表6-7，称表6-7为对应于基 $\boldsymbol{B}$ 的单纯形表，记为 $T(\boldsymbol{B})$.

表 6-7

| $\boldsymbol{X}_B$ | $x_1$ | $x_2$ | $\cdots$ | $x_m$ | $x_{m+1}$ | $x_{m+2}$ | $\cdots$ | $x_n$ | $\boldsymbol{B}$ |
|---|---|---|---|---|---|---|---|---|---|
| $x_1$ | 1 | 0 | $\cdots$ | 0 | $b_{1,m+1}$ | $b_{1,m+2}$ | $\cdots$ | $b_{1,n}$ | $b_{10}$ |
| $x_2$ | 0 | 1 | $\cdots$ | 0 | $b_{2,m+1}$ | $b_{2,m+2}$ | $\cdots$ | $b_{2,n}$ | $b_{20}$ |
| $\vdots$ | $\vdots$ | $\vdots$ | | $\vdots$ | $\vdots$ | $\vdots$ | | $\vdots$ | $\vdots$ |
| $x_m$ | 0 | 0 | $\cdots$ | 1 | $b_{m,m+1}$ | $b_{m,m+2}$ | $\cdots$ | $b_{m,n}$ | $b_{m0}$ |
| $-S$ | 0 | 0 | $\cdots$ | 0 | $\lambda_{m+1}$ | $\lambda_{m+2}$ | $\cdots$ | $\lambda_n$ | $-S_0$ |

由表6-7可以看出

（1）$x_1$，$x_2$，$\cdots x_m$ 为基变量，目标函数用非基变量表示

$$S=S_0+\lambda_{m+1}x_{m+1}+\lambda_{m+2}x_{m+2}+\cdots+\lambda_n x_n$$

式中，$\lambda_{m+1}$，$\lambda_{m+2}$，$\cdots$，$\lambda_n$ 为对应于基 $\boldsymbol{B}$ 的检验数.

（2）对应于基 $\boldsymbol{B}$ 的基解为 $\boldsymbol{X}=(b_{10},b_{20},\cdots b_{m0},0,0,\cdots,0)^{\mathrm{T}}$，相应的目标函数值为 $S_0$. 若 $\boldsymbol{X}\geqslant\boldsymbol{0}$ 则 $\boldsymbol{B}$ 为可行基.

由上面的讨论可得如下判别定理：

**定理 6.2 设表6-7是对应基 $\boldsymbol{B}$ 的单纯形表，$\boldsymbol{X}=(b_{10},b_{20},\cdots b_{m0},0,0,\cdots,0)^{\mathrm{T}}$ 是基可行解，则当检验数 $\lambda_{m+1}$，$\lambda_{m+2}$，$\cdots$，$\lambda_n\geqslant 0$ 时，此基可行解为最优解，基 $\boldsymbol{B}$ 为最优基.**

2. 单纯形法

单纯形法分为两个步骤：第一是求一个可行基；第二是从求得的可行基出发，通过换基迭代，不断改进，得到最优基. 下面举例说明.

**例 16** 求解线性规划问题.

$$\max S = 2x_1 + 3x_2$$

$$\begin{cases} x_1 + 2x_2 \leqslant 10 \\ 2x_1 + x_2 \leqslant 14 \\ x_2 \leqslant 4 \\ x_1 \geqslant 0,\ x_2 \geqslant 0 \end{cases}$$

**解**　引入松弛变量 $x_3$，$x_4$，$x_5$，化问题为标准形

$$\min S' = -2x_1 - 3x_2$$

$$\begin{cases} x_1 + 2x_2 + x_3 = 10 \\ 2x_1 + x_2 + x_4 = 14 \\ x_2 + x_5 = 4 \\ x_j \geqslant 0\ (j = 1,\ 2,\ 3,\ 4,\ 5) \end{cases}$$

(1) 求初始可行基 $\boldsymbol{B}_0$ 及对应于 $\boldsymbol{B}_0$ 的单纯形表 $T(\boldsymbol{B}_0)$. 由于约束方程组系数矩阵 $\boldsymbol{A}$ 中含有 3 阶单位矩阵. 故取 $\boldsymbol{B}_0 = (\boldsymbol{P}_3,\ \boldsymbol{P}_4,\ \boldsymbol{P}_5)$ 为初始可行基，即 $x_3$，$x_4$，$x_5$ 为基变量，$x_1$，$x_2$ 为非基变量. 注意到此问题的目标函数 $S' = -2x_1 - 3x_2$ 恰好是用非基变量 $x_1$，$x_2$ 表示的（注：如果目标函数中含有基变量，可在约束方程组中用非基变量表示基变量，再代入目标函数，消去基变量，即可得到用非基变量表示的目标函数式）. 于是，可得 $\boldsymbol{B}_0$ 的单纯形表 $T(\boldsymbol{B}_0)$（见表 6-8）.

**表　6-8**

| $\boldsymbol{X}_B$ | $x_1$ | $x_2$ | $x_3$ | $x_4$ | $x_5$ | $\boldsymbol{B}$ |
|---|---|---|---|---|---|---|
| $x_3$ | 1 | 2 | 1 | 0 | 0 | 10 |
| $x_4$ | 2 | 1 | 0 | 1 | 0 | 14 |
| $x_5$ | 0 | [1] | 0 | 0 | 1 | 4 |
| $-S'$ | -2 | -3 | 0 | 0 | 0 | 0 |

由表 6-8 可知对应 $\boldsymbol{B}_0$ 的基解为

$$x_1 = 0,\ x_2 = 0,\ x_3 = 10,\ x_4 = 14,\ x_5 = 4$$

目标函数值

$$S' = 0$$

检验数 $\lambda_1 = -2 < 0$，$\lambda_2 = -3 < 0$，所以 $\boldsymbol{X}_0$ 不是最优解.

(2) 换基迭代. 由 $S' = -2x_1 - 3x_2$ 知，若 $x_1$，$x_2$ 不取 0 而增大它们的值时，$S'$将减少. 由于 $x_2$ 的系数小于 $x_1$ 的系数，故增大 $x_2$ 可使 $S'$减少更快，所以，将 $x_2$ 换成基变量（称为进基变量），在单纯形表中应选负检验数中较小者所对应的变量进基.

在 $x_3$，$x_4$，$x_5$ 中选一变量换成非基变量（称为出基变量）. 如何确定出基变量呢？由表 $T(\boldsymbol{B}_0)$ 知，当 $x_1=0$ 时

$$\begin{cases} x_3=10-2x_2 \\ x_4=14-x_2 \\ x_5=4-x_2 \end{cases}$$

因 $x_3$，$x_4$，$x_5$ 要满足非负，所以有

$$\begin{cases} x_2\leqslant\dfrac{10}{2} \\ x_2\leqslant\dfrac{14}{1} \\ x_2\leqslant\dfrac{4}{1} \end{cases}$$

取 $x_2=\min\left(\dfrac{10}{2},\ \dfrac{14}{1},\ \dfrac{4}{1}\right)=4$，此时 $x_5=0$，于是应选最小比值4所对应的变量 $x_5$ 出基. 这种确定方法，称为最小比值原则.

最小比值原则确定出基变量的一般方法为：在单纯形表中，将 $\boldsymbol{B}$ 列元素与进基变量列对应的正元素作比较，取最小值对应的变量出基.

进基变量所在列与出基变量所在行交叉元素 $b_{32}=1$ 称为主元，加上方括号表示. 利用矩阵的初等行变换，将主元化为1，而将主元所在列的其余元素化为0，就得到一个新的可行基 $\boldsymbol{B}_1=(\boldsymbol{P}_3,\boldsymbol{P}_4,\boldsymbol{P}_2)$，及对应于基 $\boldsymbol{B}_1$ 的单纯形表 $T(\boldsymbol{B}_1)$（见表6-9）.

**表　6-9**

| $\boldsymbol{X}_B$ | $x_1$ | $x_2$ | $x_3$ | $x_4$ | $x_5$ | $\boldsymbol{B}$ |
|---|---|---|---|---|---|---|
| $x_3$ | [1] | 0 | 1 | 0 | -2 | 2 |
| $x_4$ | 2 | 0 | 0 | 1 | -1 | 10 |
| $x_2$ | 0 | 1 | 0 | 0 | 1 | 4 |
| $-S'$ | -2 | 0 | 0 | 0 | 3 | 12 |

（3）判断. 由于检验数 $\lambda_1=-2<0$，故 $\boldsymbol{B}_1$ 不是最优基.

继续换基迭代，取 $x_1$ 进基，由 $\min\left(\dfrac{2}{1},\dfrac{10}{2}\right)=2$，可确定 $x_3$ 出基，主元为 $b_{11}=1$. 利用矩阵的初等行变换，就得到一个新的可行基 $\boldsymbol{B}_2=(\boldsymbol{P}_1,\boldsymbol{P}_4,\boldsymbol{P}_2)$，及对应于基 $\boldsymbol{B}_2$ 的单纯形表 $T(\boldsymbol{B}_2)$（见表6-10）.

由于检验数 $\lambda_5=-1<0$，故 $\boldsymbol{B}_2$ 不是最优基.

**表　6-10**

| $X_B$ | $x_1$ | $x_2$ | $x_3$ | $x_4$ | $x_5$ | $B$ |
|---|---|---|---|---|---|---|
| $x_1$ | 1 | 0 | 1 | 0 | -2 | 2 |
| $x_4$ | 0 | 0 | -2 | 1 | [3] | 6 |
| $x_2$ | 0 | 1 | 0 | 0 | 1 | 4 |
| $-S'$ | 0 | 0 | 2 | 0 | -1 | 16 |

取 $x_5$ 进基，由 $\min\left(\frac{6}{3},\ \frac{4}{1}\right)=\frac{6}{3}$，对应的变量 $x_4$ 出基，确定 $b_{25}=3$ 为主元，进行换基迭代，则得对应于可行基 $\boldsymbol{B}_3=(\boldsymbol{P}_1,\ \boldsymbol{P}_5,\ \boldsymbol{P}_2)$ 的单纯形表 $T(\boldsymbol{B}_3)$（见表 6-11）.

**表　6-11**

| $X_B$ | $x_1$ | $x_2$ | $x_3$ | $x_4$ | $x_5$ | $B$ |
|---|---|---|---|---|---|---|
| $x_1$ | 1 | 0 | $-\frac{1}{3}$ | $\frac{2}{3}$ | 0 | 6 |
| $x_5$ | 0 | 0 | $-\frac{2}{3}$ | $\frac{1}{3}$ | 1 | 2 |
| $x_2$ | 0 | 1 | $\frac{2}{3}$ | $-\frac{1}{3}$ | 0 | 2 |
| $-S'$ | 0 | 0 | $\frac{4}{3}$ | $\frac{1}{3}$ | 0 | 18 |

由于表 $T(\boldsymbol{B}_3)$ 中所有检验数均为正数，故 $\boldsymbol{B}_3$ 为最优基. 对应于 $\boldsymbol{B}_3$ 的基可行解 $x_1=6$，$x_2=2$，$x_3=0$，$x_4=0$，$x_5=2$ 为最优解，最优值 $S'=-18$. 在最优解中去掉松弛变量 $x_3$，$x_4$，$x_5$，可得原规划问题的最优解 $x_1=6$，$x_2=2$，最优值 $S=-S'=18$.

**例 17**　求解线性规划问题.

$$\max S=2x_1+5x_2$$

$$\begin{cases} x_1\leqslant 4 \\ x_2\leqslant 3 \\ x_1+2x_2\leqslant 8 \\ x_1\geqslant 0,\ x_2\geqslant 0 \end{cases}$$

**解**　引入松弛变量 $x_3$，$x_4$，$x_5$，化问题为标准形

$$\min S' = -2x_1 - 5x_2$$

$$\begin{cases} x_1 + x_3 = 4 \\ x_2 + x_4 = 3 \\ x_1 + 2x_2 + x_5 = 8 \\ x_j \geqslant 0 \ (j = 1, 2, 3, 4, 5) \end{cases}$$

取初始可行基 $\boldsymbol{B}_0 = (\boldsymbol{P}_3, \boldsymbol{P}_4, \boldsymbol{P}_5)$，列出初始单纯形表 $T(\boldsymbol{B}_0)$（见表6-12）.

**表 6-12**

| $\boldsymbol{X}_B$ | $x_1$ | $x_2$ | $x_3$ | $x_4$ | $x_5$ | $\boldsymbol{B}$ |
|---|---|---|---|---|---|---|
| $x_3$ | 1 | 0 | 1 | 0 | 0 | 4 |
| $x_4$ | 0 | [1] | 0 | 1 | 0 | 3 |
| $x_5$ | 1 | 2 | 0 | 0 | 1 | 8 |
| $-S'$ | -2 | -5 | 0 | 0 | 0 | 0 |

由于 $\lambda_2 = -5 < \lambda_1 = -2$，故取 $x_2$ 进基，由 $\min\left(\frac{3}{1}, \frac{8}{2}\right) = 3$ 取对应变量 $x_4$ 出基，确定主元 $b_{22} = 1$. 换基迭代得到对应于基 $\boldsymbol{B}_1 = (\boldsymbol{P}_3, \boldsymbol{P}_2, \boldsymbol{P}_5)$ 的单纯形表 $T(\boldsymbol{B}_1)$（见表6-13）.

**表 6-13**

| $\boldsymbol{X}_B$ | $x_1$ | $x_2$ | $x_3$ | $x_4$ | $x_5$ | $\boldsymbol{B}$ |
|---|---|---|---|---|---|---|
| $x_3$ | 1 | 0 | 1 | 0 | 0 | 4 |
| $x_2$ | 0 | 1 | 0 | 1 | 0 | 3 |
| $x_5$ | [1] | 0 | 0 | -2 | 1 | 2 |
| $-S'$ | -2 | 0 | 0 | 5 | 0 | 15 |

由 $\lambda_1 = -2 < 0$，取 $x_1$ 进基，再由 $\min\left(\frac{4}{1}, \frac{2}{1}\right) = 2$ 取对应变量 $x_5$ 出基，确定主元 $b_{31} = 1$. 换基迭代得到对应于基 $\boldsymbol{B}_2 = (\boldsymbol{P}_3, \boldsymbol{P}_2, \boldsymbol{P}_1)$ 的单纯形表 $T(\boldsymbol{B}_2)$（见表6-14）.

**表 6-14**

| $\boldsymbol{X}_B$ | $x_1$ | $x_2$ | $x_3$ | $x_4$ | $x_5$ | $\boldsymbol{B}$ |
|---|---|---|---|---|---|---|
| $x_3$ | 0 | 0 | 1 | 2 | -1 | 2 |
| $x_2$ | 0 | 1 | 0 | 1 | 0 | 3 |
| $x_1$ | 1 | 0 | 0 | -2 | 1 | 2 |
| $-S'$ | 0 | 0 | 0 | 1 | 2 | 19 |

由于表 $T(\boldsymbol{B}_2)$ 中所有检验数均为正数，故 $\boldsymbol{B}_2$ 为最优基. 对应于 $\boldsymbol{B}_2$ 的基可行

解 $x_1=2$，$x_2=3$，$x_3=2$，$x_4=0$，$x_5=0$ 为最优解，最优值 $S'=-19$. 在最优解中去掉松弛变量 $x_3$，$x_4$，$x_5$，可得原规划问题的最优解 $x_1=2$，$x_2=3$，最优值 $S=-S'=19$.

**例 18**　求解线性规划问题.

$$\max S=2x_1+4x_2$$

$$\begin{cases}x_1+2x_2\leqslant 10\\5x_1+3x_2\leqslant 30\\x_1+x_2\leqslant 7\\x_1\geqslant 0,\ x_2\geqslant 0\end{cases}$$

**解**　引入松弛变量 $x_3$，$x_4$，$x_5$，化问题为标准形

$$\min S'=-2x_1-4x_2$$

$$\begin{cases}x_1+2x_2+x_3=10\\5x_1+3x_2+x_4=30\\x_1+x_2+x_5=7\\x_j\geqslant 0\ (j=1,\ 2,\ 3,\ 4,\ 5)\end{cases}$$

利用单纯形法进行换基迭代计算如下：

取初始可行基 $\boldsymbol{B}_0=(\boldsymbol{P}_3,\ \boldsymbol{P}_4,\ \boldsymbol{P}_5)$，作初始单纯形表 $T(\boldsymbol{B}_0)$（见表 6-15).

**表　6-15**

| $\boldsymbol{X}_B$ | $x_1$ | $x_2$ | $x_3$ | $x_4$ | $x_5$ | $\boldsymbol{B}$ |
|---|---|---|---|---|---|---|
| $x_3$ | 1 | [2] | 1 | 0 | 0 | 10 |
| $x_4$ | 5 | 3 | 0 | 1 | 0 | 30 |
| $x_5$ | 1 | 1 | 0 | 0 | 1 | 7 |
| $-S'$ | $-2$ | $-4$ | 0 | 0 | 0 | 0 |

换基迭代到可行基 $\boldsymbol{B}_1=(\boldsymbol{P}_2,\ \boldsymbol{P}_4,\ \boldsymbol{P}_5)$，列出对应的单纯形表 $T(\boldsymbol{B}_1)$（见表 6-16).

**表　6-16**

| $\boldsymbol{X}_B$ | $x_1$ | $x_2$ | $x_3$ | $x_4$ | $x_5$ | $\boldsymbol{B}$ |
|---|---|---|---|---|---|---|
| $x_2$ | $\frac{1}{2}$ | 1 | $\frac{1}{2}$ | 0 | 0 | 5 |
| $x_4$ | $\frac{7}{2}$ | 0 | $-\frac{3}{2}$ | 1 | 0 | 15 |
| $x_5$ | $\frac{1}{2}$ | 0 | $-\frac{1}{2}$ | 0 | 1 | 2 |
| $-S'$ | 0 | 0 | 2 | 0 | 0 | 20 |

到最优基，得到最优解. 若检验数中有负数，且负检验数所在列中全部系数非正，则可以判断此问题无最优基，亦无最优解.

## 习题 6.4

1. 已知线性规划问题

$$\max S = 3x_1 + 2x_2 - x_3 - x_4$$

$$\begin{cases} x_1 + 2x_2 + x_3 = 4 \\ 2x_1 - x_2 - x_3 + x_4 = 1 \\ x_j \geqslant 0 \ (j=1,\ 2,\ 3,\ 4) \end{cases}$$

若取基 $\boldsymbol{B} = (\boldsymbol{P}_1, \boldsymbol{P}_2)$，试写出这个基所对应的单纯形表，并判断基 $\boldsymbol{B}$ 是否为最优基. 若是最优基，试写出其相应的最优解以及最优值.

2. 用单纯形法求解线性规划问题.

(1) $\min S = -5x_1 - 4x_2$

$$\begin{cases} x_1 + 3x_2 \leqslant 90 \\ 2x_1 + x_2 \leqslant 80 \\ x_1 + x_2 \leqslant 45 \\ x_1,\ x_2 \geqslant 0 \end{cases}$$

(2) $\max S = 3x_1 + 4x_2$

$$\begin{cases} x_1 \leqslant 3 \\ x_2 \leqslant 2 \\ 3x_1 + 4x_2 \leqslant 12 \\ x_1,\ x_2 \geqslant 0 \end{cases}$$

(3) $\max S = 2x_1 + 5x_2$

$$\begin{cases} x_1 \leqslant 3 \\ x_1 + 2x_2 \leqslant 8 \\ x_1,\ x_2 \geqslant 0 \end{cases}$$

(4) $\min S = -3x_1 - 5x_2 - x_3$

$$\begin{cases} -4x_1 + 2x_2 + x_3 \leqslant 14 \\ x_1 - x_2 + x_3 \leqslant 4 \\ x_1,\ x_2,\ x_3 \geqslant 0 \end{cases}$$

# 第 7 章　线性代数 MATLAB 实验

MATLAB 是一种基于矩阵运算的方便高效的数学实验工具，特别适用于线性代数内容的数学实验．在 MATLAB 平台上可方便地实施线性代数的各种计算，同时通过相应的数学实验也可加深对线性代数内容的理解和掌握．

## 7.1　矩阵与行列式的运算

**1. 实验目的**

（1）掌握运用 MATLAB 进行矩阵的输入及基本运算．

（2）掌握运用克莱姆法则、逆矩阵以及矩阵的左除求解某些方程组．

**2. 实验指导**

与本实验相关的 MATLAB 命令：

（1）A+B　矩阵 $\boldsymbol{A}$ 与矩阵 $\boldsymbol{B}$ 相加

（2）A−B　矩阵 $\boldsymbol{A}$ 与矩阵 $\boldsymbol{B}$ 相减

（3）c*A　常数 $c$ 与矩阵 $\boldsymbol{A}$ 相乘

（4）A*B　矩阵 $\boldsymbol{A}$ 与矩阵 $\boldsymbol{B}$ 相乘

（5）A'　矩阵 $\boldsymbol{A}$ 的转置矩阵 $\boldsymbol{A}^{\mathrm{T}}$

（6）A^p　方阵 $\boldsymbol{A}$ 的 $p$ 次方（$p$ 为正整数）

（7）det(A)　方阵 $\boldsymbol{A}$ 的行列式

（8）inv(A)　可逆方阵 $\boldsymbol{A}$ 的逆矩阵

（9）A/B　矩阵 $\boldsymbol{A}$ 右除矩阵 $\boldsymbol{B}$，表示 $\boldsymbol{A}\boldsymbol{B}^{-1}$

（10）A\B　矩阵 $\boldsymbol{A}$ 左除矩阵 $\boldsymbol{B}$，表示 $\boldsymbol{A}^{-1}\boldsymbol{B}$

（11）syms　定义符号变量

**3. 实验内容**

**例 1**　输入矩阵 $\boldsymbol{A}=\begin{pmatrix}2&3&5\\1&3&5\\6&9&4\end{pmatrix}$.

**解**　输入简单的矩阵，按行输入元素，行内元素间用空格或逗号分开，行与行之间用分号分开，大的矩阵可以用回车键代替分号．

```
>> A=[2,3,5;1,3,5;6,9,4]
```

**解** 该方程组可写为 $\boldsymbol{AX}=\boldsymbol{b}$，输入

```
>> a1 = [1,2,3,1]';          % 系数矩阵 A 的第一列
>> a2 = [ -1,0,1, -2]';      % 系数矩阵 A 的第二列
>> a3 = [1, -1,1,1]';        % 系数矩阵 A 的第三列
>> a4 = [ -2,4,0, -2]';      % 系数矩阵 A 的第四列
>> b = [2,4, -1,4]';         % 常数项列
>> A = [a1,a2,a3,a4]         % 系数矩阵
A =
     1    -1     1    -2
     2     0    -1     4
     3     1     1     0
     1    -2     1    -2
>> D = det(A)    % 系数行列式
D =
     2
>> A1 = [b,a2,a3,a4];    % 运用克莱姆法则计算 Di 所需要的矩阵
>> A2 = [a1,b,a3,a4];
>> A3 = [a1,a2,b,a4];
>> A4 = [a1,a2,a3,b];
>> X = [det(A1)/det(A),det(A2)/det(A),det(A3)/det(A),det(A4)/det(A)]'
X =
    3.0000
   -2.0000
   -8.0000
   -2.5000
```

**例5** 运用逆矩阵求例4.

**解** 输入

```
>> X = inv(A) * b
X =
    3.0000
   -2.0000
   -8.0000
   -2.5000
```

**例6** 运用左除（“\”）求例4.

**解** 输入

```
>> X = A\b
X =
    3.0000
   -2.0000
   -8.0000
   -2.5000
```

## 习题　7.1

1. 输入矩阵 $\boldsymbol{A}=\begin{pmatrix}1&2&0\\0&1&2\\2&0&1\end{pmatrix}$，$\boldsymbol{B}=\begin{pmatrix}2&1&1\\1&0&1\\1&1&2\end{pmatrix}$，求 $2\boldsymbol{A}+3\boldsymbol{B}$，$\boldsymbol{A}^{\mathrm{T}}\boldsymbol{B}$，$|\boldsymbol{A}|$，$\boldsymbol{A}^{-1}$.

2. 分别运用克莱姆法则、逆矩阵、矩阵的左除求线性方程组的解.

$$\begin{cases}5x_1+6x_2=1\\x_1+5x_2+6x_3=0\\x_2+5x_3+6x_4=0\\x_3+5x_4+6x_5=0\\x_4+5x_5=1\end{cases}$$

# 7.2　矩阵的初等变换与秩

**1. 实验目的**

（1）了解矩阵的分块操作命令.

（2）了解矩阵的初等变换与秩的命令.

**2. 实验指导**

与本实验相关的命令：

（1）a = A(i,:)　选择矩阵 $\boldsymbol{A}$ 的第 $i$ 行作为行向量赋值于 $\boldsymbol{a}$

（2）a = A(:,i)　选择矩阵 $\boldsymbol{A}$ 的第 $i$ 列作为列向量赋值与 $\boldsymbol{a}$

（3）A(i1:i2,j1:j2)　选择矩阵 $\boldsymbol{A}$ 的从第 $i_1$ 行到第 $i_2$ 行，从第 $j_1$ 列到第 $j_2$ 列交叉位置上的元素作为 $\boldsymbol{A}$ 的子矩阵

（4）eye(n)　产生 $n$ 阶单位阵

（5）zeros(m, n)　产生 $m\times n$ 维零矩阵

（6）A([i1,i2],:) = A([i2,i1],:)　交换矩阵 $\boldsymbol{A}$ 的第 $i_1$ 行与第 $i_2$ 行的位置

（7）A(:,[i1,i2]) = A(:,[i2,i1])　交换矩阵 $\boldsymbol{A}$ 的第 $i_1$ 列与第 $i_2$ 列的位置

（8）A(i,:) = k * A(i,:)　矩阵 $\boldsymbol{A}$ 的第 $i$ 行元素乘以常数 $k$

(9) A( :,i) = k * A( :,i)　矩阵 $\boldsymbol{A}$ 的第 $i$ 列元素乘以常数 $k$

(10) A(i,:) = k * A(j,:) + A(i,:)　将矩阵 $\boldsymbol{A}$ 的第 $j$ 行元素的 $k$ 倍加到第 $i$ 行元素上去

(11) rank(A)　矩阵 $\boldsymbol{A}$ 的秩 $R(\boldsymbol{A})$

(12) rref(A)　将矩阵 $\boldsymbol{A}$ 化为行最简形

(13) format rat　有理格式输出

**3. 实验内容**

**例1**　设 $\boldsymbol{A}=\begin{pmatrix}1&2&-1&2\\2&1&2&0\\3&0&-2&5\end{pmatrix}$，$\boldsymbol{B}=\begin{pmatrix}1&2\\1&0\end{pmatrix}$，求：

(1) $\boldsymbol{A}$ 的第一行构成的行向量 $\boldsymbol{\alpha}$；

(2) $\boldsymbol{A}$ 的第三列构成的列向量 $\boldsymbol{\beta}$；

(3) $\boldsymbol{A}$ 的前两行和第2、3、4列构成的子矩阵 $\boldsymbol{A}_1$；

(4) 构造矩阵 $\boldsymbol{C}=\begin{pmatrix}\boldsymbol{A}_1&\boldsymbol{E}\\\boldsymbol{O}&\boldsymbol{B}\end{pmatrix}$.

**解**　(1) 输入

```
>> A = [1,2,-1,2;2,1,2,0;3,0,-2,5];
>> B = [1,2;1,0];
>> a = A(1,:)
a =
    1      2     -1      2
```

(2) 输入

```
>> b = A(:,3)
b =
    -1
     2
    -2
```

(3) 输入

```
>> A1 = A(1:2,2:4)
A1 =
     2     -1      2
     1      2      0
```

(4) 输入

```
>> C = [A1,eye(2);zeros(2,3),B]
```

```
C =
     2    -1     2     1     0
     1     2     0     0     1
     0     0     0     1     2
     0     0     0     1     0
```

**例 2**　设 $\boldsymbol{A}=\begin{pmatrix}1 & 2 & -1 & 2\\ 2 & 1 & 2 & 0\\ 3 & 0 & -2 & 5\end{pmatrix}$

(1) 对矩阵 $\boldsymbol{A}$ 实施如下初等变换，并观察 $\boldsymbol{A}$ 的变化：

① 交换第 2 行元素与第 3 行元素的位置；

② 第 3 行元素乘以 2；

③ 将第 1 行元素的 −3 倍加到第 2 行元素上去；

(2) 求 $R(\boldsymbol{A})$；

(3) 求矩阵 $\boldsymbol{A}$ 的行最简形.

**解**　(1) 输入

```
>> A = [1,2, -1,2;2,1,2,0;3,0, -2,5];
>> A([2,3],:) = A([3,2],:)
A =
     1     2    -1     2
     3     0    -2     5
     2     1     2     0
>> A(3,:) = 2 * A(3,:)
A =
     1     2    -1     2
     3     0    -2     5
     4     2     4     0
>> A(2,:) = -3 * A(1,:) + A(2,:)
A =
     1     2    -1     2
     0    -6     1    -1
     4     2     4     0
```

(2) 输入

```
>> rank(A)
ans =
     3
```

(3) 输入

```
>> rref(A)
ans =
    1    0    0    1
    0    1    0    0
    0    0    1   -1
```

**例3** 设矩阵 $A=\begin{pmatrix}0&1&2\\1&2&3\\2&1&4\end{pmatrix}$, 运用矩阵的初等行变换 $A^{-1}$.

**解** 输入

```
>> A = [0,1,2;1,2,3;2,1,4]   % 输入矩阵
A =
    0    1    2
    1    2    3
    2    1    4
>> B = [A,eye(3)]    % 构造矩阵 B = (A|E)
B =
    0    1    2    1    0    0
    1    2    3    0    1    0
    2    1    4    0    0    1
>> format rat   % 有理格式输出
>> B = rref(B)
B =
    1    0    0    -5/4     1/2     1/4
    0    1    0    -1/2     1      -1/2
    0    0    1     3/4    -1/2     1/4
>> C = B(:,4:6)      % 写出矩阵 A 的逆矩阵
C =
    -5/4      1/2      1/4
    -1/2      1       -1/2
     3/4     -1/2      1/4
```

## 习题 7.2

1. 设矩阵 $A=\begin{pmatrix}2&1&0&1\\1&2&1&0\\1&-1&-1&1\end{pmatrix}$, $B=\begin{pmatrix}1&0&1\\0&1&1\\1&1&1\end{pmatrix}$

(1) 运用不同的方法将矩阵化为行最简形；

(2) 求 $R(\boldsymbol{A})$；

(3) 构造矩阵 $\boldsymbol{C}=\begin{pmatrix}\boldsymbol{A} & \boldsymbol{E}\\ \boldsymbol{O} & \boldsymbol{B}\end{pmatrix}$.

## 7.3　线性方程组的求解与向量组的线性相关性

**1. 实验目的**

(1) 掌握用 MATLAB 求解若干方程组的方法.

(2) 掌握用 MATLAB 分析向量组的线性相关性.

**2. 实验指导**

与本实验有关的命令：

(1) null(A)　求齐次线性方程组的一个正交的基础解系

(2) null(A,'r')　根据行最简形求齐次线性方程组的一个基础解系

(3) pinv(A)　矩阵 $\boldsymbol{A}$ 的伪逆矩阵，适用于任意阶矩阵

(4) [A0,i] = rref(A)　$\boldsymbol{A}_0$ 为矩阵 $\boldsymbol{A}$ 的行最简形，$i$ 为向量组的一个最大无关组的列标号

**3. 实验内容**

**例 1**　利用高斯消元法计算线性方程组.

$$\begin{cases}x_1-x_2+x_3-2x_4=2\\ 2x_1-x_3+4x_4=4\\ 3x_1+x_2+x_3=-1\\ x_1-2x_2+x_3-2x_4=4\end{cases}$$

**解**　输入

```
>> A = [1, -1,1, -2;2,0, -1,4;3,1,1,0;1, -2,1, -2];      % 输入系数矩阵
>> b = [2,4, -1,4]';      % 输入常数列
>> B = [A,b]   % 增广矩阵
B =
     1    -1     1    -2     2
     2     0    -1     4     4
     3     1     1     0    -1
     1    -2     1    -2     4
>> B = rref(B)        % 将增广矩阵化为行最简形
B =
    1.0000         0         0         0    3.0000
```

```
         0    1.0000         0         0   -2.0000
         0         0    1.0000         0   -8.0000
         0         0         0    1.0000   -2.5000
>> X = B(:,5)      %最后一列就是方程组的解
X =
     3.0000
    -2.0000
    -8.0000
    -2.5000
```

**例2** 求齐次线性方程组的通解.

$$\begin{cases} x_1+2x_2+2x_3+x_4=0 \\ 2x_1+x_2-2x_3-2x_4=0 \\ x_1-x_2-4x_3-3x_4=0 \end{cases}$$

**解** 输入

```
>> A = [1,2,2,1;2,1,-2,-2;1,-1,-4,-3];   %输入系数矩阵
>> format rat   %指定有理格式输出
>> B = null(A,'r')   %求基础解系
B =
     2           5/3
    -2          -4/3
     1           0
     0           1
>> syms k1 k2    %定义符号变量
>> X = k1 * B(:,1) + k2 * B(:,2)      %写出通解
X =
  2 * k1 + 5/3 * k2
 -2 * k1 - 4/3 * k2
                 k1
                 k2
```

**例3** 求解非齐次线性方程组.

$$\begin{cases} x_1+2x_2+3x_3+x_4=5 \\ 2x_1+4x_2-x_4=-3 \\ -x_1-2x_2+3x_3+2x_4=8 \\ x_1+2x_2-9x_3-5x_4=-21 \end{cases}$$

**解**　输入

```
>> A = [1,2,3,1;2,4,0,-1;-1,-2,3,2;1,2,-9,-5];   % 输入系数矩阵
>> b = [5,-3,8,-21]';     % 输入常数列
>> B = [A,b];        % 增广矩阵
>> rank(A)        % 求系数矩阵秩
ans =
     2
>> rank(B)        % 求增广矩阵秩
ans =
     2
```

所以，方程组有无穷解.

```
>> format rat       % 指定有理格式输出
>> rref(B)          % 将增广矩阵化为行最简形
ans =
       1         2        0       -1/2       -3/2
       0         0        1        1/2       13/6
       0         0        0        0          0
       0         0        0        0          0
>> X0 = pinv(A) * b   % 求方程组的一个特解，pinv(A)表示矩阵 A 的伪逆矩阵，
                         适用于任意阶矩阵
X0 =
      -8/39
      -16/39
     22/13
     37/39
>> X1 = null(A,'r')   % 求齐次线性方程组的基础解系
X1 =
      -2.0000        0.5000
       1.0000             0
            0       -0.5000
            0        1.0000
>> syms k1 k2    % 定义符号变量
>> X = X0 + k1 * X1(:,1) + k2 * X1(:,2)     % 写出通解
X =
```

```
-8/39 -2 * k1 +1/2 * k2
             -16/39 + k1
        22/13 -1/2 * k2
              37/39 + k2
```

注：也可以根据行最简形写出方程组的通解.

**例4** 判断下列向量组的线性相关性.

(1) $\boldsymbol{\alpha}_1=(1,-2,3,-4)^{\mathrm{T}}$, $\boldsymbol{\alpha}_2=(0,1,-1,-1)^{\mathrm{T}}$, $\boldsymbol{\alpha}_3=(1,3,0,1)^{\mathrm{T}}$, $\boldsymbol{\alpha}_4=(0,-7,3,1)^{\mathrm{T}}$

(2) $\boldsymbol{\alpha}_1=(1,2,3,-1)^{\mathrm{T}}$, $\boldsymbol{\alpha}_2=(3,2,1,-1)^{\mathrm{T}}$, $\boldsymbol{\alpha}_3=(2,3,1,1)^{\mathrm{T}}$, $\boldsymbol{\alpha}_4=(2,2,2,-1)^{\mathrm{T}}$

**解** (1) 输入

```
>> a1 = [1, -2,3, -4]';     % 输入向量
>> a2 = [0,1, -1, -1]';
>> a3 = [1,3,0,1]';
>> a4 = [0, -7,3,1]';
>> A = [a1,a2,a3,a4];       % 以向量组为列构造矩阵
>> [A0,i] = rref(A)         % A0 为矩阵 A 的行最简形，i 为向量组的一个最大
                              无关组的列标号
A0 =
     1     0     0     0
     0     1     0     0
     0     0     1     0
     0     0     0     1
i =
     1     2     3     4
```

由运行结果知向量组的秩为4，且一个最大无关组为$\boldsymbol{\alpha}_1$，$\boldsymbol{\alpha}_2$，$\boldsymbol{\alpha}_3$，$\boldsymbol{\alpha}_4$，向量组是线性无关的.

(2) 输入

```
>> a1 = [1,2,3, -1]';
>> a2 = [3,2,1, -1]';
>> a3 = [2,3,1,1]';
>> a4 = [2,2,2, -1]';
>> A = [a1,a2,a3,a4];
>> [A0,i] = rref(A)
```

```
A0 =
     1         0         0       1/2
     0         1         0       1/2
     0         0         1         0
     0         0         0         0
i =
     1         2         3
```

由运行结果知向量组的秩为 3，且一个最大无关组为 $\boldsymbol{\alpha}_1$，$\boldsymbol{\alpha}_2$，$\boldsymbol{\alpha}_3$，向量组是线性相关的．

**例 5**　求下列向量组的一个极大无关组，并将其余向量用这个极大无关组线性表示出来．

$\boldsymbol{\alpha}_1=(1,-2,2,3)^{\mathrm{T}}$，$\boldsymbol{\alpha}_2=(-2,4,-1,3)^{\mathrm{T}}$，$\boldsymbol{\alpha}_3=(-1,2,0,3)^{\mathrm{T}}$，$\boldsymbol{\alpha}_4=(0,6,2,3)^{\mathrm{T}}$，$\boldsymbol{\alpha}_5=(2,-6,3,4)^{\mathrm{T}}$

**解**　输入

```
>> a1 = [1, -2,2,3]';
>> a2 = [ -2,4, -1,3]';
>> a3 = [ -1,2,0,3]';
>> a4 = [0,6,2,3]';
>> a5 = [2, -6,3,4]';
>> A = [a1,a2,a3,a4,a5];
>> [A0,i] = rref(A)
A0 =
     1         0       1/3         0      16/9
     0         1       2/3         0      -1/9
     0         0         0         1      -1/3
     0         0         0         0         0
i =
     1         2         4
```

由运行结果知向量组的一个极大无关组为 $\boldsymbol{\alpha}_1$，$\boldsymbol{\alpha}_2$，$\boldsymbol{\alpha}_4$，且

$$\boldsymbol{\alpha}_3=\frac{1}{3}\boldsymbol{\alpha}_1+\frac{2}{3}\boldsymbol{\alpha}_2,\quad \boldsymbol{\alpha}_5=\frac{16}{9}\boldsymbol{\alpha}_1-\frac{1}{9}\boldsymbol{\alpha}_2-\frac{1}{3}\boldsymbol{\alpha}_4$$

## 习题　7.3

1. 求齐次线性方程组$\begin{cases}x_1-2x_2-3x_3+x_4=0\\3x_1-5x_2-2x_3+2x_4=0\\2x_1-3x_2+x_3+x_4=0\end{cases}$的一个基础解系.

2. 求非齐次线性方程组$\begin{cases}x_1-2x_2-3x_3+x_4=1\\3x_1-5x_2-2x_3+2x_4=3\\2x_1-3x_2+x_3+x_4=2\end{cases}$的通解.

3. 求向量组$\boldsymbol{\alpha}_1=(1,-1,1)^T$，$\boldsymbol{\alpha}_2=(2,1,2)^T$，$\boldsymbol{\alpha}_3=(1,2,1)^T$，$\boldsymbol{\alpha}_4=(-1,4,-1)^T$的一个最大无关组，并把其余向量用该最大无关组线性表示出来.

# 7.4　特征值与特征向量

**1. 实验目的**

（1） 掌握用 MATLAB 求向量内积、正交向量组的方法.

（2） 掌握用 MATLAB 求方阵的特征值与特征向量的方法.

（3） 掌握用 MATLAB 分析矩阵是否可以对角化的方法.

**2. 实验指导**

与本实验有关的命令：

（1） dot(x,y)（或 x' * y）　向量 $\boldsymbol{x}$ 与 $\boldsymbol{y}$ 的内积

（2） norm(x)　向量 $\boldsymbol{x}$ 范数

（3） B = orth(A)　矩阵 $\boldsymbol{A}$ 与 $\boldsymbol{B}$ 的列向量等价，且 $\boldsymbol{B}$ 的列向量组为两两正交的单位向量

（4） eig(A)　以列向量形式返回方阵 $\boldsymbol{A}$ 的特征值

（5） [U, V] = eig(A)　返回两个矩阵 $\boldsymbol{U}$ 和 $\boldsymbol{V}$，其中 $\boldsymbol{V}$ 为以矩阵 $\boldsymbol{A}$ 的特征值所构成的对角阵，矩阵 $\boldsymbol{U}$ 的列为矩阵 $\boldsymbol{A}$ 的单位特征向量，且与 $\boldsymbol{V}$ 中的特征值意义对应

（6） trace(A)　计算矩阵 $\boldsymbol{A}$ 的迹

（7） orth　求出可将矩阵化为对角阵的正交阵

（8） poly　矩阵的特征多项式

（9） solve(d)　求代数方程的符号解

（10） roots　求多项式的零点

（11） eval(　)　执行括号中字符串的有效表达式

**3. 实验内容**

**例 1**　已知向量 $\boldsymbol{x}_1=(1,1,0,0)^T$，$\boldsymbol{x}_2=(0,1,1,0)^T$，$\boldsymbol{x}_3=$

$(0,\ 0,\ 1,\ 1)^{\mathrm{T}}$，求（1）$[\boldsymbol{x}_1,\boldsymbol{x}_2]$；（2）$\|\boldsymbol{x}_3\|$；（3）求与向量组$\boldsymbol{x}_1$，$\boldsymbol{x}_2$，$\boldsymbol{x}_3$ 等价的正交单位向量组.

**解**　（1）输入

```
>> x1 = [1,1,0,0]';
>> x2 = [0,1,1,0]';
>> x3 = [0,0,1,1]';
>> dot(x1,x2)
ans =
     1
```

（2）输入

```
>> norm(x3)
ans =
     1.4142
```

（3）用施密特正交化方法求与向量组$\boldsymbol{x}_1$，$\boldsymbol{x}_2$，$\boldsymbol{x}_3$ 等价的正交单位向量组，输入

```
>> y1 = x1;
>> y2 = x2 - dot(y1,x2)/dot(y1,y1) * y1;
>> y3 = x3 - dot(y1,x3)/dot(y1,y1) * y1 - dot(y2,x3)/dot(y2,y2) * y2;
>> z1 = 1/norm(y1) * y1;
>> z2 = 1/norm(y2) * y2;
>> z3 = 1/norm(y3) * y3;
>> Z = [z1,z2,z3]              %Z 即为所求的正交向量组
Z =
     0.7071    -0.4082     0.2887
     0.7071     0.4082    -0.2887
          0     0.8165     0.2887
          0          0     0.8660
```

也可用 orth（A）命令，输入

```
>> A = [x1,x2,x3];
>> B = orth(A)
B =
     -0.2706     0.5000    -0.6533
     -0.6533     0.5000     0.2706
     -0.6533    -0.5000     0.2706
     -0.2706    -0.5000    -0.6533
```

**例2** 求矩阵 $A=\begin{pmatrix}0.5 & 0.25\\0.25 & 0.5\end{pmatrix}$ 的特征值与特征向量.

**解** 方法一 用定义求，输入

```
>> syms  k            %定义k为符号变量
>> A = [0.5,0.25;0.25,0.5];
>> B = A - k * eye(length(A))        %构造矩阵B = A - kE
B =
[ 1/2 - k,     1/4]
[     1/4,1/2 - k]
>> D = det(B)                       %求|B|，即特征多项式
D =
3/16 - k + k^2
>> V = solve(D)                     %求特征多项式根
V =
[ 1/4]
[ 3/4]
>> lamda = eval(V)        %化符号解为数值解
lamda =
     0.2500
     0.7500
```

方法二 用MATLAB命令求，输入

```
>> A = [0.5,0.25;0.25,0.5];
>> [U,V] = eig(A)
U =
   -0.7071     0.7071
    0.7071     0.7071
V =
     0.2500          0
          0     0.7500
>> U' * U        %验证U为正交阵
ans =
     1.0000          0
          0     1.0000
>> A * U(:,1)              %验证Ax = λx
ans =
```

```
  -0.1768
   0.1768
>>0.25 * U(:,1)
ans =
  -0.1768
   0.1768
```

**例 3**　求方阵 $A=\begin{pmatrix}1 & -1 & 1\\ 1 & 3 & -1\\ 1 & 1 & 1\end{pmatrix}$的特征多项式与特征值.

**解**　输入

```
>>A=[1,-1,1;1,3,-1;1,1,1];      % 输入矩阵 A
>>pA=poly(A)                 % 矩阵 A 的特征多项式，只给出系数，按降幂排列
pA =
    1.0000    -5.0000    8.0000    -4.0000
>>V=roots(pA)                    % 求特征值
V =
    2.0000
    2.0000
    1.0000
```

**例 4**　设方阵 $A=\begin{pmatrix}2 & 2 & -2\\ 2 & 5 & -4\\ -2 & -4 & 5\end{pmatrix}$，求正交变换 $P$，使得$P^{-1}AP$ 为对角阵.

**解**　输入

```
>>A=[2,2,-2;2,5,-4;-2,-4,5];     % 输入矩阵
>>[P,V]=eig(A)                          % 求特征值与特征向量
P =
   -0.2981    0.8944    0.3333
   -0.5963   -0.4472    0.6667
   -0.7454         0   -0.6667
V =
    1.0000         0         0
         0    1.0000         0
         0         0   10.0000
```

由输出结果得，$P = \begin{pmatrix} -0.2981 & 0.8944 & 0.3333 \\ -0.5963 & 0.4472 & 0.6667 \\ -0.7454 & 0 & -0.6667 \end{pmatrix}$即为所求的正交阵，

$P^{-1}AP = \begin{pmatrix} 1 & 0 & 0 \\ 0 & 1 & 0 \\ 0 & 0 & 10 \end{pmatrix}$为对角阵.

**例5** 求正交变换 $\boldsymbol{x} = \boldsymbol{P}\boldsymbol{y}$，化二次型

$$f(x_1, x_2, x_3) = 2x_1^2 + 2x_1x_2 + 2x_2^2 + 2x_2x_3 + 2x_2x_3 + 2x_3^2$$

为标准形.

**解** 此二次型的矩阵为

$$\boldsymbol{A} = \begin{pmatrix} 2 & 1 & 1 \\ 1 & 2 & 1 \\ 1 & 1 & 2 \end{pmatrix}$$

输入

```
>> A = [2,1,1;1,2,1;1,1,2];
>> [P,D] = eig(A)
P =
    0.4082    0.7071    0.5774
    0.4082   -0.7071    0.5774
   -0.8165         0    0.5774
D =
    1.0000         0         0
         0    1.0000         0
         0         0    4.0000
>> syms y1,y2,y3
>> f = [y1,y2,y3] * D * [y1;y2;y3]
f =
y1^2 + y2^2 + 4 * y3^2
```

## 习题 7.4

用正交变换化下列二次型为标准型形，并写出所作的正交变换.

(1) $f(x_1, x_2, x_3) = 2x_1x_3 + x_2^2$

(2) $f(x_1, x_2, x_3) = x_1^2 + 2x_2^2 + 3x_3^2 - 4x_1x_2 - 4x_2x_3$

(3) $f(x_1, x_2, x_3) = -2x_1x_2 + 2x_1x_3 + 2x_2x_3$

## 7.5　线性规划模型求解

**1. 实验目的**

掌握运用 MATLAB 求解线性规划问题.

**2. 实验指导**

应用 MATLAB 优化工具箱中的 linprog 函数求解线性规划时，模型要求为如下形式：

$$\min f=\boldsymbol{c}^{\mathrm{T}}\boldsymbol{x}$$

$$\begin{cases}\boldsymbol{Ax}\leqslant\boldsymbol{b}\\ \boldsymbol{Aeqx}=\boldsymbol{beq}\\ \boldsymbol{lb}\leqslant\boldsymbol{x}\leqslant\boldsymbol{ub}\end{cases}$$

（1）$x$ = linprog(c，A，b，Aeq，beq)　其中 $\boldsymbol{x}$ 为最优解向量；$\boldsymbol{c}$ 为目标函数中的系数，为列向量，目标函数必须是求最小问题；$\boldsymbol{A}$ 为不等式约束的系数矩阵，不等式必须为≤；$\boldsymbol{b}$ 为不等式约束的右端项，为列向量；$\boldsymbol{Aeq}$ 为等式约束的系数矩阵；$\boldsymbol{beq}$ 为等式约束的右端项，为列向量；如果没有等式约束，可以令 $\boldsymbol{Aeq}$ = [ ]，$\boldsymbol{beq}$ = [ ] .

（2）x = linprog(c，A，b，Aeq，beq，lb，ub)　其中 $\boldsymbol{lb}$ 为 $\boldsymbol{x}$ 的下界，为列向量；$\boldsymbol{ub}$ 为 $\boldsymbol{x}$ 的上界，为列向量.

（3）x = linprog(c，A，b，Aeq，beq，lb，ub，x0)　其中 $\boldsymbol{x}_0$ 为预设初始值.

（4）[x，fval] = linprog(...)　　其中 *fval* 为目标函数值.

**3. 实验内容**

**例 1**　求解线性规划问题.

$$\max S=-x_1+2x_2$$

$$\begin{cases}x_1-x_2\geqslant -2\\ x_1+2x_2\leqslant 6\\ x_1+x_2\leqslant 5\\ x_1,\ x_2\geqslant 0\end{cases}$$

**解**　考虑到 MATLAB 优化工具箱中的 linprog 函数求解线性规划时，模型要求为如下形式：

$$\min f=\boldsymbol{c}^{\mathrm{T}}\boldsymbol{x}$$

$$\begin{cases}\boldsymbol{Ax}\leqslant\boldsymbol{b}\\ \boldsymbol{Aeqx}=\boldsymbol{beq}\\ \boldsymbol{lb}\leqslant\boldsymbol{x}\leqslant\boldsymbol{ub}\end{cases}$$

所以先要将原线性规划问题变形为

$\min f=x_1-2x_2$

$$\begin{cases}-x_1+x_2\leqslant 2\\x_1+2x_2\leqslant 6\\x_1+x_2\leqslant 5\\x_1,\ x_2\geqslant 0\end{cases}$$

输入

```
>> c = [1; -2];
>> A = [ -1  1;1  2;1  1];
>> b = [2;6;5];
>> x = linprog(c,A,b)
Optimization terminated successfully.
x =
     0.6667
     2.6667
>> [x,fval] = linprog(c,A,b)
Optimization terminated successfully.
x =
     0.6667
     2.6667
fval =
    -4.6667
```

**例2** 求解线性规划问题.

$\min f=-3x_1+x_2+x_3$

$$\begin{cases}2x_1-x_3=-1\\x_1-2x_2+x_3\leqslant 11\\4x_1-x_2-2x_3\leqslant -3\\x_1,\ x_2,\ x_3\geqslant 0\end{cases}$$

**解** 输入

```
>> c = [ -3;1;1];
>> A = [1  -2  1;4  -1  -2];
>> b = [11; -3];
>> Aeq = [2  0  -1];
>> beq = -1;
```

```
>> lb = [0;0;0];
>> [x,fval] = linprog(c,A,b,Aeq,beq,lb)
Optimization terminated successfully.
x =
    4.0000
    1.0000
    9.0000
fval =
    -2.0000
```

## 习题　7.5

1. 用 MATLAB 求解下列线性规划问题.

(1) $\max S = 3x_1 + 4x_2$

$$\begin{cases} x_1 \leqslant 3 \\ x_2 \leqslant 2 \\ 3x_1 + 4x_2 \leqslant 12 \\ x_1,\ x_2 \geqslant 0 \end{cases}$$

(2) $\min S = -3x_1 - 5x_2 - x_3$

$$\begin{cases} -4x_1 + 2x_2 + x_3 \leqslant 14 \\ x_1 - x_2 + x_3 \leqslant 4 \\ x_1,\ x_2,\ x_3 \geqslant 0 \end{cases}$$

(3) $\min z = 13x_1 + 9x_2 + 10x_3 + 11x_4 + 12x_5 + 8x_6$

$$\begin{cases} x_1 + x_4 = 400 \\ x_2 + x_5 = 600 \\ x_3 + x_6 = 500 \\ 0.4x_1 + 1.1x_2 + x_3 \leqslant 800 \\ 0.5x_4 + 1.2x_5 + 1.3x_6 \leqslant 900 \\ x_1,\ x_2,\ x_3,\ x_4,\ x_5,\ x_6 \geqslant 0 \end{cases}$$

# 习 题 答 案

## 第 1 章

**习题 1.1**

1. （1）6　（2）$-1080$

2. （1）$x_1=\frac{57}{17}$，$x_2=\frac{22}{17}$　（2）$x_1=\frac{152}{29}$，$x_2=-\frac{34}{29}$，$x_3=\frac{25}{29}$

**习题 1.2**

1. （1）6　（2）n(n-1)

2. 7，偶

**习题 1.3**

1. $a_{11}a_{22}a_{33}a_{44}$，$-a_{14}a_{22}a_{33}a_{41}$

2. $[\sum(-1)^t a_{1p_1}a_{2p_2}\cdots a_{np_n}][\sum(-1)^t b_{1p_1}b_{2p_2}\cdots b_{np_n}]$，其中 $p_1p_2\cdots p_n$ 是 1，2，…，$n$ 的一个全排列，$t$ 是它的逆序数，$\sum$ 表示关于 1，2，…，$n$ 的所有全排列求和.

**习题 1.4**

（1）0　（2）$bc^2-ba^2-ac^2-b^2c+b^2a+a^2c$

（3）24　（4）0　（5）$(a^3+b^3)(3xyz-x^3-y^3-z^3)$

**习题 1.5**

1. $D_1=\sum_{i=1}^{4}a_{i3}A_{i3}$，$D_2=\sum_{i=1}^{4}b_iA_{i3}$

3. $\begin{vmatrix} a_{11} & a_{12} & b_1 & a_{14} \\ a_{21} & a_{22} & b_2 & a_{24} \\ a_{31} & a_{32} & b_3 & a_{34} \\ a_{41} & a_{42} & b_4 & a_{44} \end{vmatrix}$

**习题 1.6**

1. $\frac{195}{2}$

2. （1）$x_1=\frac{1507}{665}$，$x_2=-\frac{229}{133}$，$x_3=\frac{37}{35}$，$x_4=-\frac{79}{133}$，$x_5=\frac{212}{665}$

　（2）$x=7$，$y=5$，$u=4$，$v=8$

3. $\lambda=4$，$1+\sqrt{2}$，$1-\sqrt{2}$

# 第 2 章

## 习题 2.1

1. $\begin{cases} x=0 \\ y=0 \\ z=2 \\ w=2 \end{cases}$ 或 $\begin{cases} x=1 \\ y=\dfrac{1}{2} \\ z=3 \\ w=2 \end{cases}$ 2. (1) $\begin{pmatrix} 2 & 1 \\ 1 & -1 \\ 3 & 4 \end{pmatrix}$ (2) $\begin{pmatrix} 2 & 1 \\ 1 & 0 \\ 0 & 4 \end{pmatrix}$

## 习题 2.2

1. $3\boldsymbol{A}+2\boldsymbol{B}=\begin{pmatrix} 5 & 7 & 9 \\ 1 & -1 & 5 \\ 3 & 7 & 5 \end{pmatrix}$

2. (1) $\boldsymbol{X}=\begin{pmatrix} 3 & 1 & 1 & -1 \\ -4 & 0 & -4 & 0 \\ -1 & -3 & -2 & -5 \end{pmatrix}$ (2) $\boldsymbol{Y}=\dfrac{2}{3}\begin{pmatrix} 5 & 5 & 3 & 3 \\ 0 & 2 & 0 & 2 \\ 1 & 1 & 4 & 3 \end{pmatrix}$

3. $\boldsymbol{X}=\dfrac{1}{3}\begin{pmatrix} 2 & -3 & 3 \\ -1 & 1 & 3 \end{pmatrix}$

4. $\boldsymbol{AB}=\begin{pmatrix} 5 & 2 \\ 7 & 0 \end{pmatrix}$, $\boldsymbol{BA}=\begin{pmatrix} 29 & -22 \\ 31 & -24 \end{pmatrix}$

5. $\begin{cases} x_1 = -4z_1+2z_2+z_3 \\ x_2 = 12z_1-4z_2+9z_3 \\ x_3 = -10z_1-z_2+16z_3 \end{cases}$

6. $(\boldsymbol{AB})^2=\begin{pmatrix} 4 & 4 \\ 0 & 0 \end{pmatrix}$, $\boldsymbol{A}^2\boldsymbol{B}^2=\begin{pmatrix} 4 & 4 \\ 4 & 4 \end{pmatrix}$

7. (1) $\begin{pmatrix} 23 & -13 & 16 & -36 \\ 36 & -16 & 6 & -80 \\ 6 & -4 & 35 & 52 \\ -17 & -1 & -14 & -16 \end{pmatrix}$

(2) $c_{11}x^2+c_{22}y^2+c_{33}z^2+(c_{12}+c_{21})xy+(c_{13}+c_{31})xz+(c_{23}+c_{32})yz$

(3) $\begin{pmatrix} 1 & 0 \\ 10\lambda & 1 \end{pmatrix}$ (4) $\begin{pmatrix} \cos k\varphi & \sin k\varphi \\ -\sin k\varphi & \cos k\varphi \end{pmatrix}$

8. $\begin{pmatrix} 82 & 140 \\ -5 & -14 \\ 36 & 56 \end{pmatrix}$

9. $x_1=-1$, $x_2=-1$, $x_3=0$, $x_4=-1$, $x_5=2$, $x_6=-1$

**习题2.3**

1. (1) $\begin{pmatrix} 5 & -2 \\ -2 & 1 \end{pmatrix}$ (2) $\begin{pmatrix} 5 & -3 \\ -3 & 2 \end{pmatrix}$ (3) $\begin{pmatrix} \frac{1}{3} & \frac{1}{6} & \frac{2}{3} \\ \frac{1}{3} & \frac{1}{6} & -\frac{1}{3} \\ -\frac{1}{3} & \frac{1}{3} & \frac{1}{3} \end{pmatrix}$

(4) $\begin{pmatrix} -\frac{5}{2} & 1 & -\frac{1}{2} \\ 5 & -1 & 1 \\ \frac{7}{2} & -1 & \frac{1}{2} \end{pmatrix}$ (5) $\begin{pmatrix} 1 & 0 & 0 & 0 \\ -\frac{1}{2} & \frac{1}{2} & 0 & 0 \\ 0 & -\frac{1}{3} & \frac{1}{3} & 0 \\ 0 & 0 & -\frac{1}{4} & \frac{1}{4} \end{pmatrix}$

(6) $\begin{pmatrix} 1 & -2 & 0 & 0 \\ -2 & 5 & 0 & 0 \\ 0 & 0 & 2 & -3 \\ 0 & 0 & -5 & 8 \end{pmatrix}$

2. (1) $\boldsymbol{X}=\begin{pmatrix} 2 & -23 \\ 0 & 8 \end{pmatrix}$ (2) $\boldsymbol{X}=\begin{pmatrix} -2 & 2 & 1 \\ -\frac{8}{3} & 5 & -\frac{2}{3} \end{pmatrix}$

(3) $\boldsymbol{X}=\begin{pmatrix} 24 & 13 \\ -34 & -18 \end{pmatrix}$ (4) $\boldsymbol{X}=\begin{pmatrix} 2 & -1 & 0 \\ 1 & 3 & -4 \\ 1 & 0 & -2 \end{pmatrix}$

3. (1) $x_1=-7$, $x_2=14$, $x_3=9$ (2) $x_1=5$, $x_2=0$, $x_3=3$

5. $\boldsymbol{A}^{-1}=\frac{1}{2}(\boldsymbol{A}-\boldsymbol{E})$, $(\boldsymbol{A}+2\boldsymbol{E})^{-1}=\frac{1}{4}(\boldsymbol{A}^2-2\boldsymbol{A}+\boldsymbol{E})$

6. $\boldsymbol{B}=\begin{pmatrix} 3 & -8 & -6 \\ 2 & -9 & -6 \\ -2 & 12 & 9 \end{pmatrix}$

7. $\boldsymbol{A}=\begin{pmatrix} 1 & 2 \\ -\frac{1}{2} & -\frac{3}{2} \end{pmatrix}$

**习题 2.4**

2. (1) $\begin{pmatrix} a & 0 & ac & 0 \\ 0 & a & 0 & ac \\ 1 & 0 & c+bd & 0 \\ 0 & 1 & 0 & c+bd \end{pmatrix}$ (2) $\begin{pmatrix} 3 & 6 & 1 \\ 3 & 5 & 1 \end{pmatrix}$

4. (1) $\begin{pmatrix} 3 & -1 & 0 \\ -5 & 2 & 0 \\ 0 & 0 & \frac{1}{6} \end{pmatrix}$ (2) $\begin{pmatrix} 1 & -2 & 0 & 0 \\ -2 & 5 & 0 & 0 \\ 0 & 0 & -\frac{2}{9} & \frac{1}{3} \\ 0 & 0 & \frac{5}{9} & -\frac{1}{3} \end{pmatrix}$

(3) $\begin{pmatrix} 1 & 0 & 0 & 0 \\ -\frac{1}{2} & \frac{1}{2} & 0 & 0 \\ 0 & -\frac{1}{3} & \frac{1}{3} & 0 \\ 0 & 0 & -\frac{1}{4} & \frac{1}{4} \end{pmatrix}$ (4) $\begin{pmatrix} 1 & -2 & 1 & 0 \\ 0 & 1 & -2 & 1 \\ 0 & 0 & 1 & -2 \\ 0 & 0 & 0 & 1 \end{pmatrix}$

## 第 3 章

**习题 3.1**

1. (1) $\begin{pmatrix} 1 & 0 & 3 & 2 \\ 0 & 1 & -\frac{2}{3} & \frac{2}{3} \\ 0 & 0 & 0 & 0 \end{pmatrix}$ (2) $\begin{pmatrix} 1 & 0 & \frac{5}{7} & 0 & -\frac{6}{7} \\ 0 & 1 & -\frac{11}{7} & 0 & \frac{23}{7} \\ 0 & 0 & 0 & 1 & 2 \\ 0 & 0 & 0 & 0 & 0 \end{pmatrix}$

(3) $\begin{pmatrix} 1 & 0 & 0 & 2 & 0 \\ 0 & 1 & 0 & -1 & 0 \\ 0 & 0 & 1 & 0 & 0 \\ 0 & 0 & 0 & 0 & 1 \end{pmatrix}$ (4) $\begin{pmatrix} 1 & 0 & -\frac{1}{5} & -\frac{1}{5} & -\frac{3}{5} & 0 \\ 0 & 1 & -\frac{3}{5} & -\frac{3}{5} & \frac{1}{5} & 0 \\ 0 & 0 & 0 & 0 & 0 & 1 \\ 0 & 0 & 0 & 0 & 0 & 0 \end{pmatrix}$

2. (1) $\frac{1}{27}\begin{pmatrix} -17 & -1 & 44 \\ 10 & -1 & -10 \\ -3 & 3 & 3 \end{pmatrix}$ (2) $\begin{pmatrix} 1 & -2 & 1 & 0 \\ 0 & 1 & -2 & 1 \\ 0 & 0 & 1 & -2 \\ 0 & 0 & 0 & 1 \end{pmatrix}$

(3) $\frac{1}{3}\begin{pmatrix} 1 & 0 & 1 \\ -2 & 3 & -2 \\ -3 & 3 & 0 \end{pmatrix}$ (4) $\begin{pmatrix} 2 & -1 & 0 & 0 \\ -1 & 1 & 0 & 0 \\ -1 & 1 & 2 & -3 \\ 1 & -2 & -1 & 2 \end{pmatrix}$

(5) $\begin{pmatrix} \frac{1}{a_1} & 0 & 0 & \cdots & 0 \\ 0 & \frac{1}{a_2} & 0 & \cdots & 0 \\ 0 & 0 & \frac{1}{a_3} & \cdots & 0 \\ \vdots & \vdots & \vdots & & \vdots \\ 0 & 0 & 0 & \cdots & \frac{1}{a_n} \end{pmatrix}$ (6) $\begin{pmatrix} 0 & 0 & 0 & \cdots & 0 & \frac{1}{a_n} \\ \frac{1}{a_1} & 0 & 0 & \cdots & 0 & 0 \\ 0 & \frac{1}{a_2} & 0 & \cdots & 0 & 0 \\ \vdots & \vdots & \vdots & & \vdots & \vdots \\ 0 & 0 & 0 & \cdots & \frac{1}{a_{n-1}} & 0 \end{pmatrix}$

3. (1) $\begin{pmatrix} -4 & 2 \\ 0 & 1 \\ -3 & 2 \end{pmatrix}$ (2) $\begin{pmatrix} 1 & 0 & 0 \\ \frac{19}{8} & -\frac{9}{2} & \frac{23}{8} \end{pmatrix}$

**习题 3.2**

1. (1) 2 (2) 2 (3) 2 (4) 3 (5) 4 (6) 3

**习题 3.3**

1. (1) 无解 (2) $\begin{cases} x_1 = 2 \\ x_2 = 1 \\ x_3 = 1 \end{cases}$ (3) $\begin{cases} x_1 = 1 - c_1 - 3c_2 \\ x_2 = c_1 \\ x_3 = 6 - 4c_2 \\ x_4 = c_2 \end{cases}$ ($c_1$，$c_2$ 为任意常数)

2. (1) $\begin{cases} x_1 = -\frac{2}{5} \\ x_2 = \frac{13}{5} \\ x_3 = \frac{1}{5} \\ x_4 = -1 \end{cases}$ (2) $\begin{cases} x_1 = \frac{1}{2} - \frac{1}{2}c_1 + \frac{1}{2}c_2 \\ x_2 = c_1 \\ x_3 = c_2 \\ x_4 = 0 \end{cases}$ ($c_1$，$c_2$ 为任意常数)

(3) $\begin{cases} x_1 = 23c - 20 \\ x_2 = -2c + 4 \\ x_3 = c \end{cases}$ ($c$ 为任意常数) (4) 无解

(5) $\begin{cases} x_1 = -2c_1 + c_2 \\ x_2 = c_1 \\ x_3 = 0 \\ x_4 = c_2 \end{cases}$ （$c_1$，$c_2$ 为任意常数）

3. $a=1$ 时无穷多解 $\begin{cases} x_1 = -c \\ x_2 = 1 \\ x_3 = c \end{cases}$ （$c$ 为任意常数）；  $a\neq 1$ 时唯一解 $\begin{cases} x_1 = -1 \\ x_2 = 1 \\ x_3 = 1 \end{cases}$

4. （1）$a\neq 1$；$a\neq -2$  （2）$a=1$  （3）$a=-2$

## 第 4 章

### 习题 4.1

1. $\boldsymbol{\alpha}_1 - \boldsymbol{\alpha}_2 = (1,\ 0,\ -1)$，$3\boldsymbol{\alpha}_1 - 5\boldsymbol{\alpha}_2 + \boldsymbol{\alpha}_3 = (0,\ 0,\ -4)$

2. $\boldsymbol{\alpha} = \left(\frac{5}{2},\ \frac{1}{2},\ 3,\ -1,\ 2\right)$，$\boldsymbol{\beta} = \left(-\frac{1}{2},\ \frac{1}{2},\ 2,\ 3,\ -2\right)$

3. $x_1\begin{pmatrix} -1 \\ 0 \\ 1 \end{pmatrix} + x_2\begin{pmatrix} 2 \\ 1 \\ -1 \end{pmatrix} + x_3\begin{pmatrix} 3 \\ -1 \\ 1 \end{pmatrix} + x_4\begin{pmatrix} 0 \\ 1 \\ -4 \end{pmatrix} = \begin{pmatrix} 6 \\ 1 \\ 5 \end{pmatrix}$

### 习题 4.2

1. （1）$\boldsymbol{\beta} = 2\boldsymbol{\alpha}_1 - \boldsymbol{\alpha}_2 + 5\boldsymbol{\alpha}_3$  （2）$\boldsymbol{\beta} = \boldsymbol{\alpha}_1 + 2\boldsymbol{\alpha}_2 - 3\boldsymbol{\alpha}_3$

2. （1）$\boldsymbol{\beta} = 2\boldsymbol{\alpha}_1 + \boldsymbol{\alpha}_2 + \boldsymbol{\alpha}_3$  （2）$\boldsymbol{\beta} = \frac{5}{4}\boldsymbol{\alpha}_1 + \frac{1}{4}\boldsymbol{\alpha}_2 - \frac{1}{4}\boldsymbol{\alpha}_3 - \frac{1}{4}\boldsymbol{\alpha}_4$

   （3）$\boldsymbol{\beta} = -\boldsymbol{\alpha}_1 + \boldsymbol{\alpha}_2 + 2\boldsymbol{\alpha}_3 - 2\boldsymbol{\alpha}_4$

3. （1）无关  （2）相关  （3）相关  （4）无关

7. $t=-1$ 或 $t=2$

8. （1）$a=-1$，$b\neq 0$  （2）$a\neq -1$，$b$ 为任意常数

### 习题 4.3

1. （1）2，$\boldsymbol{\alpha}_1$，$\boldsymbol{\alpha}_3$ 为一个极大无关组

   （2）3，$\boldsymbol{\alpha}_1$，$\boldsymbol{\alpha}_2$，$\boldsymbol{\alpha}_4$ 为一个极大无关组

2. （1）$\boldsymbol{\alpha}_1$，$\boldsymbol{\alpha}_2$，$\boldsymbol{\alpha}_3$ 为一个极大无关组  （2）$\boldsymbol{\alpha}_1$，$\boldsymbol{\alpha}_2$ 为一个极大无关组

   （3）$\boldsymbol{\alpha}_1$，$\boldsymbol{\alpha}_2$ 为一个极大无关组  （4）$\boldsymbol{\alpha}_1$，$\boldsymbol{\alpha}_2$，$\boldsymbol{\alpha}_3$，$\boldsymbol{\alpha}_4$ 为一个极大无关组

3. （1）2，$\boldsymbol{\alpha}_1$，$\boldsymbol{\alpha}_2$  （2）4，$\boldsymbol{\alpha}_1$，$\boldsymbol{\alpha}_2$，$\boldsymbol{\alpha}_3$，$\boldsymbol{\alpha}_4$  （3）3，$\boldsymbol{\alpha}_1$，$\boldsymbol{\alpha}_2$，$\boldsymbol{\alpha}_3$

   （4）3，$\boldsymbol{\alpha}_1$，$\boldsymbol{\alpha}_2$，$\boldsymbol{\alpha}_3$

5. $\boldsymbol{\alpha}_1$，$\boldsymbol{\alpha}_2$ 为一个极大无关组，$\boldsymbol{\alpha}_3 = -\frac{5}{3}\boldsymbol{\alpha}_1 + \frac{4}{3}\boldsymbol{\alpha}_2$

**习题 4.4**

1. (1) $\boldsymbol{\xi}=\begin{pmatrix}4\\-9\\4\\3\end{pmatrix}$ (2) $\boldsymbol{\xi}_1=\begin{pmatrix}-2\\1\\0\\0\end{pmatrix}$, $\boldsymbol{\xi}_2=\begin{pmatrix}1\\0\\0\\1\end{pmatrix}$

(3) 只有零解 (4) $\boldsymbol{\xi}_1=\begin{pmatrix}3\\19\\17\\0\end{pmatrix}$, $\boldsymbol{\xi}_2=\begin{pmatrix}-13\\-20\\0\\17\end{pmatrix}$

2. (1) $\boldsymbol{x}=\begin{pmatrix}-8\\13\\0\\2\end{pmatrix}+c\begin{pmatrix}-1\\1\\1\\0\end{pmatrix}$, 其中 $c$ 为任意常数

(2) $\boldsymbol{x}=\begin{pmatrix}1\\-2\\0\\0\end{pmatrix}+k_1\begin{pmatrix}-9\\1\\7\\0\end{pmatrix}+k_2\begin{pmatrix}1\\-1\\0\\2\end{pmatrix}$, 其中 $k_1$, $k_2$ 为任意常数

3. $\lambda=1$ 时有解 $\boldsymbol{x}=\begin{pmatrix}1\\0\\0\end{pmatrix}+c\begin{pmatrix}1\\1\\1\end{pmatrix}$, $\lambda=-2$ 时有解 $\boldsymbol{x}=\begin{pmatrix}0\\0\\-2\end{pmatrix}+c\begin{pmatrix}1\\1\\1\end{pmatrix}$($c$ 为任意常数)

4. $\boldsymbol{x}=\begin{pmatrix}2\\3\\4\\5\end{pmatrix}+c\begin{pmatrix}3\\4\\5\\6\end{pmatrix}$ ($c$ 为任意常数)

## 第 5 章

**习题 5.1**

1. (1) $-4$ (2) $\frac{1}{2}$

2. (1) $(1,-2,2)^{\mathrm{T}}$, $\left(-\frac{2}{3},-\frac{2}{3},-\frac{1}{3}\right)^{\mathrm{T}}$, $(6,-3,-6)^{\mathrm{T}}$

(2) $(1,2,2,-1)^{\mathrm{T}}$ $(2,3,-3,2)^{\mathrm{T}}$, $(2,-1,-1,-2)^{\mathrm{T}}$

**习题 5.2**

1. (1) $\lambda_1=3$, $k_1\begin{pmatrix}1\\1\end{pmatrix}$; $\lambda_2=-1$, $k_2\begin{pmatrix}-1\\1\end{pmatrix}$, $k_1$, $k_2$ 为非零任意常数.

（2）$\lambda_1=\lambda_2=2$，$c_1\begin{pmatrix}-1\\2\\0\end{pmatrix}+c_2\begin{pmatrix}1\\0\\-1\end{pmatrix}$，$c_1$，$c_2$ 为任意常数，二者不同时为零；

$\lambda_3=11$，$c_3\begin{pmatrix}2\\1\\2\end{pmatrix}$，$c_3$ 为非零任意常数.

（3）$\lambda_1=\lambda_2=\lambda_3=-1$，$c\begin{pmatrix}-1\\-1\\1\end{pmatrix}$，$c$ 为非零任意常数.

3. （1）$k\lambda_0$　　（2）$\dfrac{1}{\lambda_0}$　　（3）$1+\lambda_0$

**习题 5.3**

1. （1）相似　　（2）相似　　（3）不相似

**习题 5.4**

1. （1）不是　　（2）是

3. $\begin{pmatrix}-\frac{1}{3} & 0 & \frac{2}{3}\\ 0 & \frac{1}{3} & \frac{2}{3}\\ \frac{2}{3} & \frac{2}{3} & 0\end{pmatrix}$

4. （1）$\begin{pmatrix}-\frac{1}{\sqrt{2}} & 0 & \frac{1}{\sqrt{2}}\\ 0 & 1 & 0\\ \frac{1}{\sqrt{2}} & 0 & \frac{1}{\sqrt{2}}\end{pmatrix}$　　（2）$\begin{pmatrix}\frac{1}{3} & \frac{2}{3} & \frac{2}{3}\\ \frac{2}{3} & \frac{1}{3} & -\frac{2}{3}\\ \frac{2}{3} & -\frac{2}{3} & \frac{1}{3}\end{pmatrix}$

**习题 5.5**

1. （1）$\begin{pmatrix}1 & 1 & \frac{1}{2}\\ 1 & 2 & \frac{1}{2}\\ \frac{1}{2} & \frac{1}{2} & 1\end{pmatrix}$　　（2）$\begin{pmatrix}3 & -1 & \frac{1}{2}\\ -1 & -1 & \frac{1}{2}\\ \frac{1}{2} & \frac{1}{2} & 2\end{pmatrix}$

2. （1）$f(x_1,\ x_2,\ x_3)=y_1^2+y_2^2-y_3^2$

$$\begin{pmatrix} x_1 \\ x_2 \\ x_3 \end{pmatrix} = \begin{pmatrix} \frac{1}{\sqrt{2}} & 0 & -\frac{1}{\sqrt{2}} \\ 0 & 1 & 0 \\ \frac{1}{\sqrt{2}} & 0 & \frac{1}{\sqrt{2}} \end{pmatrix} \begin{pmatrix} y_1 \\ y_2 \\ y_3 \end{pmatrix}$$

（2）$f(x_1, x_2, x_3) = -y_1^2 + 2y_2^2 + 5y_3^2$

$$\begin{pmatrix} x_1 \\ x_2 \\ x_3 \end{pmatrix} = \frac{1}{3}\begin{pmatrix} 2 & -2 & 1 \\ 2 & 1 & -2 \\ 1 & 2 & 2 \end{pmatrix} \begin{pmatrix} y_1 \\ y_2 \\ y_3 \end{pmatrix}$$

3. （1）$2y_1^2 + 2y_2^2 - \frac{57}{8}y_3^2$，$\begin{pmatrix} 1 & 0 & -2 \\ 0 & 1 & \frac{1}{4} \\ 0 & 0 & 1 \end{pmatrix}$

（2）$y_1^2 - y_2^2 - y_3^2$，$\begin{pmatrix} 1 & 1 & -1 \\ 1 & -1 & -1 \\ 0 & 0 & 1 \end{pmatrix}$

**习题 5.6**

1. （1）是　　（2）不是
2. （1）$-0.8 < a < 0$　　（2）$a > 2$

## 第 6 章

**习题 6.1**

1. （1）$y_1 = 85$，$y_2 = 57$，$y_3 = 37.5$　　（2）$z_1 = 40$，$z_2 = 112.5$，$z_3 = 27$

（3）$\boldsymbol{A} = \begin{pmatrix} 0 & 0.1 & 0 \\ 0.3 & 0 & 0.7 \\ 0.3 & 0.15 & 0 \end{pmatrix}$

2. （1）$\boldsymbol{A} = \begin{pmatrix} 0.10 & 0.44 & 0.33 \\ 0.04 & 0.06 & 0.13 \\ 0.02 & 0.06 & 0.27 \end{pmatrix}$　　（2）$\boldsymbol{C} = \begin{pmatrix} 0.170 & 0.571 & 0.563 \\ 0.054 & 0.104 & 0.223 \\ 0.035 & 0.106 & 0.391 \end{pmatrix}$

3. $\boldsymbol{X} = \begin{pmatrix} 200 \\ 250 \\ 300 \end{pmatrix}$

**习题 6.2**

1. （1）设 $x_{ij}$ 表示 $A_i$ 销往 $B_j$ 的产量，$i = 1, 2$，$j = 1, 2, 3$

$\min S = 100x_{11} + 140x_{12} + 110x_{13} + 160x_{21} + 150x_{22} + 190x_{23}$

$$\begin{cases} x_{11} + x_{12} + x_{13} = 30 \\ x_{21} + x_{22} + x_{23} = 20 \\ x_{11} + x_{21} = 10 \\ x_{12} + x_{22} = 15 \\ x_{13} + x_{23} = 25 \\ x_{ij} \geqslant 0 \ (i = 1,\ 2;\ j = 1,\ 2,\ 3) \end{cases}$$

（2）设 $x_1$，$x_2$ 分别为甲、乙产品的件数

$\max S = 20x_1 + 15x_2$

$$\begin{cases} 5x_1 + 2x_2 \leqslant 180 \\ 3x_1 + 3x_2 \leqslant 135 \\ x_1,\ x_2 \geqslant 0 \end{cases}$$

（3）设 $x_1$，$x_2$ 分别为采购原料 $A_1$，$A_2$ 的数量

$\min S = 10x_1 + 80x_2$

$$\begin{cases} 30x_1 + 20x_2 \geqslant 60 \\ 20x_1 + 40x_2 \geqslant 100 \\ 50x_2 \geqslant 50 \\ x_1,\ x_2 \geqslant 0 \end{cases}$$

（4）设 $x_i (i = 1,\ 2,\ 3,\ 4)$ 分别为 A、B、C、D 四种方案的下料数

$\min S = 20x_1 + 10x_2 + 60x_4$

$$\begin{cases} x_1 + x_2 + x_3 + x_4 = 500 \\ 8x_1 + 3x_2 - 2x_3 - 9x_4 = 0 \\ x_j \geqslant 0 \ (j = 1,\ 2,\ 3,\ 4) \end{cases}$$

（5）设生产圆桌 $x_1$ 件，衣柜 $x_2$ 件

$\max S = 6x_1 + 10x_2$

$$\begin{cases} 0.18x_1 + 0.09x_2 \leqslant 72 \\ 0.09x_1 + 0.28x_2 \leqslant 56 \\ x_1,\ x_2 \geqslant 0 \end{cases}$$

（6）设 $x_1$，$x_2$ 分别为甲、乙两种薄钢板的张数

$\min S = 2x_1 + 3x_2$

$$\begin{cases} 3x_1 + 6x_2 \geqslant 45 \\ 5x_1 + 6x_2 \geqslant 55 \\ x_1,\ x_2 \geqslant 0 \end{cases}$$

2. （1） $\min S = -x_1 - 2x_2 - 3x_3$

$$\begin{cases} -2x_1 + x_2 - x_4 = 3 \\ -x_1 + x_2 = 4 \\ 2x_1 + x_2 - 4x_3 - x_5 = 2 \\ x_j \geqslant 0 \ (j = 1, 2, 3, 4, 5) \end{cases}$$

（2） $\min S = 3x_1 - 3x_2 - 7(x_3' - x_3'')$

$$\begin{cases} x_1 + x_2 + 3(x_3' - x_3'') + x_4 = 40 \\ x_1 + 9x_2 - 7(x_3' - x_3'') - x_5 = 50 \\ -5x_1 + 9x_2 = 20 \\ x_j \geqslant 0 \ (j = 1, 2, 4, 5), \ x_3', \ x_3'' \geqslant 0 \end{cases}$$

（3） $\min S = -2x_1 + 3x_2 + 4x_3$

$$\begin{cases} 9x_1 + 5x_2 + x_4 = 14 \\ x_1 + 3x_2 - 2x_3 = 2 \\ 8x_1 - x_2 + 4x_3 - x_6 = 0 \\ x_j \geqslant 0 \ (j = 1, 2, 3, 4, 6) \end{cases}$$

**习题 6.3**

1. 最优解 $x_1 = 4$，$x_2 = 1$，最优值 $S = -3$

2. 最优解 $x_1 = \frac{2}{3}$，$x_2 = \frac{8}{3}$，最优值 $S = \frac{14}{3}$

3. 最优解线段 $AB$ 上的所有点，其中 $A$（6，0），$B\left(\frac{2}{3}, \frac{8}{3}\right)$，最优值 $S = 18$

4. 无最优解

**习题 6.4**

1. $\boldsymbol{B} = (\boldsymbol{P}_1, \boldsymbol{P}_2)$，$T(\boldsymbol{B})$ 如下

| $X_B$ | $x_1$ | $x_2$ | $x_3$ | $x_4$ | $\boldsymbol{b}$ |
|---|---|---|---|---|---|
| $x_1$ | 1 | 0 | $-\frac{1}{5}$ | $\frac{2}{5}$ | $\frac{6}{5}$ |
| $x_2$ | 0 | 1 | $\frac{3}{5}$ | $-\frac{1}{5}$ | $\frac{7}{5}$ |
| $-S'$ | 0 | 0 | $\frac{8}{5}$ | $\frac{9}{5}$ | $\frac{32}{5}$ |

表 $T(\boldsymbol{B})$ 中所有检验数非负，故基 $\boldsymbol{B}$ 为最优基，最优解 $x_1 = \frac{6}{5}$，$x_2 = \frac{7}{5}$，$x_3 = 0$，$x_4 = 0$，最优值 $S' = -\frac{32}{5}$，原规划问题的最优值 $S = \frac{32}{5}$

2. （1） 最优解 $x_1 = 35$，$x_2 = 10$，最优值 $S = -215$

（2） 最优解 $x_1 = \frac{4}{3}$，$x_2 = 2$，最优值 $S = 12$

（3） 最优解 $x_1 = 0$，$x_2 = 4$，最优值 $S = 20$

（4） 无最优解

# 参 考 文 献

[1] 同济大学数学教研室. 线性代数 [M]. 3版. 北京：高等教育出版社，1999.

[2] 上海市高等专科学校《高等数学》编写组. 高等数学：下册 [M]. 3版. 上海：上海科学技术出版社，1999.

[3] 北京大学数学系教材编写组. 高等代数 [M]. 北京：北京大学出版社，1997.

[4] 张文双，安润秋，等. 线性代数与线性规划 [M]. 北京：中国大地出版社，1997.